材料科学与工程专业
本科系列教材

# 无机材料性能学基础

## Wuji Cailiao Xingnengxue Jichu

主　编　彭小芹

副主编　王　冲　李新禄

U0190719

重庆大学出版社

## 内容提要

本书共 9 章,内容包括材料的成分、结构与结构缺陷,材料的表面结构与性质,固体中的扩散,材料的力学性能,无机材料的热学性质和声学性质,材料的光泽与颜色,材料的电学性质和磁学性质,材料与水的性质,以及材料的纳米尺度效应。本书注重于从材料的组分、微观、细观结构、外界条件来分析讨论与其各种宏观性能的关系,主要阐述无机材料的共性,为学生进一步学习相关专业知识打下坚实的材料学基础。

本书主要面向建筑类院校、系所的无机非金属材料专业(建筑材料工程方向),适合与土木工程专业有相关性的材料类专业的本科生及研究生使用,也可供有关科研、生产人员参考。

**图书在版编目(CIP)数据**

无机材料性能学基础 / 彭小芹主编. -- 重庆:重庆大学出版社,2020.2
材料科学与工程专业本科系列教材
ISBN 978-7-5689-2048-3

Ⅰ.①无… Ⅱ.①彭… Ⅲ.①无机材料—性能—高等学校—教材 Ⅳ.①TB321

中国版本图书馆 CIP 数据核字(2020)第 016011 号

### 无机材料性能学基础

主 编 彭小芹
副主编 王 冲 李新禄
策划编辑:曾显跃

责任编辑:李定群 版式设计:曾显跃,
责任校对:邹 忌 责任印制:张 策

\*

重庆大学出版社出版发行
出版人:饶帮华
社址:重庆市沙坪坝区大学城西路 21 号
邮编:401331
电话:(023)88617190 88617185(中小学)
传真:(023)88617186 88617166
网址:http://www.cqup.com.cn
邮箱:fxk@cqup.com.cn(营销中心)
全国新华书店经销
重庆市国丰印务有限责任公司

\*

开本:787mm×1092mm 1/16 印张:16.75 字数:421 千
2020 年 2 月第 1 版 2020 年 2 月第 1 次印刷
印数:1—2 000
ISBN 978-7-5689-2048-3 定价:45.00 元

# 前 言

　　本教材编写的出发点是想为与土木工程专业有相关性的无机非金属专业（即建筑材料工程方向）的学生打下良好的材料科学基础，通过阐述材料的共性帮助学生将材料科学基础知识与材料具体性能之间建立起一个个连接的纽带。教材注重从材料的组分、微观及细观结构、外界条件来分析讨论与其各种宏观性能的关系，理论性较强，为学生进一步学习相关专业课程及从事材料研究工作打下必不可少的理论基础。本教材作为讲义已使用 5 届以上，本次出版之前又经过了较大的结构调整和修改。

　　本书由彭小芹任主编，王冲、李新禄任副主编，参加编写的有万朝均（第 1 章）、王冲（第 2 章）、彭小芹（第 4 章、第 6 章）、李新禄（第 3 章、第 9 章）、吴建华（第 5 章）、吴芳（第 7 章）、陈科（第 8 章）。

　　由于编者水平有限，疏漏及不当之处在所难免，敬请读者和老师们不吝指正。

编　者
2019 年 9 月

前言

# 目录

# 第 **1** 章
# 材料的组成、结构与结构缺陷

材料具有各种性能,本质上取决于它的组成和结构。材料的组成分为化学组成和矿物组成等。材料的结构可进行多尺度划分。线度尺度在微米级的结构为微观结构,主要研究原子、分子和晶体的结构及其与物质性质之间的关系;线度尺度在目视范围以内的结构为宏观结构;介于微观和宏观尺度之间的结构为亚微观结构,也称细观结构、显微结构等。广义的结构还应包括结构的缺陷,如晶格缺陷以及亚微观乃至宏观的结构缺陷等。

## 1.1 固体材料概述——晶体与非晶体

固体材料(包括天然的固态物质)按其原子(分子)的聚集状态,可分为晶体和非晶体两大类。内部质点在三维空间呈周期性重复排列的固体为晶体;反之,为非晶体。

### 1.1.1 晶体

晶体最本质的特征是内部质点在三维空间呈规则的周期性重复排列。研究晶体外形和内部结构中质点排列的几何规律的学科,称为几何结晶学。它是研究晶体结构规律性的基础,研究对象主要是理想晶体。理想晶体内部质点在三维空间作周期性重复排列的方式用空间点阵来表示。所有晶体结构的空间点阵分成14种类型,称为14种空间格子或布拉菲(Bravais)格子,如图1.1所示。

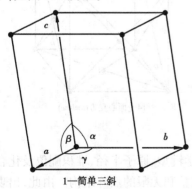

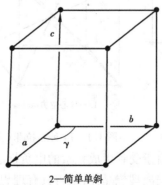

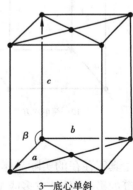

1—简单三斜　　　　　　2—简单单斜　　　　　　3—底心单斜

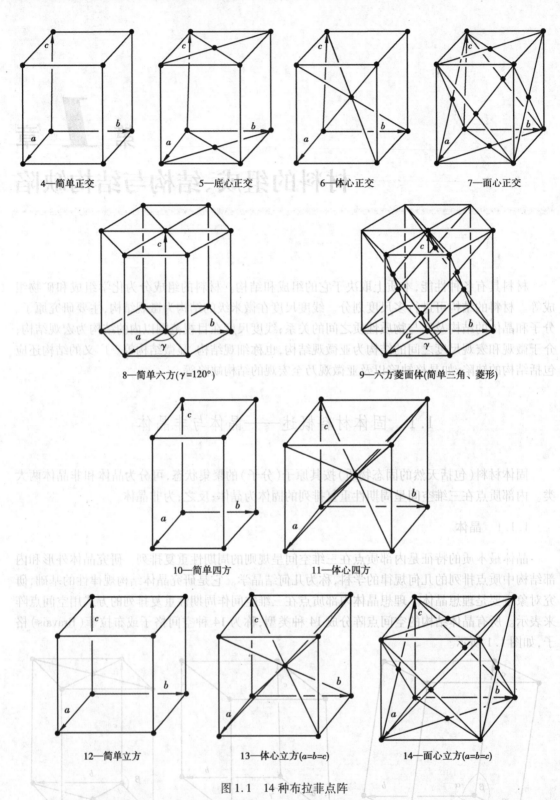

4—简单正交    5—底心正交    6—体心正交    7—面心正交

8—简单六方(γ=120°)    9—六方菱面体(简单三角、菱形)

10—简单四方    11—体心四方

12—简单立方    13—体心立方(a=b=c)    14—面心立方(a=b=c)

图 1.1    14 种布拉菲点阵

　　真实存在的实际晶体,由于受到组成元素的电负性、化学键型、原子半径、堆积配位及化合价等的影响,总是或多或少偏离理想晶体,不再具有理想、完整和无限的点阵结构。由此,出现了研究实际晶体的结构及其与晶体的化学组成、性质之间的相互关系和规律的分支学科,称为晶体化学(又称"结晶化学")。

从微观和亚微观结构来看,实际晶体大体有以下情况:

(1)单晶体

单晶体是总体上能为同一点阵所贯穿的晶体,如石英、铜、金刚石及刚玉等单晶体。单晶体虽在自然界里时有发现,但主要还是依靠人工制取。例如,因为天然金刚石稀少,开采困难,人们就通过人工制取的方式来制得钻头级和宝石级的金刚石单晶体。

"镶嵌性晶体"是由边长约为 100 nm 的小晶块(称为镶嵌块)以倾斜度十分微小的排列方式近似平行取向结合而成,可近似地认为基本能为同一点阵所贯穿,因而这种晶体也属于单晶体。可以认为,实际单晶体就是镶嵌块构成的,单晶的嵌块结构现象正是实际晶体不完美性最普通最典型的表现。

(2)多晶体

很多被称为晶粒的小晶体,彼此被晶界所隔开,晶体的点阵结构存在于每个晶粒内部,而每个晶粒的位向都与相邻晶粒的位向不同,因而晶体的各向异性被相互抵消,这种晶体称为多晶体。大多数晶体工程材料都是多晶体。典型的多晶体材料是各向同性的金属晶体。聚晶金刚石是金刚石多晶体,是由许多十分细小的金刚石微粒(直径为 $1 \sim 100$ μm)聚合而成的颗粒较大的金刚石。其结构致密,除了不透明外,其他性能与单晶体金刚石几乎相同。

由溶液或熔液中结晶出来的晶体一般都是多晶体。

部分实际晶体虽然也是由极细小的单晶体所组成,但它既不同于镶嵌性单晶体,又不同于稍大的单晶颗粒组成的多晶体,这些细微单晶体小到每颗晶粒只有几千或几万个晶胞,比一般单晶体小千百倍以上。因而具有比表面积大、吸附能力强、表面活性高等特性。这种晶体称为"微晶体"。例如,炭黑是石墨晶体的微晶体,蒙脱石是高岭石晶体的微晶体(故蒙脱石又称"微晶高岭石")。"微晶体"与晶体一样,具有规则的点阵结构和固定的熔点。

从各向同性这一点看,多晶体比单晶体与非晶体更为接近。

### 1.1.2 非晶态固体

非晶态固体与晶体主要区别是其微观结构上不具有远程有序的点阵式周期性结构,宏观性质上没有明显固定的熔点。通常有以下 3 类材料容易产生非晶态:

①氧化物,其中包括 $SiO_2$、$B_2O_3$、$GeO_2$、$P_2O_5$、$As_2O_3$ 等 $A_mO_n$ 形式的氧化物。在结构上,这些氧化物有 $AO_3$ 型三角形和 $AO_4$ 型四面体形两种空间排列形式。这些三角形或四面体形彼此相接时,至少可通过 3 个顶点的原子形成三维连续网络。因此,当其即使处于高达熔点温度时,黏度仍然很高。

②S 和 Se 的链状分子化合物和有机高分子化合物。

③含氢键化合物(如 $HPO_3$),由于含氢键,分子规则的排列很难达到且黏度很高。

非晶态固体主要有玻璃体、某些有机高分子化合物和某些生物机体等。玻璃、木炭是典型的非晶体材料。

在玻璃体中,分子排列可看成过冷液体的淬火状态,当温度降到 0 ℃时,晶核生长速度就会变得非常慢,因此,当冷却足够快时,所有材料都会显示出淬火状态。也就是说,从分子动力学理论可以预言玻璃态是普遍存在的。

对于玻璃态的各类材料,存在简单关系为,即

$$\frac{t_g}{t_m} \approx \frac{2}{3}$$

式中　$t_g$——玻璃转化温度;

　　　$t_m$——熔点温度。

对于简单分子,$t_g/t_m$ 略小于 2/3。

根据上述分析,对固体材料可作以下更为详细的分类:

$$
\text{固体材料}
\begin{cases}
\text{晶体}
\begin{cases}
\text{单晶体(实际单晶体多为镶嵌性单晶)} \\
\text{多晶体(包括微晶体)}
\end{cases} \\
\text{非晶体}
\begin{cases}
\text{玻璃体} \\
\text{有机高分子化合物} \\
\text{某些生物机体}
\end{cases}
\end{cases}
$$

络合物既可能是晶体,也可能是非晶体。

凝胶是液体在固体中的两相胶状混合物,凝胶的某些行为(如加热时黏度下降)犹如非晶态固体一样,尽管组成凝胶的固体可能是晶体。

# 1.2　硅酸盐材料

硅酸盐是除有机碳化合物之外数量最多的化合物。硅酸盐材料的主要成分是硅和氧。氧和硅是地壳中含量最多的两种元素,分别为 50% 和 26%。硅主要以硅酸盐或硅石(二氧化硅)的形式存在,在自然界中几乎不存在单质硅。正如碳是构成有机化合物不可缺少的元素,硅是构成岩石的主要元素之一,故地壳的大部分由硅石和硅酸盐构成。石英是最常见的天然硅石,长石、云母、黏土、石棉及滑石等是最常见的天然硅酸盐。硅酸盐材料无论作为原材料或工业产品,在许多行业都占有重要地位,在建筑材料行业尤为重要。

硅酸盐的化学组成比较复杂,这是因为其正离子甚至包括负离子在内,都可被许多其他的离子全部或部分取代。硅酸盐大多为晶体,同时含有共价键与离子键,甚至还含有范德华键。因此,硅酸盐结构是所有无机固体中最复杂的。

硅酸盐的化学式有 3 种表示方式:第一种是把构成硅酸盐的氧化物按 1 价碱金属氧化物,2 价、3 价金属氧化物,最后是 $SiO_2$ 的次序书写(有 $H_2O$ 的写在 $SiO_2$ 的后面),如高岭石为 $Al_2O_3 \cdot 2SiO_2 \cdot 2H_2O$,绿宝石为 $3BeO \cdot Al_2O_3 \cdot 6SiO_2$;第二种是无机络盐的写法,先是 1 价、2 价的金属离子,其次是 $Al^{3+}$ 和 $Si^{4+}$,最后写 $O^{2-}$(有 $H_2O$ 的将 $H^+$ 写在相当于 1 价金属离子的位置),如高岭石为 $H_4Al_2Si_2O_9$,绿宝石为 $Be_3Al_2Si_6O_{18}$;第三种表示式称为结构式,如高岭石为 $Al_2[Si_2O_5](OH)_4$,绿宝石为 $Be_3Al_2[Si_6O_{18}]$。

常见的硅酸盐材料主要有晶体、熔体、玻璃体及凝胶体等形式。

## 1.2.1　硅酸盐晶体

(1)硅酸盐晶体的结构类型

硅酸盐晶体结构中最基本的结构单元是硅氧四面体 $[SiO_4]$。根据硅氧四面体在硅酸盐晶

体中不同的连接方式,硅酸盐晶体的结构分为以下4种类型:

1)含有限硅氧团的硅酸盐

①岛状结构硅酸盐

这种硅酸盐中,$[SiO_4]$四面体呈孤岛状,各顶角之间并不互相连接,每个$O^{2-}$除已经与一个$Si^{4+}$相接外,剩下的一价可与其他金属离子连接,使化合价达到饱和。因此,$[SiO_4]$四面体之间是通过金属离子连接起来的。在这种硅酸盐中氧硅比为4,金属阳离子可以是$Mg^{2+}$、$Ca^{2+}$、$Fe^{2+}$、$Be^{2+}$、$Zn^{2+}$、$Mn^{4+}$、$Zr^{4+}$等。这类硅酸盐因各个方向上结合力分布差异不大,故没有显著的解理,常呈粒状。镁橄榄石$Mg_2[SiO_4]$是这种结构的代表(见图1.2)。

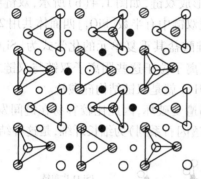

氧离子
镁离子

硅离子在四面体中心,未示出

图1.2 镁橄榄石的理想结构

硅酸盐水泥熟料中的硅酸二钙$Ca_2SiO_4$(即$2CaO \cdot SiO_2$)也属于岛状结构硅酸盐。其中,$\gamma$-$Ca_2SiO_4$的结构中,$Ca^{2+}$的配位数为6,即6个$O^{2-}$与$Ca^{2+}$相配位形成$[CaO_6]$八面体,$Ca^{2+}$的配位相当规则,因此比较稳定,在常温下几乎是惰性的;$\beta$-$Ca_2SiO_4$的结构中,$Ca^{2+}$的配位数有8和6两种,配位不规则,因而相当活泼,常温下就能与水发生反应。因此,$\beta$-$Ca_2SiO_4$是水泥熟料中希望得到的主要矿物之一,而$\gamma$-$Ca_2SiO_4$则应尽量避免其形成。

②组群状结构硅酸盐

在有限硅氧团结构中,$[SiO_4]$四面体除孤立状态存在外,也可成对和成环,这就形成组群状结构硅酸盐。这类结构是2个、3个、4个或6个$[SiO_4]$四面体通过公共氧相连接形成单独的硅氧络阴离子,把一个硅氧络阴离子看成一个结构单元,那么,每个结构单元所含$[SiO_4]$四面体总数是有限的,如图1.3所示,硅氧络阴离子之间再通过其他金属正离子连接,使化合价达到饱和。其中,硅氧四面体之间已公用的氧($O^{2-}$)其电价已饱和,一般不再与别的金属正离子配位,因而公用氧被称为"非活性氧"(也称桥氧);对硅氧四面体上只用去一价的$O^{2-}$称"活性氧"(也称非桥氧),因其还有剩余的电价,故还可与其他金属正离子相配位。由6个$[SiO_4]$四面体通过桥氧连接起来的单独硅氧络阴离子构成的硅酸盐,如绿宝石$Be_3Al_2[Si_6O_{18}]$,其结构中存在比较大的环形空穴,因而具有很低的热膨胀系数($1 \times 10^{-6}$℃$^{-1}$),当有价数低而半径小的离子(如$Na^+$)存在时,将呈现显著的离子导电,因而具有较大的介电损耗。

2)链状结构硅酸盐

每个硅氧四面体上有2个$O^{2-}$变成非活性氧(即桥氧)构成一维空间无限伸展的连续长链,称为单链链状结构,其重复单元的化学式为$[Si_2O_6]^{4-}$,如图1.4(a)所示。链与链之间通过金属正离子相连。这种单链结构的矿物如顽辉石$MgSiO_3$,基本上是无限的$[Si_2O_6]_n^{4n-}$链由$Mg^{2+}$联系在一起。

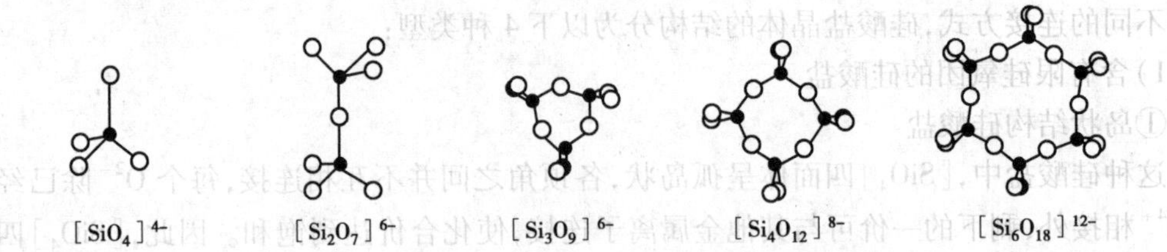

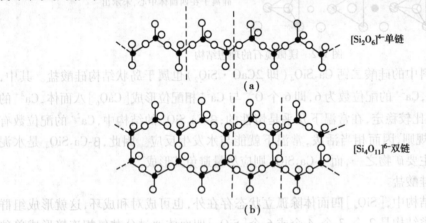

$[SiO_4]^{4-}$  $[Si_2O_7]^{6-}$  $[Si_3O_9]^{6-}$  $[Si_4O_{12}]^{8-}$  $[Si_6O_{18}]^{12-}$

（a）单一硅氧团　（b）成对的硅氧团　（c）三环状硅氧团　（d）四环状硅氧团　（e）六环状硅氧团

图1.3　组群状结构[SiO₄]四面体的几种连接

两条相同的单链通过未公用的氧可以形成双链，如图1.4（b）所示，双链中每一个[SiO₄]四面体的顶角平均有2.5个为共用，或者说双链中有半数[SiO₄]四面体共用2个顶角，另有半数[SiO₄]四面体共用3个顶角，这种双链硅酸盐其重复单元的化学式为$[Si_4O_{11}]^{6-}$。链上未饱和的$O^{2-}$的化合价由其他正离子饱和，正离子位于这些阴离子双链与双链之间并把它们联系起来。例如，透闪石$Ca_2Mg_5[Si_4O_{11}]_2(OH)_2$就是双链结构硅酸盐。

任何链状硅酸盐，其较弱的链间键容易遭受破坏，因此比较容易在链间发生解离，呈柱状或纤维状。例如，双链结构角闪石石棉（属透闪石系列）为细长纤维，是这种结构的典型代表。

$[Si_2O_6]^{4-}$单链

（a）

$[Si_4O_{11}]^{6-}$双链

（b）

图1.4　硅氧四面体的链状连接

3）层状结构硅酸盐

若每一个硅氧四面体的某一个面上的3个氧原子都是公共氧，这样便得到向二维空间无限伸展的六节环状硅氧层（见图1.5）。在这个无限硅氧层中，取出一个矩形单位（见图1.5（c）），可将其视为硅氧层的重复单元，则不难看出这个重复单元的化学式为$[Si_4O_{10}]^{4-}$，也就是说，这个无限硅氧层的化学式为$[Si_4O_{10}]^{4n-}$。层中每一个[SiO₄]四面体中只有一个活性氧可与其他正离子结合，常见的正离子有$Mg^{2+}$、$Al^{3+}$、$Fe^{2+}$和$Fe^{3+}$等。由于[SiO₄]四面体连接成层状，故金属正离子的配位多面体也连成层状，即形成[SiO₄]四面体层和[AlO₆]八面体层或[MgO₆]八面体层等在空间交叉分布。在实际的层状结构硅酸盐中，如果[SiO₄]四面体层中$Si^{4+}$被$Al^{3+}$或$Mg^{2+}$及其他与$Si^{4+}$不等价的离子取代，使结构中正电荷减少，故相应有(OH)⁻离子取代$O^{2-}$，以保持电价平衡，则[AlO₆]八面体或[MgO₆]八面体相应成为[AlO₂(OH)₄]八面体或[MgO₂(OH)₄]八面体，它们分别称为水铝石和水镁石。因此，层状结构硅酸盐实际是由[SiO₄]四面体和[AlO₂(OH)₄]或[MgO₂(OH)₄]八面体构成，层与层之间存在空隙。

6

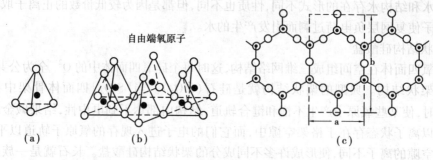

自由端氧原子

(a)　　　　　(b)　　　　　(c)

图1.5　层状硅酸盐中的四面体

层状结构有两种类型,即双层型和三层型。

双层型也称单网层,以高岭石为这种结构的典型代表,故也称高岭石型。其$[SiO_4]$四面体层中的活性氧(自由端氧原子)全部指向一个方向,由一层硅氧四面体层与一层水铝石或水镁石八面体层组成一个单网层,单网层与单网层之间是靠一个单网层的底部$O^{2-}$与另一个单网层的顶部$(OH)^-$以氢键结合,氢键的键力较弱,故层状结构晶体往往从单网层之间解理,这就是自然界中高岭石常以小薄片状出现的原因。由于单网层结构单元层内部正负电荷已达到平衡,则层间空隙中不再需要配位其他金属正离子。

三层型也称复网层,以云母为这种结构的典型代表,故也称云母型,其复网层是由两层$[SiO_4]$四面体层(一层活性氧指向下,另一层指向上)中间夹着一层水铝石或水镁石层结构,即由两层硅氧层和一层金属正离子层共三层为一个结构单元。

复网层与复网层之间的联系有两种:一种是每一复网层都是电中性的,层与层之间靠分子键联系,这种联系很弱,故很容易解理。例如,滑石就是这种复网层结构,故滑石具有良好的片状解理,从而具有滑腻感。由于这种复网层结构的每一复网层都是电中性的,因此,层间空隙中一般也不再需要配位其他金属正离子。另一种情况是复网层不是电中性的,正负电荷未达到平衡,层间空隙中需配位其他金属正离子以使电荷达到平衡,层与层之间由统计性离子键联系。例如,白云母就是这种复网层结构,其硅氧层中有1/4的$Si^{4+}$被$Al^{3+}$取代使复网层负电荷过剩而导致正负电荷不平衡,故复网层与复网层之间有$K^+$进入以平衡负电荷。$K^+$的配位数为12,$K^+$处于两复网层的六节环的空隙间,呈统计性分布,因此,与硅氧层结合力相对较弱,故白云母在这层面上易发生解理,可被剥成片。如果白云母中$K^+$被$Ca^{2+}$取代,同时硅氧层内有1/2的$Si^{4+}$被$Al^{3+}$取代,则成为珍珠云母$CaAl_2[Al_2Si_2O_{10}](OH)_2$,因为$Ca^{2+}$为二价离子,与$K^+$相比使复网层与复网层之间联系增强,故珍珠云母不容易解理。

层状结构硅酸盐都含有以$OH^-$形式存在的结构水。对某些层状结构硅酸盐还含有以$H_2O$形式存在的结合水(非结构水)。与结构水相比,结合水由于结合不牢固,比较容易失去,而且在失去时不会发生晶格的破坏。例如,蒙脱石(微晶高岭石)$Al_2[Si_4O_{10}](OH)_2 \cdot nH_2O$由于结构中$Al^{3+}$可被$Mg^{2+}$取代,结果使每一复网层不显现电中性,有少量负电荷过剩,使复网层之间产生斥力,因而使略带正电的水合离子容易进入层间,以平衡电荷,并使$c$轴随水的含量而变化,其变化范围为$0.96 \sim 2.14$ nm,故蒙脱石又名膨润土。其结合水的多少可随空气湿度变化而变化。结合水量增加则膨胀,水量减少则收缩。直至这种结合水全部脱去,只要不发生结构水失去,其晶体结构将不受破坏。这种结合水也称"层间水"。

随层间水进入的正离子,使电价平衡,但易于被交换,使该矿物具有较高的阳离子交换能

力。层间水和结构水存在的形式不同,性质也不同,但都是因为较低价数的正离子取代较高价数的正离子使复网层负电荷过剩而引发产生的水。

4)架状结构硅酸盐

由硅氧四面体在空间组成三维网络结构,这时每个硅氧四面体中的 $O^{2-}$ 全为公共氧,这种结构就是架状结构。典型的架状结构就是硅石($SiO_2$)。当[$SiO_4$]四面体骨架中有 $Si^{4+}$ 被 $Al^{3+}$ 取代时,使某些氧原子产生不饱和键合轨道,结构内部达不到电中性,结果碱金属原子或其他原子以离子状态存在于格架空隙中,而它们的电子进入现存的氧原子轨道以平衡电价。由于进入空隙的离子不同,便形成许多不同成分的架状结构硅酸盐。长石就是一族重要的架状结构硅酸盐,如其中的正长石 $KAlSi_3O_8$,内部有 1/4 的 Si 原子被 Al 原子取代,并且每个 Al 原子伴有一个 K 原子形成疏松的架状结构,且各个方向上结合力强弱不一,故长石在某一方向上有较好的解理。

(2)硅酸盐晶体的结构特点

①构成硅酸盐的最基本单元是[$SiO_4$]四面体,四面体以 4 个 $O^{2-}$ 为顶点,$Si^{4+}$ 位于四面体的中心,故 $Si^{4+}$ 的配位数是 4。

②$Si^{4+}$ 与 $Si^{4+}$ 之间没有直接的键相连,它们通过 $O^{2-}$ 相连接,Si-O 键的离子键性占 38%,故 Si-O 之间的共价键性较突出,结合力很强,而 R-O(R 代表金属正离子)之间离子键性相对较突出。

③[$SiO_4$]四面体既可在结构中孤立地存在,也可通过共顶点相互连接,Si-O-Si 的结合键并不形成一直线,而是一折线。夹角一般为 145°。[$SiO_4$]四面体之间几乎没有共边的,从不共面。

④$Al^{3+}$ 可在无限的[$SiO_4$]四面体骨架中置换出一部分 $Si^{4+}$ 而占据其位置,成为铝氧四面体[$AlO_4$],与[$SiO_4$]四面体一起组成无限的硅(铝)氧骨架;$Al^{3+}$ 也可以铝氧八面体[$AlO_6$]的形式存在于[$SiO_4$]四面体的骨架之外,它与[$SiO_4$]四面体结合而成为铝硅酸盐。以上两种情况,铝离子的配位数分别是 4 和 6。

⑤$O^{2-}$ 可在硅氧或铝氧骨架中,也可以 $OH^-$ 的形式存在于骨架之外。硅酸盐晶体结构中还常出现一些附加的负离子如 $F^-$、$Cl^-$、$OH^-$、$O^{2-}$ 等,它们在结构中一般占据空隙位置。

### 1.2.2 硅酸盐熔体

硅酸盐熔体与玻璃、水泥、陶瓷等生产过程有着密切的关系。

熔体的结构既不同于气体的完全无序结构,也不同于晶体的完全有序结构。其结构介于气体和晶体之间,与玻璃体相似,为近程有序远程无序结构。

一般来说,金属离子比硅离子大,化合价比硅低,因而 R-O 键(R 表示金属原子)比 Si-O 键弱,硅对氧离子的吸引力比金属离子强,所以[$SiO_4$]四面体较易形成。当熔体中氧硅比为4:1时,它们就形成独立的硅氧四面体,当氧硅比小于 4 时,则出现氧为 2 个硅离子共有的"二聚体"[$Si_2O_7$]$^{6-}$、"三聚体"[$Si_3O_{10}$]$^{8-}$ 等。核磁共振光谱研究证实,硅酸盐熔体中有许多聚合程度不等的阴离子团平衡共存。也就是说,硅酸盐熔体倾向于形成相当大的(但大小不一的)、形状不规则的、短程有序的离子聚集体。

当熔体中有 $Al^{3+}$ 离子存在时,$Al^{3+}$ 不能独立形成硅酸盐类型的网络,但能置换 $Si^{4+}$。被 $Al^{3+}$ 置换后的熔体结构与置换前的相比,$Al^{3+}$ 离子并不明显地改变熔体的结构。

在硅酸盐熔体中引入 $K_2O$、$Na_2O$ 会导致［$SiO_4$］四面体聚集体中桥氧的断裂,这是因为 K-O、Na-O 的键强比 Si-O 的键强弱得多,因而氧离子容易被 $Si^{4+}$ 离子从 $K^+$、$Na^+$ 处吸引走。当部分桥氧断裂后,熔体中阴离子团变小、黏度降低、结晶倾向增加。

硅酸盐熔体的具体结构和熔体的黏度等性质取决于熔体的化学组成和温度。

### 1.2.3　硅酸盐玻璃体

固体状的玻璃体是热力学不稳定物质,可被视为“被冻结了的熔体”,是一种具有固体外观的“过冷液体”,对熔体结构有一定的继承性,不具有规则的远程有序结构。

硅酸盐玻璃中结构最简单的是石英玻璃(仅有 $SiO_2$ 的单组分玻璃)。其中,$O^{2-}$ 围绕 $Si^{4+}$ 形成［$SiO_4$］四面体,并以共用顶角连成连续的三维网络,只是这些网络没有对称性和周期性,但网络分布近程有序,在 $3 \sim 4$ 个环(硅氧四面体连成的环)的范围(相当于 $2 \sim 3$ nm)内［$SiO_4$］四面体排列是有序的,如图 1.6(a)所示。

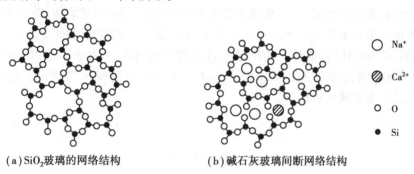

| | |
|---|---|
| ○ | $Na^+$ |
| ◍ | $Ca^{2+}$ |
| ○ | O |
| ● | Si |

(a) $SiO_2$ 玻璃的网络结构　　　　(b)碱石灰玻璃间断网络结构

图 1.6　玻璃网络结构的二维示意图

碱金属或碱土金属硅酸盐玻璃是二组分玻璃(还有三组分、多组分硅酸盐玻璃),这些玻璃中［$SiO_4$］四面体形成的不规则网络和石英玻璃基本相似,如图 1.6(b)所示。$SiO_2$ 是典型的玻璃形成剂(也称网络形成剂),而 $R_2O$、RO(1 价、2 价金属氧化物)则是网络改变剂,也称调节剂。$R^+$、$R^{2+}$ 离子会破坏 Si-O 网络,断裂桥氧,每断裂 1 个桥氧就出现 2 个非桥氧离子,使玻璃黏度降低(与石英玻璃相比),网络改变剂的阳离子填充到网络的空隙里,不均匀分布于玻璃中。当加入 RO、$R_2O$ 直到 $SiO_2$ 与 RO(或 $R_2O$)之比降到 1:1 以前,结构中硅氧网络依然存在,此时每个［$SiO_4$］四面体至少仍和其他 3 个［$SiO_4$］四面体相连,所以还能形成玻璃。若再增加 RO(或 $R_2O$)到 $SiO_2$ : RO(或 $R_2O$) $= 1:2$ 以后,则网络改变极大,某些［$SiO_4$］四面体仅和其他 2 个［$SiO_4$］四面体相连。加入 RO(或 $R_2O$)越多,玻璃的成核晶化速率也越快,形成玻璃就越困难。当组成范围介于二硅酸盐($R_2O \cdot 2SiO_2$ 或 $RO \cdot 2SiO_2$)和偏硅酸盐($R_2O \cdot SiO_2$ 或 $RO \cdot SiO_2$)之间时,玻璃网络可能以链状结构存在。当 $R^+$、$R^{2+}$ 浓度超过偏硅酸盐时,其结构将主要是岛状、环状和链状［$SiO_4$］四面体。当体系中只有独立的［$SiO_4$］四面体时,则众多孤立［$SiO_4$］四面体中的 4 个活性氧仅以弱的离子键 Na-O 或 Ca-O 连接,不再形成玻璃。

$Ca^{2+}$ 和 $Na^+$ 都是玻璃改变剂,但二价 $Ca^{2+}$ 连接的非桥氧比一价 $Na^+$ 牢固,可提高网络密实度,阻碍碱金属离子从网络间隙渗析出去,因而提高了玻璃的化学稳定性。

玻璃中 $K_2O$ 和 $Na_2O$ 作用相当,MgO 和 CaO 作用相当,$Al_2O_3$ 的作用有两种情况:当 $Al_2O_3$ 含量少时,$Al^{3+}$ 取代 $Si^{4+}$ 而进入网络,$Al^{3+}$ 以［$AlO_4$］四面体形式存在于网络中,［$AlO_4$］和［$SiO_4$］配位体形状相似,只是［$AlO_4$］四面体有多余的负电价,所以必须吸引一价或二价正离子以平衡电荷,当更多的金属离子被网络吸引时,在一定程度上增加了网络的致密性,从而提高了玻璃的化学稳定性;当 $Al_2O_3$ 的量增加到某一数值以后,部分 $Al^{3+}$ 出现高配位,形成[$AlO_6$]八面体,就没有网络形成剂的性质而成为网络改变剂了,这种氧化物称为中间剂。

如果有序只是短程的或局部的,则认为这样的固体是无定形的,即非晶体,玻璃就是非晶体。

只有从熔体中析晶特别困难时,才形成玻璃态。从熔体中析晶需要温度和浓度条件,从理论上讲,熔融体冷却到析晶温度(相转变温度),会发生相转变而形成新相——晶体(微小晶体),但实际上由于微小晶体的熔点(凝固点)比普通晶体低,故熔体冷却到析晶温度时,并不产生新相,而要等冷却到比析晶温度更低的某一温度时才会出现晶体。此时,应析晶而未析晶的液体称为过冷液体,是一种热力学不稳定状态,玻璃体就是这种亚稳态固体;另一方面,从液相中析出新相的过程看,新相首先是以微小晶体出现的,而微小晶体的溶解度大于普通晶体,故虽处在析晶的相变温度下,对这些微小晶体来说,并未达到饱和,微小晶体也不会从液相中析出来,除非将温度降到更低,以降低微小晶体的饱和浓度。晶体、玻璃体、微晶玻璃的形成与温度、冷却速度的关系如图 1.7 所示。图 1.7 中,$ABC$ 表示冷却很慢的曲线,$A$ 表示液体,$B$ 为完全结晶过程,$C$ 为固体(即晶体),$ADE$ 表示冷却较快的曲线,$A$ 为液体,$D$ 为过冷液体,$E$ 为玻璃;$AFGH$ 表示中等冷却速率曲线,$A$ 为液体,$F$ 为部分结晶过程,$G$ 为微晶在过冷液体的基体中,$H$ 为微晶分布于玻璃基体中。

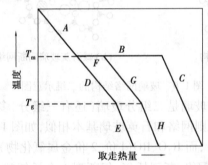

图 1.7 不易结晶物质的冷却曲线示意图

不是所有的物质都能形成玻璃。只有在熔体的析晶饱和浓度大,即难以达到析晶饱和浓度形成晶体,熔体黏度大(见表 1.1),并且当温度下降时黏度迅速增长,使体系无法排列有序时,才能形成玻璃;反之,任何种类的玻璃形成物质,在熔点以下的温度保温足够长的时间都能析晶,所以形成玻璃的关键是熔体应该快速冷却以越过析晶阶段。另一方面,当冷却进行得足够快时,从分子动力学理论可以预言玻璃态又是普遍存在的。

表 1.1 某些玻璃形成物质和非玻璃形成物质在熔点时的黏度

| 玻璃形成物 | 熔点/℃ | 黏度/(Pa·s) | 非玻璃形成物 | 熔点/℃ | 黏度/(dPa·s) |
|---|---|---|---|---|---|
| $BeF_2$ | 540 | $>10^5$ | LiCl | 613 | 0.02 |
| $B_2O_3$ | 460 | $10^4$ | $CdBr_2$ | 567 | 0.03 |
| $GeO_2$ | 1 115 | $10^6$ | Na | 98 | 0.01 |
| $SiO_2$ | 1 710 | $10^6$ | Zn | 420 | 0.03 |

玻璃体不仅对玻璃制品有意义,而且在水泥熟料、混凝土掺合料等材料的制备中也往往希望其具有无定形结构,以便有更高的化学反应活性。

### 1.2.4　硅酸盐凝胶体

硅酸盐凝胶是液体在固体中两相胶体混合物。其中,液、固组分混合如此密切,以至于材料的行为如同非晶态固体一样,尽管其中固体可能是晶体。

凝胶可由溶胶制成,溶胶是指平均尺寸约小于 100 nm 的极细固体微粒在液体中的胶态悬浮体。如果溶胶中的胶态微粒连接在一起形成固体网络,而液体或者包含在微粒之间极细微的毛细管中,或者包含在格架中极小的空洞内,则得到凝胶。如果液体沿极细的细管渗透进入固体(通常伴有膨胀),也可以形成凝胶体。

如果固定液体的固体格架是由长分子链构成,或者微粒只在某几点结合在一起,则此凝胶称为弹性凝胶。当温度升高时,弹性凝胶变得更像液体,因为微粒之间或分子之间的结合因热运动而削弱。例如,动物胶就是一种以长链蛋白质构成储水固态格架的弹性凝胶。沥青也是一种弹性凝胶,只是更为复杂而已。

如果固定液体的固体格架,类似于网络聚合物结构,则此凝胶为硬凝胶。当温度升高时并不明显变软,这类似热固性聚合物。硅酸盐水泥的主要水化产物水化硅酸钙,就是一种常见的硬凝胶。硅胶也是一种。它是由刚性 $[SiO_4]$ 四面体三维网络构成,水分子被捕集在三维网络间隙之中,是非晶体物质。

## 1.3　金属材料

在已发现的化学元素中,金属元素占了 3/4。相对密度小于 5 的金属被称为轻金属,如铝、镁、钛等;相对密度大于 5 的金属被称为重金属,如铁、铜等。通常还把铁和铁基合金称为黑色金属,其他金属称为有色金属。

金属广为人知的特性是:良好的导电和导热性;良好的塑性变形能力;不渗透性和具有特殊光泽(金属光泽)等。金属材料之所以得到广泛应用,是因为它还具有变形成形和高强度等综合性能。

金属的特性与其化学键(金属键)的本质密切相关,与金属原子在空间的排列方式密切相关,即金属的性质取决于金属的内部结构。固态金属通常都是晶体。

### 1.3.1　金属原子的结合——金属键

金属原子的结构特点是原子最外层只有 1~2 个价电子,原子核对最外层价电子的吸引力较弱,故原子很容易丢失其价电子而成为正离子,正离子按一定的几何规则在空间排列,并在各自的平衡位置上作热振动。脱离了原子核束缚的价电子成为自由电子,它们在正离子之间不停地作高速运动。与离子键和共价键不一样,价电子将不为某个或某两个原子所专有而为全体原子所共有,形成所谓"电子气"。金属正离子与自由电子之间产生静电引力,使金属原子(正离子)结合成一个整体,这种结合方式称为金属键。金属晶体中极个别的正离子在某一瞬间可能与自由电子结合成原子,而这种结合只是暂时的,顷刻间又可能失去电子,成为正离

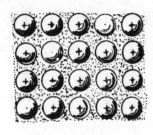

图 1.8　金属键示意图

子。因此,金属晶体中绝大多数是正离子在空间作有规则的排列,但也有极个别的金属原子存在。图 1.8 为金属键示意图。

金属在很小的外电场作用下,自由电子即可沿着电场方向流动,形成电流,故金属具有良好的导电性。正离子的热振动与自由电子的运动都可以传递热能,故金属具有很好的导热性。金属在足够的外力作用下,晶体中一部分正离子对另一部分正离子可作相对位移(滑移),产生永久变形,即塑性变形。塑性变形时,自由电子随之移动,像万能胶一样把正离子结合在一起,故金属可作较大的塑性变形而不破坏,显示出良好的塑性。金属中自由电子能吸收并随后辐射出大部分投射到金属表面上的光能,因此,金属不透明并呈现特有的金属光泽。

固态金属的结合能与参加结合的价电子的数目和类型有关。较强的键合意味着熔点较高,或确切地说,沸点较高。例如,碱金属铯每个原子只有 1 个价电子可供键合,熔点就低;而碱土金属钡,每个原子有 2 个价电子,熔点明显增高。

ⅢB 族到Ⅷ族之间的元素,其特点是 d 层没有填满,为过渡金属,并且由于有 d 电子参与键合,所以熔点比较高。与 s 电子不同,d 电子在金属中并非完全自由。在某种程度上,可认为 d 电子的键有方向性,因此,可认为过渡金属的键合是金属键与共价键的混合键,只是金属键起主导作用。由于 d 电子键合的特殊性,导致过渡金属有许多不同于其他金属的性能。根据熔点和化学行为,把ⅠB 族元素(Cu、Ag、Au)也归入过渡金属,尽管它们在金属态时 d 带是填满的。稀土金属(原子序数 57 到 71)和锕系金属(原子序数 89 到 103)具有没有填满的 f 亚层,表现行为有点不同,每添加一个 f 电子,熔点的变化并不大,根据这一现象判断,金属中的 f 电子并不是很有效地参与键合。一般认为 f 电子相当定域,保持着与个别原子的联系。尽管过渡金属和稀土金属的键合中有某些共价特点,但它们仍具有明确的金属特性。事实上,目前使用的工程材料中有许多是这样的过渡金属,如 Fe、Cu、Ni 等。

### 1.3.2　理想金属的晶体结构

金属键无方向性,也无饱和性。因此,金属晶体中的原子趋向于作高度对称的紧密的和简单的排列。金属离子的这种排列决定了金属具有密度大、强度高等性能。

借助 X 射线结构分析技术可测定金属的晶体结构。测定结果表明,除了少数例外,绝大多数金属皆为体心立方、面心立方和密排六方 3 种典型的紧密和简单结构,如图 1.9 所示。

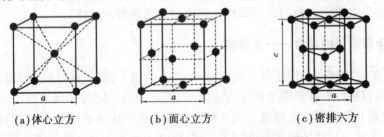

| (a)体心立方 | (b)面心立方 | (c)密排六方 |

图 1.9　金属的 3 种典型晶体结构(晶胞)示意图

(1)体心立方晶格

金属原子分布在立方晶胞的 8 个角上和立方体中心,晶格常数 $a=b=c$,故晶格尺寸用一

个晶格常数 $a$ 即可表达。晶格常数的单位为纳米,金属的晶格常数多为 $0.1 \sim 0.7$ nm。立方晶格金属的 $a$ 值一般为 $0.28 \sim 0.55$ nm。

对于体心立方晶格的晶胞,每个角上的原子在空间同时属于 8 个相邻的晶胞,因而居于一个晶胞的原子为 1/8 个,而立方体中心的一个原子属于一个晶胞所有。因此,体心立方结构的晶胞原子数为 $(1/8) \times 8 + 1 = 2$。

原子半径 $r$ 通常是指晶胞中原子密度最大的方向上相邻两个原子之间平衡距离的 1/2,或晶胞中相距最近的两个原子之间距离的 1/2。它与晶格常数有关,体心立方晶胞中,相距最近的原子是体对角线上的原子,故原子半径为

$$r = \sqrt{3}a/4$$

金属晶胞中,原子本身所占有的体积百分数称为晶格的密排系数或晶格的致密度,即

$$致密度 = \frac{晶胞中原子所占有的体积}{晶胞的体积}$$

对于体心立方晶格

$$致密度 = \frac{晶胞原子数 \times 原子的体积}{晶胞的体积}$$

$$= \frac{2 \times \frac{4\pi}{3}r^3}{a^3} = \frac{2 \times \frac{4\pi}{3}\left(\frac{\sqrt{3}}{4}a\right)^3}{a^3} \approx 68\%$$

具有体心立方晶体结构的金属有 $\alpha\text{-Fe}$(铁)、V(钒)、W(钨)、Cr(铬)、Mo(钼)、Nb(铌)等约 30 种。

(2)面心立方晶格

金属原子分布在立方晶胞的 8 个角和 6 个面的中心。与体心立方一样,晶格常数 $a = b = c$,则晶格尺寸用一个晶格常数 $a$ 即可表达。

同样可计算出,面心立方晶格的晶胞原子数为

$$\frac{1}{8} \times 8 + \frac{1}{2} \times 6 = 4$$

面心立方晶胞中原子相距最近的方向是面对角线,故原子半径为

$$r = \sqrt{2}a/4$$

对于面心立方晶格

$$致密度 = \frac{4 \times \frac{4\pi}{3}\left(\frac{\sqrt{2}}{4}a\right)^3}{a^3} \approx 74\%$$

具有面心立方晶体结构的金属有 $\gamma\text{-Fe}$(铁)、Al(铝)、Cu(铜)、Ni(镍)、Au(金)、Ag(银)、Pb(铅)等 20 余种。

(3)密排六方晶格

金属原子分布在六方柱每个角上(上下各 6 个,共 12 个角)和上下底面的中心以及六方柱中间 3 个均匀分布的间隙里,晶格常数 $a = b \neq c$,晶格常数 $c$ 与 $a$ 的比值可高达 1.89。

密排六方晶格的晶胞原子数为

$$\frac{1}{6} \times 12 + \frac{1}{2} \times 2 + 3 = 6$$

密排六方晶格的晶胞中原子相距最近的方向是上下底面中的对角线,故原子半径为

$$r = \frac{1}{2} \cdot a$$

其晶胞的致密度为

$$致密度 = \frac{6 \times \frac{4\pi}{3}\left(\frac{1}{2}a\right)^3}{6 \times \frac{\sqrt{3}}{4} \times 1.633a^3} \approx 74\%$$

(注:取 $c = 1.633a$)

属于密排六方晶格的金属有 Mg(镁)、Zn(锌)、α-Ti(钛)、Be(铍)等。

各种金属的晶体结构不同,就在于它们的晶格类型和晶格常数不同。晶格常数一般随不同金属或不同成分的合金而变化,对同一种金属或一定成分的合金,在改变热处理或加工条件时,晶格常数也会发生变化。

金属结晶后晶格类型就确定了,再继续冷却,多数金属的原子排列形式即晶格类型不再改变。但有少数金属如铁、钴、锡等在冷却过程中原子排列形式发生改变,甚至发生多次改变,这种现象称为金属的同素异晶转变或固态相变。同素异晶转变是金属极为重要的一种属性。例如,铁有两种同素异晶体出现在 3 个温度范围内:在 1 400 ~ 1 535 ℃和低于 910 ℃时是体心立方晶格,称为 α-铁,有时也称 δ-铁;在 910 ~ 1 400 ℃是面心立方晶格,称为 γ-铁。在 γ-铁中,原子排列比 α-铁紧密(它们的致密度分别为 74% 和 68%),故当 γ-铁转变为 α-铁时,体积会膨胀约 1%。这是钢在热处理淬火时引起工件内应力所导致的变形和破裂的重要原因之一。两种晶型的铁对溶解碳和合金元素的能力很不相同,因此,当改变温度引起铁的异晶转变时,会有碳化物析出或溶解。金属的异晶转变特性是改变钢的化学成分、改善组织结构和提高性能的依据。

即使是同种金属同一晶格类型,在晶体的各个晶面和晶向上,原子分布是不同的。有的原子排列较紧密,有的排列较稀疏,导致了晶体的各向异性。例如,体心立方晶格铁(α-Fe)的单晶体,在晶格的棱边方向(100 方向)上原子作弹性伸长仅需 $1.35 \times 10^5$ MPa 的应力,而在它的对角线方向(111 方向)上就需要 $2.90 \times 10^5$ MPa 应力。

### 1.3.3 实际金属的内部结构

与理想金属相比,实际金属的内部结构往往存在各种缺陷,实际金属往往是多晶体,由许多形状不规则的小晶粒组成。各个晶粒的原子排列规律相同,但它们的空间位向却互不相同。一个晶粒的各向异性在许多位向不同的晶粒之间可互相抵消或补充,故许多晶粒组合成晶体后呈现出各向同性(或称伪等向性)。因此,在工业上使用的金属,一般并不显示出各向异性。

金属晶体的晶界处有许多原子偏离了它们的平衡位置,晶格畸变较大,规则性较差。因此,晶界的原子具有较高的能量。其原子排列总的特点是采取相邻两晶粒的折中位置,使晶粒由一个晶粒的位向通过晶界的协调,逐步过渡为相邻晶粒的位向。因相邻晶粒位向不同,晶界宽度为 5 ~ 10 个原子间距。晶界在空间呈网状。晶界上一般积累有较多的位错,晶界也是杂质原子聚集的地方。杂质原子的存在加剧了晶界结构的不规则性并使结构复杂化。晶界结构对金属的性质有显著影响:

　　①金属的塑性变形是通过晶粒内部的位错移动进行的,而晶界阻碍位错移动,表现出晶界具有较高的强度和硬度。晶粒越细,晶界面积越大,金属的强度越高,故室温下使用的金属材料一般力求得到细小的晶粒。

　　②晶界处的能量较高,原子处于不稳定状态,容易被腐蚀。

### 1.3.4　金属加工与金属结构的变化

　　在工业生产上,金属件总是通过冷加工或热加工来制造的。

　　金属学上冷加工和热加工是根据再结晶温度来划分的。在再结晶温度以上的塑性变形,称为热加工;在再结晶温度以下的塑性变形,称为冷加工。

　　塑性变形是通过位错的运动来实现的。变形过程中,位错沿滑移面运动,各种位错会频繁相遇,发生一系列复杂的交互作用,出现位错缠结、堆积等现象。使位错源不断发出的位错不能顺利地移出金属晶体,造成位错密度的逐渐增大,致使位错运动受阻,变形的抗力增大。因此,金属在冷加工后,强度、硬度显著提高,而塑性、韧性明显下降。

　　在再结晶温度以上变形(热加工)时,在变形的过程中同时伴随再结晶,因而塑性变形造成的加工硬化随即可由再结晶产生的软化所抵消,故变形不会带来因位错密度提高而强化的效果。但是,热加工变形能打碎铸态金属中的粗大晶粒,同时,再结晶过程能通过重新生核和长大使晶粒细化(见图1.10),故热加工可以改善金属的结构,从而提高金属的机械性能。

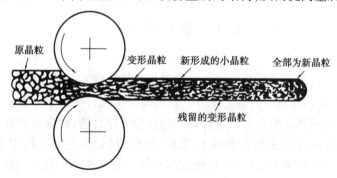

图 1.10　金属在热轧时变形和再结晶示意图

　　热加工变形还能将铸态金属中的气孔、疏松等孔洞焊合,提高金属的致密度。高温和变形能增强原子的扩散能力,减弱或消除铸态金属内部成分分布的不均匀性。这些都有利于金属性能的改善。

### 1.3.5　合金

　　一种金属元素与另一种或几种元素通过熔化或其他方法结合而成的具有金属特性的物质,称为合金。组成合金的独立的最基本的单元,称为组元。合金的组元中,主体是金属元素,其他组元可以是金属、非金属(如碳)或化合物(如 $Fe_3C$ )。

　　合金的命名可按主体金属命名,称为铁合金、铝合金、铜合金等;也可按各组元命名,如铁碳合金、铁铬铝合金、铜镍合金等;也有用专有名称命名的,如钢是指含碳量小于 2.11%(质量)的铁碳合金,青铜多指铜锡合金,黄铜是指铜锌合金等。

　　工程上使用的金属大多为合金,这是因为纯金属制取困难,性能上也有很大局限性,往往不能满足使用要求。而合金则具有灵活多样的性能,如纯铁的硬度为 HB80,加入 0.8% 的碳,组成的铁碳合金硬度可高达 HB270。若在铁中加入 18% 铬和 9% 镍就成为不锈钢,可抗酸、抗碱、耐腐蚀,力学性能和工艺性能也得到提高。

纯金属的晶体结构大多紧密排列,当有异类原子进入纯金属时,如果异类原子间相互作用力与同类原子间基本相同,则异类原子的进入使体系的能量状态变化不大,两类原子进行统计性的均匀分布,组成所谓的固溶体,其晶体结构保持原来纯金属的晶格类型。

当异类原子间吸引力大于同类原子的吸引力时,异类原子的进入使体系的能量水平降低,这时随异类原子间电化学性质差别的递增,异类原子间吸引力逐渐增大,一个原子以尽量多的异类原子为近邻的倾向也增大,形成的合金结构从有序固溶体,直到与纯金属完全不同的晶体结构的各种金属化合物。

当异类原子间吸引力小于同类原子时,异类原子的进入使体系的能量水平升高。为达到低能态,异类原子各自聚集在一起,在原金属基体中形成不同化学组成和不同的晶体结构的相,使整体形成混合物组织。

合金的组织结构就是由以上合金相(固溶体、化合物、混合物)在不同的数量、形态、大小和分布的情况下构成的。除了电化学因素以外,影响合金结构的因素还有原子的相对尺寸、电子浓度*[1] 以及温度和压力等。因此,合金形成何种结构是由众多因素决定的。

# 1.4 高分子材料

高分子材料由有机高分子化合物组成。有机化合物是碳元素的化合物。高分子是指分子量在 1 万以上,高的可达几百万以至上千万。有机高分子化合物由于分子量高,使其结构和性质与一般有机化合物不同。由小分子聚合得到的高分子化合物,称为聚合物。

纤维素(在木材中,纤维素约占 50%)、淀粉、蛋白质(如羊毛、蚕丝、皮革中的蛋白质)和酶都是天然聚合物。橡胶树的浆汁(天然橡胶的原料),针叶树干中渗出的松脂(松香的原料)也是天然聚合物。木材中所含的木质素(数量约占木材的 30%)则是一种更复杂的天然聚合物。

人工合成的聚合物,称为合成树脂。由它构成常用的塑料、合成橡胶、合成纤维等。

### 1.4.1 高分子化合物的结构和类型

高分子化合物一般具有长链结构,高分子长链是通过小分子聚合得到的,因此,长链结构具有一定的周期性。也就是说,链是由许多重复单元所组成,每个重复单元好似一根链条中的链节。同一种高分子化合物的分子,所含链节的数目不一定相同(即分子长度不同),其分子量也不同。因此,通常的高分子化合物实际上是由许多链节结构相同而链节数目不等的分子组成的混合物,故它的分子量是平均分子量的概念。例如,平均分子量为 8 万的聚苯乙烯(链节数 $n=800$)其分子量可能在几百($n>10$)到 26 万($n=26\ 000$)之间变动。高分子化合物的

---

\* 电子浓度 $C$ = 化合物中价电子数(e)/化合物原子数($a$)
把过渡族元素的价电子数当作零。

性质与其分子量的大小有很大关系。

长链分子结构有以下5种情况：

（1）均聚长链结构

1）非支化均聚长链结构

例如，聚乙烯$\fbox{CH_2—CH_2}_n$，每个链节的组成和结构相同，链节上不带侧基。这种结构是最简单的线型分子结构。

2）支化均聚长链结构

例如，聚丙烯$\fbox{CH_2— \underset{\underset{CH_3}{|}}{CH}}_n$，每个链节的组成和结构相同，但链节上带有侧基，侧基全

排在链的一侧，这种结构又称全同立构，如图1.11（b）所示。如果侧基有规律交替排列在链的侧边，这种结构又称间规立构，如图1.11（c）所示。这些结构是支化均聚结构中最有规律的结构。另外，还可能出现侧基沿分子链无规律地连接，这种结构又称无规立构，如图1.11（a）所示。侧基可以是单原子或原子团。

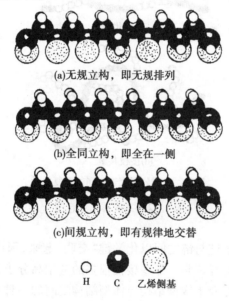

(a)无规立构，即无规排列

(b)全同立构，即全在一侧

(c)间规立构，即有规律地交替

H　　C　　乙烯侧基

图1.11　乙烯侧基沿一个聚合物链的可能排列

（2）共聚长链结构

分子长链不是由一种复杂单元构成，而是由两种或两种以上复杂单元构成的聚合物，称为共聚物。共聚物可能出现以下4种不同构型（见图1.12）。

1）无规共聚结构

分子长链由不同种类的单元无规律的相间连接而成（见图1.12（a））。

2）交替共聚结构

分子长链由不同种类的单元有规律的重复间隔连接而成（见图1.12（b））。

3）嵌段共聚结构

分子长链由不同种类的短链（同种重复单元连接成的短链）嵌接而成（见图1.12（c））。

4)接枝共聚结构

由一种重复单元构成的短链(枝)作为由另一种重复单元构成的长链的接枝,这样的分子结构称为接枝共聚结构(见图1.12(d))。

以上无论均聚或共聚长链分子结构,其分子与分子之间以范德华力连接,对小分子来说,范德华力是微弱的,但对高分子来说,情况就不同了,许多高分子纠缠在一起,这种分子间的范德华力远远超过小分子间的作用力。因此,高分子材料仍然具有足够的强度,也可用作结构材料。此外,某些高分子共聚化合物,在分子链内键合单元上有极性侧基,有利于链与链之间进行氢键缔合,进一步增强了分子之间的结合。

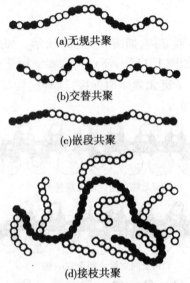

(a)无规共聚

(b)交替共聚

(c)嵌段共聚

(d)接枝共聚

黑球、白球分别代表不同的重复单元

图1.12 共聚排列示意图

(3)体型网状结构

有些高分子化合物,分子链与链之间以化学键"交联"起来,形成不规则的三维网状结构,也称体型结构。例如,体型酚醛树脂。那些接枝很多的链型高分子化合物的高度支化结构,实际上也属于网络结构,至少是介于线型结构与体型结构之间的一种结构状态。

(4)弹性体网状结构

弹性体是指在室温下表现出很大的可逆延伸率的物体。它们能拉长到原长度的200% ～1 000%,并且当荷载卸除后,会立刻回到原来的尺寸。弹性体网状结构的特点是分子链非常长,并有许多卷曲,链与链之间每隔200～300个原子就有一处"交联"。最典型的弹性体网状结构聚合物是天然橡胶,如图1.13所示。其长分子链的重复单元为

$$—CH_2—C{=}CH—CH_2—$$
$$|$$
$$CH_3$$

其双键碳原子上有 H 和 $CH_3$ 侧基,这些侧基接在聚合物链的同一侧,侧基之间的空间位阻引起链弯曲,其结果是使链成为卷绕状。

比较常见的"交联"是硫桥交联,这些硫桥是在加热掺有少量硫的天然橡胶时(称为硫化),碳—碳双键发生周期性断开,通过硫把一些长链间隔性地键合在一起。硫化橡胶的相对

**黑球代表硫化橡胶中链间的硫桥**

图1.13　弹性体中聚合物链交联的示意图

刚度取决于交联的频率,其刚度可用所加入的硫的量来控制,如果加入过量的硫就得到硬橡胶。硫被称为交联剂。此外,某些过氧化物也可作为橡胶的交联剂。

需要注意的是,体型网状聚合物和长链聚合物的结构是在聚合期间形成的,而弹性体中的"交联"网络是在聚合之后的其他步骤中形成的。

高分子量的线型聚合物,有时也有橡胶状行为的表现,这是由于大分子缠结而产生类似交联和暂时的网络结构之故。

高聚物交联频率越高,即交联点间线型链部分越短,网络的刚性就越强,变形性就越小。

所有的生橡胶和硫化橡胶都是高弹聚合物。许多在室温下为非弹性固体的聚合物,在加热时能呈高弹性。例如,聚苯乙烯、聚氯乙烯等线型聚合物。

(5)半有机聚合物(有机硅树脂)

这种聚合物的结构特点是分子主链结构为硅氧键,而碳在大分子主链的侧枝上,构成有机基团(R),长分子链的形式为

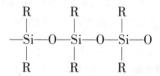

所得最终产物可以是长分子链结构,也可以是三维网络结构,视反应物而定。较低分子量的有机硅树脂为油状液体,高分子量的有机硅树脂可制硅橡胶。硅元素的引入使这种聚合物具有无机化合物的一些特性,如热性质改善,耐热可达400~500 ℃,而在-90 ℃低温下仍有极好的韧性。

### 1.4.2　高分子化合物的结构和性质

(1)高分子结晶体

高分子化合物有晶体和非晶体两大类。高分子化合物的所谓晶体更多的是以晶态-非晶态两相混合物的形式存在。决定某一聚合物是否结晶的关键是聚合物本身的分子结构。

由于高聚物的分子太容易卷曲,故当它形成固体时,很难全部形成整齐有序的晶格,而导致非完全结晶,通常构成晶态和非晶态两相集合体。一般高分子晶体其内部的许多区域并非远程有序,对大多数晶态高聚物可以这样描述:晶形区大小有限且有序;非晶形区大小也有限但无序,而且分子本身比单个晶区大得多,故一个高分子链同时可贯穿几个晶区和非晶区,在非晶区中分子链是卷曲而且相互缠结的。因此,高分子晶体有结晶度之说:在结晶性高聚物中,晶体部分所占的百分比,称为结晶度。低分子晶体,由于完全结晶,结晶度为100%。

晶区在化学上被看成抗侵蚀区,因为在结晶时伴随着体积缩小,分子在远程有序的晶区中

堆积更为紧密。从力学观点看,晶区对非晶区起着增强作用,在轻度结晶的聚合物中,结晶区起着类似于交联的作用,因为这些区域通过分子链与非结晶区保持了良好的键合。从变形角度来看,晶态聚合物的柔软程度不如非晶态聚合物,结晶度高的聚合物弹性低,高度结晶的聚合物的变形与其他晶态物质相似。

一种长链聚合物是否结晶以及结晶度如何与侧基的特点以及支化程度有关。非支化均聚分子链和具有较小侧基或侧基排列规则(如全同立构、间规立构)的均聚分子链聚合物比较容易结晶。支化严重和有多种重复单元的共聚物则难以结晶,由3种或更多种不同单体构成的共聚物,一般是非晶态的。体型网状结构和弹性体网状结构也是非晶态的,这是因为无规三维共价键合阻止了远程有序所需的分子重排。

(2)高分子非晶体

如前所述,体型网状结构和弹性体网状结构是非晶体,而链状结构聚合物一部分是非晶体。

在高聚物内部大分子之间存在着分子间作用力,由于分子大,分子间作用力也大,故整个分子和整个分子之间不易发生相对的滑动,这使非晶体聚合物具有固体的特性,有很高的黏度,甚至有的高分子聚合物在高温下也不能流动;另一方面,高分子长链中的单键的内旋转性和长链中链段的独立活动,使非晶态高聚物具有一定程度的柔软性和使某些高聚物有非常大的弹性。

所谓单键的内旋转,是指一个键能够绕着它邻近的键按一定的键角旋转。所谓链段的独立活动,是指弹性体网状结构中,交联点(如硫桥)之间的大分子链的布朗运动。这种运动的速度要比外力作用的正常速度快得多,高聚物的许多特性与这些运动有关,而这种运动又受体系温度的影响。非晶态高聚物的变形性和温度的关系如图1.14所示。

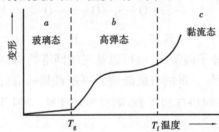

图1.14 非晶态高聚物的变形性和温度的关系
$T_g$—玻璃化温度;$T_f$—黏流化温度

1)黏流态

黏流态高聚物的许多性质与液体相似,只是黏度比低分子化合物液体大,高聚物在黏流态时的弹性也比低分子化合物大得多。当受外力作用时,除发生弹性变形外,大分子间还发生相互滑移而产生黏性流动,故外力除去后,变形不能完全恢复。这种黏流变形有时也称塑性变形,一些聚合度较小的线型聚合物的黏流化温度($T_f$)低于常温,故在常温下为黏流态,如低分子量的聚乙烯,常温下为无色、无毒液体,作高级润滑油和涂料用。

许多长链结构(线型)高聚物,由黏流态降温至$T_f$甚至$T_g$以下,当再加热时仍然会液化,回到原来的黏流态。反复加热冷却,这种性质不变。这类高聚物有反复加工成型的意义。

对于由黏流态冷却转化为体型网状结构的高聚物,对其再行加热时,随温度升高,不会再出现黏流态,它们在明显软化之前就发生分解了。因此,凡是由黏流态经加工成型的体型网状结构高聚物,在任何温度下也不能再成型了。

与体型网状结构相似,弹性体网状结构高聚物,在成型和适当处理后,也不能有效地再成型了。

上述这种可逆和不可逆热行为,可用聚合物分子结构和其中的键合来解释:体型网状结构多半是通过共价交联发展成为三维网络结构的,这种键不容易破坏,与此不同,很少或没有共价交联的长分子链结构,分子之间键合属于物理键类型,长链聚合物分子有弯曲和扭结的倾向,具有这种结构的聚合物,通常在一定的温度范围内很容易成型和再成型。这是属于分子彼此之间的滑动,而不是破坏共价键。弹性体网状结构由卷曲长链构成,并偶有共价交联。这些交联阻止了分子之间的不可逆滑动,只是允许进行作为橡胶特征的大量可逆延伸。

2)高弹态

处于黏流态的聚合物,随着体系温度的下降,黏度迅速增加,最终呈现出弹性,在不大的拉力作用下可产生数倍于原来长度的变形,当外力除去后,立刻回到原来的尺寸。这种弹性性质可这样解释:高弹态的聚合物,在受拉时,处于不断热运动的卷曲链段被拉伸,而分子间不发生相互滑动,当作用力一旦消除,在大分子热运动影响下,结点以及扭结的趋势使弹性体回到原始形状。如果没有这些结点,在外力作用时就会通过分子之间的滑动而产生永久变形(黏流)。一种聚合物在室温下为高弹态的必要条件是:室温下为非晶体;链节处于不断的布朗运动状态;玻璃化温度远低于室温。

3)玻璃态

当体系温度继续下降,聚合物黏度更加迅速增加,高聚物变得坚硬,这种状态称为玻璃态。此时,无论整个分子的运动还是链段的独立运动均已冻结,分子的状态和分子的相对位置都被固定下来,但分子的排列是远程无序的。分子只是在它的平衡位置附近振动。受外力作用时变形很小,外力除去变形立即恢复,这种变形称为普通弹性变形。变形产生的原因仍然是链段微小的伸缩和键角的改变。

在室温下处于黏流态的聚合物称为流动性树脂,处于高弹态的称为橡胶。聚异丁烯在室温下为高弹态,加热时可成黏流态,而低温下则为玻璃态。

并非所有的非晶态线型或网状高聚物都具有上述 3 种聚集状态。高聚物随温度变化可能具有上述 3 种状态,或 2 种状态,甚至只有 1 种状态。

(3)高分子化合物中的增塑剂和填充剂

1)增塑剂

增塑剂是聚合物中添加的挥发性小、互溶性好的有机物质。它能使聚合物在加工成型时的可塑性和流动性提高,使柔韧性改善。增塑剂不同于共聚物的组成物,它并不构成聚合链中的一个组成部分,而是四处分散的分子,为分子溶液。因为较小的增塑剂分子不溶于晶态区域,只溶于非晶态区域,所以增塑剂只限于在非晶态聚合物和某些只有很小结晶度的半结晶聚合物中应用。增塑剂可降低聚合物的玻璃态转变温度,使塑料更加柔软。如果聚合物内部存在应力,这种应力可能导致原有裂缝扩大,最终导致破裂,也有可能这种应力集中使分子发生强迫高弹变形(使一些变形不能恢复),导致分子沿应力方向取向,此时高聚物在这个应力方向的强度增加,裂缝就不再扩展。如果高分子取向的速度大于裂缝发展的速度,那么裂纹可能不再扩展,或者裂缝可以自愈。因此,分子取向快的塑料也是抗裂性好的材料,有时很硬的塑料往往不牢固(表现为脆性)。相反,用增塑剂增塑后的塑料柔顺性提高,分子取向速度快,故增塑剂可用来更大程度地控制聚合物的性质。

2)填充剂

在许多聚合物中也常常加入填充剂,它是一种颗粒状添加物,只要掺量适当,填充剂将显著地使许多塑料得到强化,尤其对人造橡胶性能的改善特别有利。为了使含量很少的填充剂能有效地发挥作用,必须使填充剂与聚合物发生键合。这样,填充剂所起的作用就好像是大的交联,当填充剂占的体积分数较高时,填充剂本身可承受一部分外加荷载。填充剂还可用来增强玻璃态聚合物和网络结构聚合物的韧性和柔性。例如,将弹性分散物加入高强度热塑性塑料中,以获得延性和韧性。塑料中典型的填充剂是石棉、云母、石英及玻璃。若以高强度纤维或细丝作为第二相添加剂则对力学性能的改善更为有利。

# 1.5 材料结构的不完整性

理想材料的结构,如理想晶体,是在所有的方向上原子排列都呈严格的周期性、完整性、同一性,但实际上理想材料极少或者说它的制备极其困难。实际材料中普遍存在各种缺陷,而且缺陷对材料性质的影响很大。固体材料的变形、强度、颜色、发光及导电性等,几乎都与材料的结构缺陷有关。有些性质与结构缺陷的关系还很密切。例如,半导体的导电性质几乎完全是由外来的杂质原子和缺陷的存在所决定的;塑性良好的金属也主要是由于晶格位错缺陷的存在。可以说,正是由于材料的结构缺陷带来了材料性能的千变万化和材料品种的日新月异。材料结构缺陷与性能关系的规律不断激励人们革新材料性能,创造新的材料。因此,研究材料结构的不完整性具有十分重要的意义。

材料结构的不完整性包括的内容很多,本节主要从晶体结构缺陷方面阐述最常见的材料结构缺陷。

## 1.5.1 杂质原子

绝对纯净的材料实际上是不存在的,一般认为纯净的材料,实际都溶有杂质。杂质(或有意添加的异种原子)都会使晶体基本结构发生局部扰乱,造成结构缺陷,这种缺陷就其几何形状而言属于点缺陷的一种。为了叙述方便,把杂质原子或有意引入的异种原子,称为溶质,把晶体基体称为溶剂。

固态金属由于其金属键的特点,通常可作为溶剂,而且对于大多数元素,都能被溶解或至少是微量溶解。溶质原子(或杂质原子)占据溶剂原子的位置或占据溶剂原子之间的间隙位置。前一种情况,杂质原子代替了一个基体原子构成"置换固溶体";后一种情况,构成"间隙固溶体"。一般金属中的原子是紧密堆积的,间隙空间不大,只有像 H(氢)、C(碳)、N(氮)和O(氧)这样小的原子才能参与形成间隙固溶体。即使是这些小原子进入间隙之中,在间隙位置附近也有明显的晶体结构畸变发生。这种结构畸变以及溶质和溶剂在化学性质上的差异使溶质的溶解度变小。对于过渡金属而言,即使是间隙杂质数量非常少,对力学性质和电学性质也有明显的影响。

对于置换型固溶体,溶质在金属晶体、离子晶体和共价晶体中的溶解度,取决于质点的几何尺寸和化学性质,要得到很高的置换率,就要求溶质和溶剂的化学性质相似。例如,Nb(铌)和 Ta(钽)的原子尺寸和化学性质都几乎相同,因此,它们之间所形成的固溶体可按任何比例进行。由于铌和钽的矿石在自然界是共生的,故要从中提取任何一种纯金属而不含另一种金属原子是极其困难的。在大多数金属置换固溶体中,溶质原子和溶剂原子的尺寸差别能引起与应变能有关的局部结构畸变。此外,溶质原子和溶剂原子之间相互作用常常导致同类原子优先形成最近邻(即发生同类原子的偏聚)或者导致异类原子最近邻(即发生异类原子的局部有序)。

共价晶体中的置换杂质,通常同时引发电子缺陷,从而明显地改变了材料的导电性。例如,Ge(锗)中含有 5 价的 As(砷)时,由于 Ge(锗)的立方晶格结构的键合中只需要 4 个电子,因此,Ge(锗)的结构中每存在一个 As(砷)原子就留下一个能在晶体中自由运动的多余电子。如果 Ge(锗)中含有外来原子是 3 价的 Ga(镓),就缺少一个键合电子,所以每引进一个 Ga(镓)原子,在键合结构中就造成一个空穴,即一个能在晶体结构中移动的空穴。这种杂质的存在使锗晶体的导电率增加。

离子晶体中也会存在置换杂质,但条件是保持电中性,所以相似的阳离子(或阴离子)可代替基体的阳离子(或阴离子)。一般阳离子杂质较为普遍。当阳离子杂质所具有的电荷与基体阳离子不同时,这种置换会带来另外的缺陷。例如,当 $Ca^{2+}$ 置换 NaCl 晶体中的 $Na^+$ 时,如果相邻的 $Na^+$ 阳离子是空位,就能够保持电中性。也就是说,$Ca^{2+}$ 阳离子实际上置换了 2 个 $Na^+$ 离子,但只占据一个 $Na^+$ 离子的位置。因此,这种杂质原子既置换了基体原子,又给基体结构带来空位缺陷,导致离子晶体的电学性质发生变化。若将这种被杂质置换的离子晶体置于电场中,则阳离子空位会反复地与相邻阳离子交换位置而产生电流。导电是由于带正电荷的阳离子的运动。

固溶体是一类应用广泛的结晶固体。一般常见的硅酸盐几乎都是固溶体,如水泥熟料矿物 A 矿(即 $C_3S$ 晶体)晶格中溶入 $Al_2O_3$ 及 MgO 后形成的矿物,是取代型固溶体。如今,利用杂质原子的上述作用原理,通过所谓"掺杂"技术,使材料产生特定的电学、磁学和光学等性能,从而开发新材料已经成为新材料技术领域常用的技术手段。

### 1.5.2　点缺陷

这里所说的点缺陷,是与杂质原子无关的点缺陷。一般有两种情况:一种是在晶体结构中存在着没有被自身原子占据的空位;另一种是晶体结构的间隙存在着晶体本身的原子。这种原子称为自间隙原子。空位的一个非常重要的特点是它们能够与相邻原子交换位置而运动。这给我们一个启迪,为什么原子在高温时可以在固态中迁移(即进行扩散)。

对于离子晶体,因为任何一个局部区域都必须达到电荷平衡,所以点缺陷在离子晶体中的情况要复杂一些。一种类型的点缺陷是有一个阳离子空位,邻近必有一个阴离子空位,这种空位点缺陷在离子晶体中较为常见;另一种类型的点缺陷是在一个阳离子空位附近有一个间隙阳离子。这两种点缺陷都提高了离子晶体的导电性。

### 1.5.3　线缺陷(位错)

位错有很多种,刃型位错和螺型位错是两种基本的位错形式。假设晶体内有一个原子平面在晶体内部中断,其中断处的边沿就是一个刃型位错,好似在两个晶面间插入一把刀刃,但这刀刃又没有插到底,如图 1.15 所示。这种位错的边沿,即刀刃口为一条直线,称为位错线,故这种缺陷是一种线缺陷。在螺型位错中,原子平面并没有被中断,而是沿一条轴线盘旋上升了,每绕轴线盘旋一周就上升一个晶面间距。在中央轴线处就是一个螺型位错,如图 1.16 所示。其中,$EF$ 线即为位错线,垂直于位错线 $EF$ 的晶面变成了螺旋面,因而得名螺型位错。

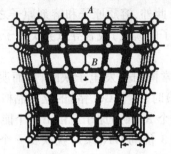

图 1.15    简单立方结构中的刃型位错示意图

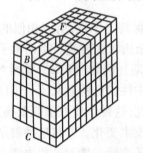 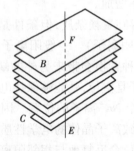

图 1.16    简单立方结构中的螺型位错示意图

实际晶体,尤其金属晶体内部存在大量位错,位错周围原子发生畸变。随远离位错端部(位错线)的距离增加,畸变程度减小,晶格越趋正常。位错对晶体的生长、固态相变、塑性变形以及强度等性能都有显著影响。在非金属晶体中,特别是在离子晶体和共价晶体中,形成位错所需的能量通常要比金属高得多,这与位错在共价固体和离子固体中引起较大的扰乱等原因有关。同时,这也使位错在非金属固体和许多金属化合物中的运动(表现为塑性变形)受到限制,故这些材料在室温下直到破坏时都只有很少的塑性变形,而显示脆性。因此,位错对合金和金属的影响比对离子晶体和共价晶体更为显著。

晶体结构中,位错与位错之间可能发生相互作用。一般来说,任何位错的运动都会因其他位错的存在而受到阻碍,并且当位错数量增加时,要使金属通过滑移而变形所需的力就相应地增加。刃型位错与各种点缺陷之间也能发生相互作用。这是因为在刃型滑移面的一边(见图 1.15 的上部)原子被挤紧;而在滑移面的另一边(见图 1.15 的下部)原子被拉开,晶体的这些区域相对于正常区域来说,分别处于压缩状态和拉伸状态。如果置换原子(溶质原子)的直径比溶剂原子大,就倾向于偏聚在刃型位错的拉伸状态一边,因为在这些地方溶质原子可获得更大的空间,从而使固溶体的总应变能降低。与此相反,较小的溶质原子倾向于偏聚在刃型位错的压缩状态一侧。对于间隙原子而言,其偏聚在刃型位错的拉伸边的倾向更大。因为那里的间隙比其他区域都大。正因为各种缺陷的这些相互影响和作用,使晶体结构变得比想象的更为复杂。还可以认为,杂质原子微弱地束缚在位错上,使不纯的金属材料中的位错运动要比纯金属困难,因此,使不纯的材料产生塑性变形就需要更大的应力。

### 1.5.4　面缺陷

晶体中的面缺陷包括晶界、亚晶界和层错 3 种。前面讲过,多晶体中晶粒与晶粒间的界面(晶界)是几个空间位向不同的相邻晶粒的分界面,厚度最小为 1～2 个原子直径。晶界处原子排列不规则,是结晶不完整的区域,能量比较高,杂质原子倾向于偏聚在晶界处,晶界也是最先遭受化学腐蚀的地方,在一般的单晶体或多晶体的各个晶粒中也存在着边界,即无论是单晶体或多晶体中的晶粒,是由许多更细小的晶块拼凑而成的,这更细小的晶块之间的界面,称为亚晶界,它与晶界的不同在于各细小晶块(即镶嵌块)之间倾斜角度很小,可认为各嵌块之间基本上是平行的,这种缺陷也称镶嵌晶界缺陷或称小角度晶界。在实际晶体中,还可能出现层错性面缺陷,晶体在生长时,由于某些条件的影响,可能发生原子面的错排,如对于面心立方的金属,其密排面的堆积顺序为 $ABC\ ABC\ ABC\cdots$,如果在生长到 $C$ 层之后,由于某种干扰,原子面的排列跳过 $A$ 层而直接长到 $B$ 层,便形成 $ABC\ \ ABCBC\ ABC\cdots$ 顺序,产生了面缺陷,也称层错。也可能形成 $ABC\ ACBC\ ABC\cdots$ 这样顺序的层错。前者为内减层错,即少了一层 $A$,后者为外加层错,即多了一层 $C$。面心立方晶格还可能正好形成对应关系的排列。这种晶体称为孪晶,是原子面堆积中的一种特殊的错排形式。这种缺陷通常存在于具有层状结构的非金属中,如云母、滑石和石墨以及某些金属中。

实际晶体中缺陷和畸变存在的部位使正常的点阵结构受到了一定程度的破坏或扰乱,其能量增高,稳定性降低,对晶体的一系列物理和化学性质都会产生影响。例如,NaCl 实际晶体的嵌块结构缺陷,使其抗拉强度比其理想晶体降低近 100 倍。又如,因为实际金属晶体存在位错,使实际金属发生塑性变形的实测应力比其理论计算值要小 3～4 个数量级。

除上述晶格缺陷外,材料在亚微观乃至宏观上的结构不完整性,如裂缝、孔隙等,对无机非金属多孔材料而言,对材料性能的影响同样十分重要。

## 1.6　材料的显微结构和性能

如前所述,材料的结构不仅包括微观结构,也包括显微结构,它们均对材料的性能起着决定性的作用。事实上,材料的某些性质对显微结构更加敏感。例如,材料的力学强度往往取决于材料的显微结构和微裂缝。

许多金属材料是采用冷加工工艺成型的,如锤锻(锻造)、轧制、冷拔等。这些工艺是使金属发生永久变形,同时得到强化。在此情况下,金属宏观形状的变化是晶粒形状的微观变化所致。由于晶粒体积保持不变,故冷加工是使晶粒沿流动方向伸长,而使其他方向缩短。同时,晶体内部的位错密度也随冷加工而增加。位错密度增加和晶界面积增加,使经冷加工后的金属具有较高的能量,在结构发生变化的同时,性能也发生变化。冷加工使金属强度提高、延性下降。

经过高温处理,可使冷加工后的金属结构恢复到由等轴晶粒组成的、位错密度低得多的无形变组织(即位错密度低的结构)。这种过程称为再结晶。它可使冷加工后的金属软化而恢复延性,增加进一步冷变形的能力。再结晶就是在消耗位错密度高的形变晶粒情况下使新的无形变晶粒(位错密度低的晶粒)成核和长大。再结晶的热力学推动力是伴随位错密度下降的自由能的减少。即原子从能量较高的形变晶粒越过晶界跃迁到能量较低的无形变晶粒之中。这一原子扩散运动一方面消耗高位错密度的伸长晶粒,同时产生低位错密度的等轴晶粒。这个过程一直持续到形变晶粒耗尽为止。由于热运动有助于原子跃迁,因此,再结晶需要在较高的温度条件下进行。通过控制改变最终热处理温度来实现所需的材料性能。例如,钢丝、铜棒、铜板可用称为软态、1/4 硬态、1/2 硬态等各种状态供货。这些状态相当于再结晶达到最终程度(软态)和相距最终程度越来越远的状态。图 1.17 表示了金属的冷加工和热处理对其结构和性能的影响:冷加工使强度显著增加而延性显著下降,物理性能(如电阻率)变化不大,只有再结晶后力学性能才恢复到未加工状态的数值。当退火温度很高时,晶粒尺寸迅速增大,如果温度大大超过再结晶所需的最低温度,则其显微组织会因晶粒长大而进一步发生变化,但在工艺上,通常不进行到这一步,因为在一般情况下,并不希望得到大晶粒。

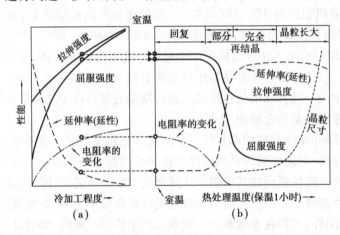

图 1.17　冷加工和冷加工退火对金属的力学性能和物理性能的影响

许多陶瓷材料是经过压制和烧结工艺制成的。在这一过程中,先将陶瓷的细粉冷压为能保持形状的坯体,其体积孔隙率为 30% ~ 35%,随后经过称为烧结的热处理,使孔隙率降低。烧结时,同时发生晶粒长大,晶粒长大不利于烧结时的收缩,也不利于孔隙率的降低。此外,晶粒长大也必然使晶界总面积减少。这两种后果都不利于陶瓷力学性能的提高。孔隙率大对强度特别有害,细晶粒陶瓷比粗晶粒陶瓷力学性能更优良。降低焙烧温度虽然可以减小晶粒尺寸,但可能会使陶瓷的烧结程度降低,对降低孔隙率也不一定有利。因此,要获得性能优良的陶瓷必须掌握最佳的焙烧温度,使之达到低孔隙率与细晶粒的最佳配合。如果偏聚在晶界的某些可溶物质或加入原料中的超细惰性微粒能够阻止晶界的移动,那么,可能生产出完全密实并且是细晶粒的陶瓷制品。例如,含有 MgO 的 $Al_2O_3$ 可达到完全密实的程度,并且是透明的,不像有剩余孔隙的烧结 $Al_2O_3$ 那样半透明或不透明。

如果材料的结构是由两个以上的相通过人工混合而成,就得到复合材料。复合材料的某些性能比各个组成物的性能都要优越,是人们通过改变材料结构从而获得所需性能的典型例证。炭黑强化的橡胶是一种复合材料。大多数含填充剂的聚合物也是复合材料。也可将陶瓷-金属复合制作颗粒状复合材料,称为"金属陶瓷"。例如,WC-Co 硬质合金便是这一类复合材料的典型。WC-Co 硬质合金以及其他含有各种难溶碳化物与金属的复合材料,广泛用作切削淬硬钢的刀具。这些材料之所以适用于切削,其原因之一是碳化物颗粒弥散在金属基相中的这种复合结构造成的。其中,硬而脆的碳化物颗粒作为切削刃并由延性的金属基体将其隔开,从而阻止了裂纹传播和脆性断裂。单一的这种碳化物并不能承受金属陶瓷所能承受的应力,当脆性相体积分数过高时,则强度降低。这是因为脆性颗粒彼此发生了接触,而没有被基体隔开,这种几何排列结构促成过早的断裂,但为了最大限度地提高耐磨性,在实际的金属陶瓷中,硬相的体积分数是相当高的,可能超过90%,而对于大多数颗粒复合材料,强化相的体积分数要小得多。除了用于切削,金属陶瓷因其坚硬耐磨还被用于各种金属成形操作时的模具。

宏观复合材料与微观(或显微)复合材料在结构和性能的关系上有共同的理论基础。因此,由水泥水化后产生的水化硅酸钙凝胶将骨料(如砂子和石子等)固结在一起形成的混凝土是一种与微观(或显微)颗粒复合材料相对应的宏观颗粒复合材料。对于有适量的硬化水泥浆作基体的混凝土,则占据大部分体积(约75%)的分散相(粗细骨料)将对混凝土的强度作出重要贡献。过多的水使硬化水泥浆中形成多余的孔隙,过少的水使混凝土难以拌匀和成型密实,还可能留下孔洞。这过多和过少的水都对混凝土形成密实结构不利。同时,水泥浆的数量必须能足以包覆骨料颗粒,而骨料应占整个混凝土的大部分,因为一般骨料的强度比水泥石高,而成本又比水泥低,此外,骨料粗细颗粒应有良好的级配以使骨料颗粒达到较高的堆积密实程度。混凝土与其他脆性材料一样,在断裂前只能承受有限的变形。为了弥补混凝土这一力学性能的欠缺,在混凝土中常配以钢筋、掺入纤维或外套钢管约束,虽然混凝土与钢材的化学结合是微弱的,但它们之间的机械啮合作用和黏结使荷载有效地传递给钢筋(或钢纤维),与未加钢材的混凝土相比,这些钢筋混凝土(或钢纤维混凝土)宏观复合材料能很好地承受拉伸荷载。当采用钢管约束混凝土时,受到压缩的混凝土产生侧向膨胀,将应力传递给套箍在其外面的钢管,钢管则施加反力,抑制混凝土的侧向膨胀,从而增强了混凝土抵抗受压的能力,起到了良好的协同增强作用。

材料复合是现代材料设计的一种方法,是人们驾驭材料结构与性能关系规律的重要体现,对材料的成分、结构和结构缺陷及其对材料性能的影响规律的认识和掌握,则是一切工作的理论基础。

# 思考与练习题

1. 什么叫晶体?晶体最本质的特征是什么?从微观和亚微观结构来看,实际晶体大体有哪几种情况?

2. 非晶体与晶体的主要区别是什么?非晶体主要由哪几类材料组成?最常见的非晶体材料是什么?

3. 硅酸盐材料的主要成分是什么?请用3种不同的表示方式写出高岭石的化学式。硅酸盐晶体结构中最基本的结构单元是什么?硅酸盐晶体的结构类型有哪些?硅酸盐水泥的主要水化产物水化硅酸钙的主要结构特点是什么?

4. 金属材料的主要性能特点是什么?什么叫合金?

5. 高分子材料的长链分子结构有哪几种情况?如何对高分子材料进行改性?

6. 材料的结构不完整性主要包括哪些方面?

7. 举例说明无机材料的成分、结构(包括结构缺陷)与其性能之间的关系。

# 第 **2** 章
# 材料的表面结构与性质

表面是材料结构的边缘区域。与内部主体结构不同,材料表面的质点由于结构的不完整性和受力的不均匀性,而处于较高的能量状态,这使得材料表面具有一系列特殊的结构和性质。材料表面结构与内部主体结构的差异导致材料表面具有表面能与表面张力,进而产生毛细现象、润湿、黏附、吸附、表面活性、过饱和现象及烧结等表面现象。在工程和生活中,就经常看到各种表面类型和表面现象。

表 2.1 给出了常遇到的一些表面(界面)现象或应用的例子。

表 2.1　工程与生活中常见的表面类型

| 表面类型 | 现象或应用 |
|---|---|
| 固-气 | 吸附、催化、污染、气相-液相色谱、表面催化 |
| 固-液 | 洗涤、净化、黏合、润滑、胶体、润湿、烧结 |
| 液-气 | 涂层、润湿、泡沫 |
| 液-液 | 乳状液、三次采油 |

需要指出的是,表面这一概念,是指物体对真空或与本身的蒸汽相接触的面。而物体的表面与非本体的另一个相的表面接触时,称为界面,即两相的交界面。习惯上,气-固、气-液界面被称为表面,而固-液、液-液、固-固则被称为界面。

本章中将涉及材料的界面、界面行为和界面现象,出于习惯,界面仍通称为表面。

## 2.1　表面自由能与表面张力

对于任何一个相而言,处于其表面层的分子和内部的分子所具有的能量是不相同的。下面以纯液体与其蒸汽相接触举例说明。

处于液体内部的任意一个分子,其周围均被其同类分子所包围,平均地看,所受周围分子的引力是球形对称的,各个方向的力彼此抵消,合力为零,所以液体内部的分子可任意移动,而不消耗功。处于表面的分子则不相同,向内与液体分子作用,向外与蒸汽分子作用,内部分子对它的吸引力大于外部气体分子对它的吸引力,所受的合力不等于零,表面层的分子受到向内的拉力(见图2.1)。

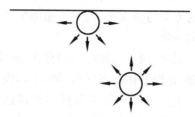

图2.1　液体表面分子受力示意图

### 2.1.1　表面自由能

由于表面层分子的状况与本体中不同,因此,如果把分子从内部移到界面,即增大表面积时,就必须克服体系内部分子之间吸引力而对体系做功。在温度 $T$、压力 $P$ 和组成 $N$ 恒定时,可逆地使表面积增加 $dA$ 所需要对体系做的功,称为表面功,即可表示为

$$-\delta W' = \gamma dA \tag{2.1}$$

式中　$\gamma$——比例常数,它在数值上等于当温度 $T$、压力 $P$ 和组成 $N$ 恒定的条件下,增加单位表面积时对体系做的可逆非膨胀功。

当考虑到大量膨胀功——表面功时,热力学数变化的关系式则应增加 $\gamma dA$ 一项,即

$$dG = -SdT + VdP + \gamma dA + \sum_i \mu_i dn_i \tag{2.2}$$

当温度 $T$、压力 $P$ 和组成 $N$ 一定时,由式(2.2)得到

$$\gamma = \left(\frac{\partial G}{\partial A}\right)_{T,P,N} \tag{2.3}$$

由此可知,$\gamma$ 为等温、等压下,增加单位表面积时,体系自由能的增加值。也可理解为,当以可逆方式形成新表面时,环境对体系所做的表面功,转变为表面层分子比内部分子多余的自由能,故称 $\gamma$ 为表面自由能,其单位为 $J \cdot m^{-2}$。

### 2.1.2　表面张力

表面自由能 $\gamma$ 还可从另一个角度来阐述其物理意义。如图2.2所示,将金属框蘸上肥皂液,然后再缓慢地将金属框可活动的一边在力的作用下移动距离 $\Delta X$,使肥皂膜的表面积增加 $A$。过程结束后,环境对体系的功为

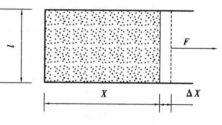

图2.2　皂膜的拉伸

$$-W' = F\Delta X \tag{2.4}$$

因为膜有两面,故体系增加的表面积为

$$A = 2l \cdot \Delta X \tag{2.5}$$

再根据式(2.4),可得

$$\gamma = \frac{-W}{A} = \frac{F\Delta X}{2l\Delta X} = \frac{F}{2l} = \frac{力}{总长度} \tag{2.6}$$

此时,表面张力就是产生单位长度新的表面所需要的力。

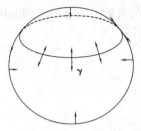

图2.3 由于表面张力作用，
液体形成球形(不考虑重力)

可见,表面能在数值上等于在液体的表面上,垂直作用于单位长度线段上的表面紧缩力,故称表面张力。对于液面来说,表面张力的方向与液面平行;对于曲面来说,表面张力的方向与界面切线方向一致。

同时,由于表面张力的存在,液体表面积有尽量收缩到最小的趋势,也即液体的形状会倾向于形成球体(见图2.3)。

表面自由能和表面张力是描述物系表面性质的两个基本概念,它们具有相同的量纲,即

$$J \cdot m^{-2} = \frac{N}{m} \tag{2.7}$$

对于液体表面,表面张力和表面自由能在数值上是相等的,这两个术语可交替使用。但两者物理意义显著不同,表面张力代表两部分表面的相互作用,是使表面收缩的力,其方向与表面平行;表面自由能则暗示形成表面时需要做功,即分子自材料内部移至表面需要做功,或者说提高物系分散度,增加表面积时需要做功。当考虑界面性质的热力学问题时,自然要用表面自由能的概念。而在分析各种不同界面交接时的相互作用以及它们平衡关系时,则采用表面张力就比较方便。

### 2.1.3 影响表面张力的因素

①影响表面张力最主要的因素是物质的本性。不同的物质,分子间相互作用力不同,相互作用力越大,相应的表面张力也越大。

纯液体的表面张力,通常是指液体与本身的饱和蒸汽接触而言。表2.2给出了某些物质在实验温度下呈液态时的表面张力。

表2.2 某些物质在液态时的表面张力

| 物 质 | 温度/℃ | $\gamma / [10^{-2} \cdot (N \cdot m^{-1})]$ |
|---|---|---|
| $C_2H_5OH$ | 25 | 26.43 |
| $H_2O$ | 20 | 72.75 |
| NaCl | 803 | 113.8 |
| $Na_2SiO_3$(水玻璃) | 1 000 | 250 |
| FeO | 1 427 | 582 |
| $Al_2O_3$ | 2 080 | 700 |

②物质的表面张力,还和与其相接触的另一相物质的性质有关。同一种物质和不同性质的其他物质相接触时,由于表面层的分子所处的力场不同,表面张力有明显的差别。表2.3给出20 ℃时,水和不同的液体相接触时界面张力的数据。

表2.3中,$\gamma_A$代表纯水的表面张力;$\gamma_B$代表纯液体的表面张力;$\gamma_{AB}$则为水与另一互不相溶液体共存时的表面张力。

③同一种物质的表面张力因温度不同而不同,当温度升高时引起物质的膨胀,增大了分子间的距离,使分子间的吸引力减弱。因此,当温度升高时,物质的表面张力降低。在相当大的

温度范围内,二者呈线性关系。达到临界温度时,气液界面消失,表面张力将不存在(即表面张力为零)。

表 2.3　20 ℃时水和不同液体接触时的表面张力/$(N \cdot m^{-1})$

| A | B | $\gamma_A \times 10^{-2}$ | $\gamma_B \times 10^{-2}$ | $\gamma_{AB} \times 10^{-2}$ |
|---|---|---|---|---|
| 水 | 苯 | 72.75 | 28.8 | 35.0 |
| 水 | 四氯化碳 | 72.75 | 26.8 | 45.0 |
| 水 | 正辛烷 | 72.75 | 21.8 | 50.8 |
| 水 | 汞 | 72.75 | 470.0 | 375.0 |
| 水 | 乙醚 | 72.75 | 17.0 | 10.7 |

## 2.2　固体材料的表面与表面结构

在通常状况下,固体的非流动性使固体表面比液体表面要复杂得多。首先,固体表面通常是各向异性的,固体的实际外形与其周围的环境及所经历的历史有关。除了少数理想状况以外,固体表面常常处于热力学非平衡状态。在一般条件下,它趋向于热力学平衡态的速度是极其缓慢的。正是由于这种动力学上的原因,固体才能被加工成各种形状,而且在可以设想的时间间隔内,一般不容易观察到自发发生的明显的外形变化。其次,固体表面相与其本体内部的组成和结构有所不同,同时还存在各种类型的缺陷以及弹性形变等,这些都将对固体表面的结构与性质产生很大的影响。

### 2.2.1　固体表面特征

所谓固体,是指能承受一定应力的刚性物质。固体表面的结构与能量状态不同于内部,这种差异原则上可用比表面自由能或表面总能量来表征。与液体不同的是,固体表面的分子流动性很差,与液体能自发成球状液滴的情况不同,固体的形状不是决定于表面张力,而主要决定于材料形成的加工过程。

处于固体表面上的质点,其能量高于内部质点,因常温下固体分子的扩散性很弱,促使表面质点以极化、变形、重排等方式降低表面能量,造成固体表面结构显著不同于内部结构。

对于液体,表面张力只是温度、压力、组成函数,当这些参数不变时,某种液体的表面张力是唯一的。因此,一定体积的液体,其平衡形状总趋于圆球状(若不考虑重力),因为这样的表面积最小,总表面能最低。

但是,固体却不然。假如取一小块晶体,处理成圆球状,然后在高温下加热,会发现此晶体又自发地变成具有一定几何形状的多面体,这是因为固体分子的活动性相对较小,晶体内的分子作有序排列,每个晶面的表面自由能大小与该晶面上分子的排列有关,一般紧密堆积的晶面,表面自由能较低。

### 2.2.2　固体表面力场

**（1）表面力**

构成固体的质点将在其周围产生一定的力场。但固体内部质点的力场与表面质点的力场特性不同，内部质点的力场是饱和的，即受到的作用力是对称的，而表面质点的力场有指向空间的剩余力场（这与液体情况相同）。这种剩余力场是导致固体表面吸附气体分子、液体分子（如润湿或从溶液中吸附）或固体质点（如黏附）的原因。由于被吸附质点也有力场，因此确切地说，固体表面上的作用是固体的表面力场和被吸引质点的力场相互作用所产生的，这种相互作用力，称为表面力。表面力有两类：化学力和范德华力。

1）化学力

它本质上是静电力，主要来自表面质点的不饱和价键，并可用表面能的数值来估计。当固体吸附物质与被吸附物分子间发生电子转移时，就产生化学力。实质上就是形成了表面化合物，但只限于固体表面上一个分子的厚度（单分子层）。

2）分子引力

分子引力也称范德华力，是指固体表面与被吸附质点之间相互作用力。它是固体表面产生物理吸附和气体凝聚的原因，并与液体的内压、表面张力、蒸汽压及蒸发热等性质密切相关。

**（2）表面能**

既然固体表面质点和内部质点的力场不同，要增加新表面，就必须反抗引力做功。形成$1\ m^2$新表面时所需的等温等压可逆功，称为固体的比表面能，简称表面能。对于离子晶体，表面能主要取决于晶格能和极化作用。表面能与晶格能成正比，而与分子体积成反比。

不同于液体，固体的表面能与表面张力的数值通常不相等，因为固体在破裂时，新形成的表面质点流动性很小，不能通过运动迁移而达到新的平衡。

对于各向异性的固体，$\gamma_1 \neq \gamma_2$，设在两个方向上的面积增加分别为$dA_1$和$dA_2$，此时

$$\gamma_1 = G^\gamma + A_1 \frac{dG^\gamma}{dA_1} \tag{2.8a}$$

$$\gamma_2 = G^\gamma + A_2 \frac{dG^\gamma}{dA_2} \tag{2.8b}$$

式中　$G^\gamma$——表面能。

对于各向同性固体，$\gamma_1 = \gamma_2$，式（2.8）简化为

$$\gamma = G^\gamma + A \frac{dG^\gamma}{dA} \tag{2.9}$$

而对于液体，$\frac{dG^\gamma}{dA} = 0$，所以表面张力与表面能相等。同样，在高温下，固体表面上质点有足够的流动性，$\frac{dG^\gamma}{dA} = 0$。此时，表面能与表面张力的数值相等。

### 2.2.3　固体表面结构

由于固体表面质点的情况不同于内部，在表面力作用下，表面层结构也不同于内部。表面力的存在使固体处于较高能量状态。但系统总会通过各种途径来降低这部分过剩的能量，这就导致表面质点的极化、变形、重排并引起原来晶格的畸变。已知，液体总是力图形成球形表

面来降低系统的表面能。而固体由于质点不能自由流动,只能借助离子极化或位移来实现。这就造成了表面层与内部的结构差异。对于不同结构物质,其表面力的大小和影响不同,因而表面结构状态也不同。

威尔(Weyl)等人基于结晶化学原理,研究了晶体表面结构,认为晶体质点间的相互作用、键强是影响表面结构的重要因素。

对于离子晶体,表面力的作用影响如图 2.4 所示。处于表面层的负离子只受到上下和内侧正离子的作用,而外侧是不饱和的。离子晶体因正离子被拉向内侧一方而变形,负离子诱导成偶极子(见图 2.4(b)),降低了晶体表面的负电场。接着,表面层离子开始重排以使之能量上趋于稳定。此时,表面的负离子被推向外侧;正离子被拉向内侧,从而形成了表面双电层结构,如图 2.4(c)所示。

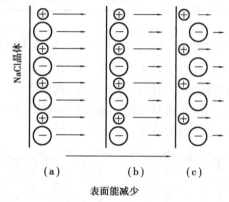

图 2.4 离子晶体表面的电子云变形和离子重排

与此同时,表面层中的离子键性逐渐过渡为共价键性,结果,固体表面好像被一层负离子所屏蔽,并导致表面层在组成上成为非化学计量结构。图 2.5 是威尔以氯化钠晶体为例作计的计算结果。可以看到,在 NaCl 晶体表面,最外层和次层质点面网之间离子的距离为 0.266 nm,因而形成了一个厚度为 0.02 nm 的表面双电层。此外,在真空中分解 $MgCO_3$ 所制得的 MgO 粒子呈相互排斥作用也可作为一个例证。可以预见,对于其他由半径大的负离子与半径小的正离子组成的化合物,特别是金属氧化物如 $Al_2O_3$、$SiO_2$ 等也会有相同效应,也就是说,在这些氧化物的表面可能大部分由氧离子组成,正离子则被氧离子所屏蔽。而产生这种变化的程度主要取决于离子极化性能。

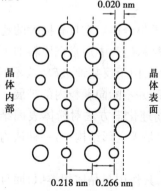

图 2.5 NaCl 表面层 $Na^+$ 向里,$Cl^-$ 向外移动并形成双电层

　　由表2.4的数据可知,$PbI_2$表面能最小,$PbF_2$次之,$CaF_2$最大,这正是因为$Pb^{2+}$与$I^-$都具有较大的极化性能所致。当用极化性能较小的$Ca^{2+}$和$F^-$依次置换$PbI_2$中的$Pb^{2+}$和$I^-$离子时,相应的表面能和硬度迅速增加。可以预料到相应的表面双电层厚度减小。图2.5表明,晶体表面最外层与次层以及次层与第三层之间的离子间距(即晶面间距)是不相等的,说明由于上述极化和重排作用引起表面层的晶格畸变和晶胞参数的改变。而随着表面层晶格畸变和离子变形又必将引起相邻的内层离子的变形和键力的变化,依次向内层扩展。但这种影响将随着向晶体内部深入而迅速递减。

**表2.4　某些晶体的表面能**

| 化合物 | $PbI_2$ | $PbF_2$ | $CaF_2$ | $BaSO_4$ | $SrSO_4$ |
|---|---|---|---|---|---|
| 表面能/$(J \cdot m^{-2})$ | 1.30 | 9.00 | 25.00 | 12.50 | 14.00 |

　　金属晶体材料的表面也存在双电层。其产生的原因是晶体周期性被破坏,引起表面附近的电子波函数发生变化,进而影响表面原子的排列,新的原子排列又影响电子波函数,这种相互作用最后建立起一个与晶体内部不同的自洽势,形成表面势垒。当一部分动能较大的电子在隧道效应下穿透势垒,在表面将形成双电层。图2.6示意了这种表面双电层。图中,大黑点是原子中心位置,小黑点表示电子云的密度。

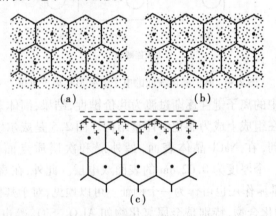

图2.6　金属表面双电层示意图

　　上述晶体表面结构的概念,可较方便地用以阐明许多与表面有关的性质,如烧结性、表面活性和润湿性等。

　　粉体一般是指微细的固体粒子集合体。它具有极大的比表面积,因此,表面结构状态对粉体性质有着决定性影响。硅酸盐材料生产中通常把原料加工成微细颗粒以便于成型和高温反应与烧结进行。粉体在制备过程中,由于反复地破碎,故不断形成新的表面。比表面增大,表面结构的有序程度受到强烈的扰乱并不断向颗粒内部扩展。最后使粉体表面结构趋于无定形化。基于X射线、热分析和其他物理化学方法对粉体表面结构所作的研究测定,曾提出两种不同的模型:一种认为粉体表面层是无定形结构;另一种认为粉体表面层是粒度极小的微细晶体结构。

　　玻璃也同样存在着表面力场,其作用与晶体相类似,而且由于玻璃比同组成的晶体具有更大的内能,表面力场的作用往往更为显著。

#### 2.2.4　固体表面状态

上面所讨论的固体的表面是理想的平面。事实上,在绝大多数的情况下,实际的固体表面是凹凸不平的,裂纹、微缝、孔洞都可能存在,即使是高度磨光的钢的表面,其主峰和凹坑之差可达到 $0.1 \sim 1 \ \mu m$,甚至更大。这些不同的几何状态同样会对表面性质产生影响,其中,最重要的是表面粗糙度和微裂纹。

表面粗糙度会引起表面力场变化,进而影响其表面结构。从色散力的本质可见,位于凹谷深处的质点,其色散力最大,凹谷面上和平面上次之,位于峰顶处则最小,反之,对于静电力,则位于孤立峰顶处应最大,凹谷深处最小。由此可知,表面粗糙度将使表面力场变得不均匀,其活性和其他表面性质也随之以发生变化。其次,粗糙度还直接影响到固体表面积、内外表面积比值以及与之相关的属性,如强度、密度、润湿、透气性及浸透性等。此外,粗糙度还关系到两种材料间的封接和界面间的结合及结合强度。

表面粗糙度还影响扩散过程。对于固体来说,除了通常的扩散——本体扩散外,还存在第二类的扩散过程,即表面扩散过程。表面上所有原子的性质并非完全一样,在粗糙的凹凸不平之处,原子的能量比其邻近处的大,也就是说比平均表面能大,故具有较高的表面流动性。因为这凹凸不平,颗粒之间的原始接触实际面积较小,因而只要施加不大的整体压力,就可能使局部压力超过屈服值以导致这些微小的凹凸不平处产生塑性流动,当温度高时,表面扩散过程也随之加剧。固体表面扩散的活化能比本体扩散低,故在表面扩散的作用常常显得比本体扩散更为重要。实际上,当温度将要接近固体熔点时,表面区域已经局部液化了。例如,磨成粉末的物质在一定压力下,加热到低于熔点温度,便会出现颗粒熔结成团的现象,这就是人们熟知的烧结过程(烧结过程将在 2.7 节讲述)。

表面微裂纹可因晶体缺陷或外力作用而产生。微裂纹同样会强烈地影响表面性质,对于脆性材料的强度,这种影响尤为重要。计算表明,脆性材料的理论强度约为实际强度的几百倍。这正是因为存在于固体表面的微裂纹产生的应力集中现象的作用,使位于裂缝尖端的实际应力远远大于所施加的应力。基于这个观点,格利菲斯(Griffith)建立了著名的脆性材料断裂理论,并导出了材料实际断裂强度与微裂纹长度的平方根成反比。控制裂缝大小、数目及其扩展,就能更充分地利用材料的固有强度,如玻璃的钢化和预应力混凝土制品的增强原理就是使外层处于压力状态以使材料表面微裂纹闭合。

由于固体的界面现象都发生在固体表面,并由表面力所引起。因此,表面力以及固体表面的不均匀性将会对界面现象产生显著的影响。

固体表面几何结构状态可用光学方法(显微镜、干涉纹)、机械方法(测面仪等)、物理化学方法(吸附等)及电子显微镜等多种手段加以研究观测。

## 2.3　界面行为

物质表面与本体的结构与性质的差异,使物质具有表面张力。而物质表面不是孤立存在的,总是与气相、液相或固相相接触的。在表面张力的作用下,接触界面上将发生一系列物理化学过程。因此,接触界面是表面物理化学中最引人注意的焦点。本节将讨论一些重要的界面行为。

### 2.3.1 毛细现象

(1) 弯曲液面的附加压力

由于表面张力的作用,在弯曲表面下的液体或固体与在平面下情况不同,前者受到附加压力作用。

如图 2.7 所示,液面上某一小面积 $AB$ 的四周,$AB$ 以外的表面对 $AB$ 面有表面张力的作用,力的方向与界面垂直,而且与界面相切。

如果液面是水平的(见图 2.7(a)),则表面张力 $\gamma$ 也是水平的。当达到平衡时,沿界面的表面力互相抵消,此时液面内外的压力相等,等于表面上的外压力 $P_0$。

如果液面是弯曲的,则沿 $AB$ 的界面上的表面张力 $\gamma$ 不是水平的,其方向如图 2.7(b)、2.7(c)所示。达到平衡时,表面张力将有一合力 $P_s$。当液面为凸形时,合力指向液体内部,当液面为凹形时,合力指向液体外部。该合力力图使液体表面积缩小,这个收缩力使表面内的液体承受的压力不同于表面外的压力,表面内外的压力差值 $\Delta P$ 称为附加压力,对于凸面图见图 2.7(b),$AB$ 曲面好像绷紧在液体上一样,使它受到一个附加的压力。因此平衡时,表面内部的液体分子所受到的压力必大于外部的压力。对照凹面见图 2.7(c),则 $AB$ 好像要被拉出液体,内部的压力将小于外部压力。

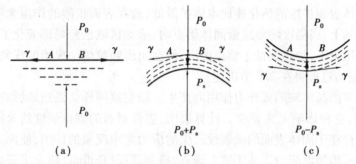

图 2.7　弯曲表面上的附加压力

总之,由于表面张力的作用,在弯曲表面下的液体与平面不同,它受附加压力 $\Delta P$ 影响。

(2) 杨-拉普拉斯(Young - Laplace)公式

弯曲表面下的附加压力显然与曲面的曲率半径有关,附加压力由表面张力作用而产生,所以必然与表面张力有关。下面推导附加压力与表面张力及液面曲率半径之间的定量关系,即杨-拉普拉斯公式。

一般来说,需要用两个曲率半径来描述一个曲面:对于球面,两个曲率半径相等,对其他曲面,则不相等。图 2.8 是任意曲面的小截面,具有两个曲率半径 $R_1$ 和 $R_2$,可将截面取得足够小,以使 $R_1$ 和 $R_2$ 基本上是定值。若表面向外移动一小距离,则面积的改变为

$$\Delta A = (x + \mathrm{d}x)(y + \mathrm{d}y) - xy = x\mathrm{d}y + y\mathrm{d}x \tag{2.10}$$

形成这些额外表面所需的功为

$$W = \gamma(x\mathrm{d}y + y\mathrm{d}x) \tag{2.11}$$

在表面两边将有压力差 $\Delta P$,它作用在 $xy$ 面上并产生 $\mathrm{d}z$ 位移,相应的功为

$$W = \Delta P \cdot xy\mathrm{d}z \tag{2.12}$$

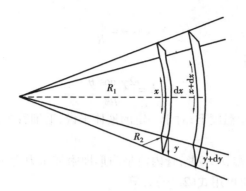

图 2.8　杨-拉普拉斯公式的推导

由相似三角形的比较,可得

$$(x + \mathrm{d}x)(R_1 + \mathrm{d}z) = \frac{x}{R_1} \quad 或 \quad \mathrm{d}x = x\frac{\mathrm{d}z}{R_1} \tag{2.13}$$

$$(y + \mathrm{d}y)(R_2 + \mathrm{d}z) = \frac{y}{R_2} \quad 或 \quad \mathrm{d}y = y\frac{\mathrm{d}z}{R_2} \tag{2.14}$$

当表面达到平衡时,则上述两功相等,将上面 dy 关系式代入,可得

$$\Delta P = \gamma\left(\frac{1}{R_1} + \frac{1}{R_2}\right) \tag{2.15}$$

①当 $R_1 = R_2$ 时,即曲面成为球面时,式(2.15)成为

$$\Delta P = \frac{2\gamma}{R} \tag{2.16}$$

②对于水平液面,$R_1 = R_2 = \infty$,$\Delta P = 0$。

③对于凸液面,曲率半径大于零,压力差为正值,即凸液面下液体所受到的压力比平液面要大。

④对于凹液面,曲率半径小于零,压力差为负值,即凹液面下液体所受到的压力比平液面要小。

附加压力与曲率半径成反比,液滴越小则所受到的附加压力越大。只有当曲率半径足够小时,附加压力才起显著作用。

(3)毛细现象

将半径为 r 的细管插入某液体中时,液体若能润湿管壁,管中的液面将呈凹形,即润湿角 $\theta < 90°$,如图 2.9 所示。由于附加压力(此时又称毛细压力)的作用,凹液面下的液体所承受压力,小于管外水平液面下液体所承受的压力。因此,液体将被压入管内使液柱上升,直到上升液柱所产生的静压力与附加压力在数值上相等时,才达到平衡,即

$$\Delta P = \frac{2\gamma}{R} = \rho g h \tag{2.17}$$

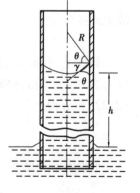

图 2.9　毛细现象

式中　$\rho$——液体的密度,$kg/m^3$;

　　　$h$——液柱上升的高度,m;

　　　$g$——重力加速度常数 9.80,N/kg。

由图 2.9 可知,毛细管的半径 r 与液面的曲率半径 R 的关系为

$$\cos \theta = \frac{r}{R} \tag{2.18}$$

将式(2.18)代入得到

$$h = \frac{2\gamma \cos \theta}{r\rho g} \tag{2.19}$$

式(2.19)说明,在一定温度下,对于一定的液体来说,毛细管半径越小,润湿角越小,则液体在毛细管内上升得越高。

若液体对毛细管不润湿,$\theta > 90°$,管内液呈凸形即附加压力为正,管内液面将低于管外的液平面,液面下降的深度也可用式(2.19)计算。

分析测试中常利用毛细管法测定液体的表面张力。

通过上述讨论可知,表面张力的存在是弯曲液面产生附加压力的根本原因,而毛细现象则是弯曲液面具有附加压力的必然结果。

### 2.3.2 过饱和现象

(1)弯曲液面的表面蒸汽压

纯液体在一定温度和外压下,有一定的饱和蒸汽压,这是对水平液面而言。而微小液滴的饱和蒸汽压不仅与液体的性质、温度和外压有关,而且还与液滴的半径大小有关。其定量关系推导如下:

设在一定温度下,某纯液体与其饱和蒸汽呈平衡

$$液体(T、P_1) \Leftrightarrow 饱和蒸汽(T、P) \tag{2.20}$$

式(2.20)中,$P_1$为液体所受的压力,$P$为饱和蒸汽的压力。如果把液体分散成半径为$r$的液滴,则液体所受压力$P_1$有所改变,此时饱和蒸汽压力$P$相应也发生改变。当重新建立平衡后,下列关系式必然成立

$$\left(\frac{\partial G_1}{\partial P_1}\right)_T dP_1 = \left(\frac{\partial G_g}{\partial P}\right)_T dP \tag{2.21}$$

因

$$\left(\frac{\partial G_1}{\partial P_1}\right)_T = V_1, \quad \left(\frac{\partial G_g}{\partial P}\right)_T = V_g = \frac{RT}{P}$$

故上式可写为

$$V_1 dP_1 = RT d \ln p \tag{2.22}$$

假设$V_1$不随压力而改变,并且蒸汽为理想气体。当液体为平面时,所受压力为$P_1^0$,蒸汽压力为$P^0$;而当液体分散成半径为$r$的粒子后,所受压力为$P_{1r}$,相应的蒸汽压力为$P_r$,对式(2.22)积分得

$$V_1(P_{1r} - P_1^0) = RT \ln \frac{P_r}{P_0} \tag{2.23}$$

假设液滴为球形,则

$$\Delta P = P_{1r} - P_0 = \frac{2\gamma}{r} \tag{2.24}$$

又$V_1 = \frac{M}{\rho}$($M$为液体的摩尔质量,$\rho$为密度),得

$$RT \ln \frac{P_r}{P_0} = \frac{2\gamma M}{\rho \cdot r} \tag{2.25}$$

式(2.25)称为开尔文(Kelvin)公式。根据此式,可由曲率半径来计算微小液滴的饱蒸汽压。对于一定的液体,在指定条件下,式中 $T$、$M$、$\gamma$ 和 $\rho$ 皆为常数。

可知,当液面为凸形时,$r>0$,必然存在 $P_r>P_0$,即液体在凸液面上的饱蒸汽压必然大于平液面上的饱和蒸汽压。同理,当液面为凹形时,$r<0$,必然存在 $P_r<P_0$,即液体在凹液面上的饱和蒸汽压,必然小于平面液体的饱和蒸汽压,$r$ 越小,与凹液面平衡的饱和蒸汽压就越小。在毛细管内,液体若能润湿管壁,则管内液面呈凹形,在一定温度下,对于平液面尚未达饱和的蒸汽,而对毛细管内的凹液面可能已经达到饱和状态,蒸汽将凝结成液体,这种现象称为毛细管凝结。

(2)过饱和现象

由于物系比表面增大,引起液体的饱和蒸汽压增加所产生的表面现象,只有在颗粒半径很小时,才能达到可以觉察的程度。在通常情况下,这些表面效应并不十分显著。但在蒸汽的冷凝、液体的凝固和溶液的结晶等过程中,由于最初生成新相的颗粒是极其微小的,其比表面和表面自由能都很大,物系的弯曲表面效应起着显著的作用,使得新相难以生成,而引起各种过饱和现象。例如,蒸汽的过饱和、液体的过冷或过热,以及溶液的过饱和等现象。

1)过饱和蒸汽

按照相平衡条件应当凝结而未凝结的蒸汽称为过饱蒸汽。由开尔文公式可知,微小液滴的蒸汽压大于水平液面上的蒸汽压。在一定温度条件下,蒸汽对通常液体已达到饱和状态,但对微小液滴却未达到饱和状态,所以在这个温度下就不可能凝结出微小的液滴。由此可知,若蒸汽的过饱和程度不高,对微小液滴还未达到饱和状态时,微小液滴既不可能产生,也不可能存在。例如,在 0 ℃附近,水蒸气有时达到 5 倍于平衡蒸汽压,才开始自动凝结。其他蒸汽如甲醇、乙醇及乙酸乙酯等也有类似的情况。

当蒸汽中有灰尘存在或容器的内表面粗糙时,这些物质可成为蒸汽的凝结中心,使液滴核心易于生成及长大,在蒸汽的过饱和程度较小的情况下,蒸汽就可开始凝结。人工降雨的原理是:当云层中的水蒸气达到饱和或过饱和的状态时,在云层中用飞机喷撒微小的 AgI 颗粒,此时 AgI 颗粒就成为水的凝结中心,使新相(水滴)生成所需的过饱和程度大大降低,云层中的水蒸气就容易凝结成水滴而落向大地。

2)过热液体

如果在液体中没有提供新相种子(气泡)的物质存在时,液体在沸腾温度时将难以沸腾。按照相平衡条件应当沸腾而不沸腾的液体为过热液体。

液体沸腾时,不仅在液体表面上进行气化,而且在液体内部要自动地生成极小的气泡(新相)。液体内部的气泡形成凹液面,凹液面的附加压力将使气泡难以形成。根据开尔文公式,形成极微小的气泡,除了要克服大气压力和液体静压力外,还要克服弯曲表面所产生的附加压力。也就是说,新形成的微小液滴要克服比平常液体高出 $\Delta P$ 的附加压力。如在 101 kPa、100 ℃的纯水中,生成一个半径为 $10^{-8}$ 的小气泡,则凹形液面对小气泡的附加压力为 11.8 MPa,100 ℃时小泡内的蒸汽压远小于气泡存在时需要克服的压力。因此,小气泡是不可能存在的。若要使小气泡存在,必须继续加热,使小气泡内蒸汽压力等于或超过它应当克服的压力时,小气泡才可能产生,液体才开始沸腾。此时,液体的温度必然高于该液体的正常沸点。为了防止液体的过热现象,常在液体中投入一些素烧瓷片等多孔性物质。因为这些多孔性物质的孔中储存有气体,加热时这些气体成为新相种子,因而饶过了产生极微小气泡的困难阶段,使液体的过热程度大大降低。

3)过冷液体

在一定温度下,微小晶体的饱和蒸汽压恒大于普通晶体的饱和蒸汽压是液体产生过冷现象的主要原因。可通过图 2.10 进行说明。图中,$CD$ 线为平液面液体的蒸汽压曲线,$AO$ 为普通晶体的饱和蒸汽压,故微小晶体的饱和蒸汽压曲线 $BD$ 一定在线 $AO$ 的上边。$O$ 点和 $D$ 点对应的温度 $t$ 和 $t'$,分别为普通晶体和微小晶体的正常熔点。

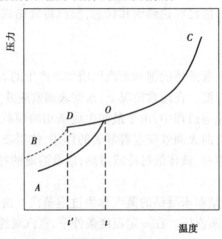

图 2.10　过冷液体产生示意图

当液体冷却时,其饱和蒸汽压沿 $CD$ 曲线下降到 $O$ 点,这时与普通晶体的蒸汽压相等,按照相平衡条件,应有晶体析出,但由于新生成的晶粒(新相)极微小,此时的蒸汽压小晶体尚未达到饱和状态,所以不会有微小晶体析出。温度必须继续下降到正常熔点以下(如 $D$ 点),液体才能达到微小晶体的饱和状态而开始凝固。这种按照相平衡的条件,应凝固而未凝固的液体,称为过冷液体。例如,纯净的水有时可冷却到 $-40$ ℃,仍呈液态而不结冰。在过冷的液体中,若投入小晶体作为新相种子,则液体迅速凝固成固体。

在液体冷却时,其黏度随温度降低而增加,这就增大了分子运动的阻力,阻碍分子作有序排列而形成晶体。因此,当液体的过冷程度很大时,黏度较大的液体不利于晶核的形成和长大,有利于过渡到非结晶状态的固体,即生成玻璃态。

4)过饱和溶液

①微小晶体的溶解度

固体的升华过程与液体的蒸发过程相类似,故开尔文公式对于固体也是适用的。当固体粒径小于 $0.1$ μm 时,其蒸汽压开始明显地随固体粒径的减小而增大。用溶解度 $C$ 代替式(2.25)中的蒸汽压 $P$,可导出类似的关系为

$$RT \ln \frac{C}{C_0} = \frac{2\gamma_{ls}M}{\rho \cdot r} \tag{2.26}$$

式中　$\gamma_{ls}$——固液界面张力;

　　　　$C$、$C_0$——半径为 $r$ 的小晶体与大晶体的溶解度;

$\rho$——固体密度。

由式(2.26)可知,小晶体的溶解度大于大晶体的溶解度,并且晶粒越小,其溶解度越大。

②过饱和溶液

将溶液进行恒温蒸发时,溶质的浓度逐渐加大,达到普通晶体溶质的饱和浓度时,对微小晶体的溶质却仍未达到饱和状态,不可能有微小晶体析出。为了使微小晶体能自动地生成,需要将溶液进一步蒸发,达到一定的过饱和程度,晶体才可能不断地析出。这种按照相平衡的条件,应有晶体析出而未析出的溶液,称为过饱和溶液。在结晶操作中,若溶液的过饱和程度太大,将会生成很细小晶粒,不利于过滤或洗涤,会影响产品质量。在生产中,常采用向结晶器中投入晶体作为新相种子的方法,防止溶液的过饱和程度过高,可获得较大颗粒的晶体。

### 2.3.3　润湿与黏附

(1)润湿

润湿是固-液界面上的重要行为。它主要是研究液体对固体表面的亲合状态。

润湿是在日常生活和生产实际中,如洗涤、矿物浮选、印染、油漆的生产和使用、黏结、防水及抗黏结涂层等领域,是最常见的表面行为之一。在这些应用领域中,液体对固体表面的润湿性能起着极重要的作用,它对硅酸盐材料生产极为重要:陶瓷、搪瓷的坯釉结合,玻璃、陶瓷与金属的封接,水泥水化以及复合材料的结合等工艺和理论都与润湿行为有关。因此,研究润湿行为有着重要的实际意义。同时,润湿行为为研究固体表面(特别是低能表面)自由能、固-液界面自由能和吸附在固-液界面上的分子的状态提供了方便的途径。

在表面行为中,润湿也可被认为液体从固体表面置换气体的过程,如水在玻璃表面置换空气而展开。1930 年 Osterhof 和 Bartell 从热力学角度,把润湿现象分成沾湿、浸湿和铺展 3 种类型。

1)润湿类型

①沾湿(也称附着润湿)

如果液相(L)和固相(S)按如图 2.11 所示的方式结合,则称此过程为沾湿(也称附着润湿)。这一过程进行后的结果是:消失一个固-气和一个液-气界面,产生一个固-液界面。假设固-液接触面为单位面积,在恒温恒压下,此过程引起体系自由能的变化为

$$\Delta G = \gamma_{ls} - \gamma_{gl} - \gamma_{sg} \tag{2.27}$$

式中　$\gamma_{ls}$、$\gamma_{gl}$、$\gamma_{sg}$——单位面积固-液、气-液、固-气的界面自由能。

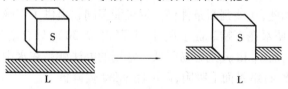

图 2.11　沾湿过程

沾湿的实质是液体在固体表面上的黏附。固-液界面张力总是小于气-液及固-气的表面张力之和,这说明固-液接触时,不管对什么液体和固体,沾湿过程总是可自发进行的。

②浸湿(也称浸渍润湿)

将固体小方块 S,按如图 2.12 所示的方式浸入液体 L 中,如果固体表面气体均被液体所置换,则称此过程为浸湿。在浸湿过程中,体系中固-气界面消失,产生了固-液界面。若固体

小方块的总面积为单位面积,则在恒温恒压下,此过程所引起的体系自由能的变化为

$$\Delta G = \gamma_{ls} - \gamma_{sg} \tag{2.28}$$

浸湿过程与沾湿过程不同,不是所有的液体和固体均可自发发生浸湿,而只有固体表面能比固-液界面自由能大时,浸湿才能自发进行。

③铺展(也称铺展润湿)

将一液体滴于固体表面,在恒温恒压下,若此液滴在固体表面上自动展开形成液膜,则此过程为铺展润湿(见图2.13)。在此过程中,失去了部分固-气界面,形成了新的固-液界面和气-液界面,设液体在固体表面上展开了单位面积,则体系自由能变化为

$$\Delta G = \gamma_{ls} + \gamma_{lg} - \gamma_{sg} \tag{2.29}$$

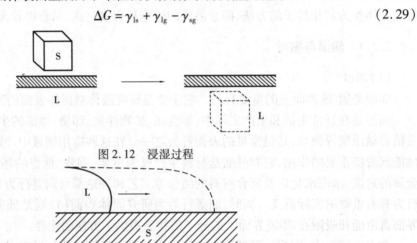

图2.12 浸湿过程

图2.13 铺展过程

对于铺展润湿,常用铺展系数来表示体系自由能的变化,即

$$F = -\Delta G = -\gamma_{ls} - \gamma_{lg} + \gamma_{sg} \tag{2.30}$$

$F$ 被称为液体在固体表面上的铺展系数,若 $F \geq 0$,则 $\Delta G \leq 0$,表明液体在固体表面自动展开。

上面讨论了3种润湿过程的热力学条件。应强调的是,这些条件均是指在无外力作用下,液体自动润湿固体表面的条件。有了这些热力学条件,即可从理论上判断一个润湿过程是否能够自发进行。但实际上却远非那么容易,上面所讨论的判断条件,均需已知固体的表面自由能和固-液界面自由能,而这些参数目前尚无合适的测定方法,因而定量地运用上面的判断条件是有困难的。尽管如此,这些判断条件仍为解决润湿问题提供了正确的思路。例如,水在石蜡表面不展开,如果要使水在石蜡表面上展开,根据式(2.30),只有增加 $\gamma_{sg}$ 及降低 $\gamma_{lg}$ 和 $\gamma_{ls}$,使 $F \geq 0$。$\gamma_{sg}$ 不易增加,而 $\gamma_{lg}$ 和 $\gamma_{ls}$ 则容易降低。常用的办法就是在水中加入表面活性剂,因表面活性剂在水表面和水-石蜡界面上吸附,即可使 $\gamma_{lg}$ 和 $\gamma_{ls}$ 降低。

2)接触角和杨氏(Young)方程

上面讨论了润湿的热力学条件,同时也指出了目前尚不可能利用这些条件去定量地判断一种液体是否能润湿某一固体,但是可通过接触角的测定来解决问题。通过 Young 方程将接触角与润湿的热力学条件结合,即可导出用接触角来判断润湿的条件。

将液滴 L 放在一理想平面 S 上(见图2.14),如果有一相是气体,则接触角是气-液界面通过液体而与固-液界面所交的角。1805 年,Young 指出,接触角的问题可当作平面固体上液滴

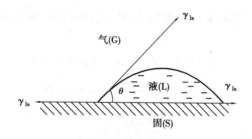

图 2.14　液滴在固体表面上的接触角

受 3 个界面张力的作用来处理。当 3 个作用力达到平衡时,则有关系为

$$\cos \theta = \frac{\gamma_{sg} - \gamma_{ls}}{\gamma_{lg}} \tag{2.31}$$

这就是著名的杨氏(Young)方程。

将式(2.31)分别代入式(2.27)、式(2.28)和式(2.29),可得到下列润湿过程的判断条件:

沾湿

$$\gamma_{lg}(1 + \cos \theta) \geq 0 \qquad \theta \leq 180° \tag{2.32}$$

浸湿

$$\gamma_{lg} \cos \theta \geq 0 \qquad \theta \leq 90° \tag{2.33}$$

铺展

$$F = -\gamma_{lg} - \gamma_{sl} + \gamma_{sg} = \gamma_{lg}(\cos \theta - 1) \qquad \theta \leq 0°或不存在平衡接触角, F \geq 0 \tag{2.34}$$

根据上面 3 式,通过液体在固体表面上的接触角,即可判断一种液体对另一固体的润湿性能。习惯上,一般将 $\theta = 0°$ 时,称为完全润湿;将 $\theta = 180°$ 时,称为完全不润湿(此时可沾湿)。而将 $0 < \theta < 90°$ 时,称为润湿;将 $90° < \theta < 180°$ 时,称为不润湿。

例如,氧化铝瓷器上需要披银,当温度达到 1 000 ℃时,氧化铝的表面张力 $\gamma_{Al_2O_3} = 1.0$ N/m,液态银的表面张力 $\gamma_{Ag} = 0.92$ N/m, $\gamma_{Ag\text{-}Al_2O_3} = 1.77$ N/m。此时, $\cos \theta = \dfrac{\gamma_{Al_2O_3} - \gamma_{Ag\text{-}Al_2O_3}}{\gamma_{Ag}} = -0.84, \theta > 90°$。结果表明不润湿,液态银只能在氧化铝瓷器表面沾湿。

实际应用中,能被液体所润湿的固体,称为亲液性固体;不被液体所润湿的固体,则称为憎液性固体。固体表面的润湿性与其结构有关。常见的液体是水,故极性固体皆为亲水性,而非极性固体大多为憎水性。常见的亲水性固体有硅酸盐和硫酸盐等;憎水性固体有石蜡和石墨等。

上面的讨论都是对理想的平坦表面而言。但实际固体表面具有一定粗糙度,并且是被污染,或存在孔洞的。这些因素对润湿过程也会发生重要的影响。

3)实际固体表面上的润湿

①粗糙度

在推导式(2.31)时,认为固体表面是平坦的。而实际固体表面并不平,具有一定粗糙度,如图 2.15 所示。因此,真正表面积较表观面积为大(设大 $n$ 倍)。若界面位置从点 $A$ 推移到点 $B$,使固液界面的表观面积增大 $\delta_s$。但此时真实

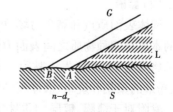

图 2.15　表面粗糙度对润湿的影响

表面积却增大了 $n\delta_s$ ，固-气界面实际上也减小了 $n\delta_s$ ，而液-气界面积则净增大了 $\delta_s \cdot \cos\theta$ ，于是

$$\gamma_{sl} n\delta_s + \gamma_{lg}\delta_s \cos\theta_n - \gamma_{sg}n\delta_s = 0$$

$$\cos\theta_n = \frac{n(\gamma_{sg} - \gamma_{sl})}{\gamma_{lg}} = n\cos\theta$$

$$\frac{\cos\theta_n}{\cos\theta} = n \tag{2.35}$$

式中　$n$——表面糙度系数, $n$ 值总是大于 1 的;

　　　$\theta_n$——表征粗糙表面的表观接触角。

$\theta < 90°, \theta > \theta_n; \theta = 90°, \theta = \theta_n; \theta > 90°, \theta < \theta_n$ 。因此,当真实接触角 $\theta$ 小于 $90°$ 时,粗糙度越大,表观接触角越小,就越容易润湿。当 $\theta$ 大于 $90°$ 时,则粗糙度越大,越不利于润湿。

②吸附膜

上述各式中的 $\gamma_{sg}$ 是固体置于蒸汽中的表面张力,此时固体表面带有吸附膜,它与去除气后的固体在真空中的表面张力 $\gamma_{so}$ 不同,通常要低得多。也就是说,吸附膜会降低固体表面能,其降低值等于吸附膜的表面压,即

$$\pi = \gamma_{so} - \gamma_{sg} \tag{2.36}$$

代入式(2.31),得到

$$\cos\theta = \frac{(\gamma_{so} - \pi) - \gamma_{sl}}{\gamma_{lg}} \tag{2.37}$$

上述表明,吸附膜的存在使接触角增大,起着阻碍液体润湿的作用。这种效应对于许多实际工作都是重要的。

③多相复合材料

多相复合材料的接触角与其各相的性质和各相的比例有关,可认为复合材料的表面是由各组分材料的小碎片所构成。如果假定接触角的平衡只与足够大的面积波动有关,则可认为 $\Delta A_{sl}$ 和 $\Delta A_{sg}$ 是各组分材料的平均化。假定是二相复合材料,各相在表面所占的面积分数为 $f_1$ 和 $f_2$ ,则

$$\gamma_{lg}\cos\theta_c = f_1(\gamma_{s_1 g} - \gamma_{s_1 l}) + f_2(\gamma_{s_2 g} - \gamma_{s_2 l})$$

则

$$\cos\theta_c = f_1\cos\theta_1 + f_2\cos\theta_2 \tag{2.38}$$

对于多孔性材料,第二相为气孔,即 $f_2$ 为空洞所占的面积分数, $\gamma_{s_2 g}$ 为零, $\gamma_{s_2 l}$ 即 $\gamma_{lg}$ 。于是,式(2.38)成为

$$\cos\theta_c = f_1\cos\theta_1 - f_2 \tag{2.39}$$

(2)黏附

固体表面质点和剩余力场,可与其紧密接触的液体或固体质点相互吸引而发生黏附。黏附的本质是两种物质之间表面力作用的结果。由于表面力是近程作用力,因此,只有当两种物质紧密接触时,才能发生黏附。黏附作用可通过两固体相对滑动时的摩擦,以及两固体的压紧、粉末的聚集和烧结、液体胶结等现象表现出来。

黏附对于薄膜、镀层、不同材料间的焊接,以及玻璃纤维增强塑料、橡胶、水泥、石膏等复合材料的结合等工艺都有特殊的意义。尽管黏附涉及的因素很多,但本质上是一个表面化学问

题。良好的黏附要求黏附的地方完全致密并有高的黏附强度,一般选用液体和易于变形的热塑性固体作为黏附剂。因此,黏附通常是发生在固-液界面上的行为并决定于以下条件:

1)润湿性

对液相参与的黏附作用,必须考虑固-液之间的润湿性能。在两固体空隙之间,液体的毛细管现象所产生的压力差,有助于固体的相互结合。如液体能在固体表面上铺展,则不仅减少液体用量,而且可增大压力差,提高黏附强度;相反,如果液体不能润湿固体,在两相界面上,会出现气泡、空隙,这样将会降低黏附强度。因此,黏附面充分润湿是保证黏附处的致密和强度的前提。润湿越好黏附也越好。

如上所述,也可用润湿张力 $S$ 作为润湿性的度量,其关系由下式决定,即

$$S = \gamma_{sg} - \gamma_{sl} \tag{2.40}$$

2)黏附功

黏附力的大小,与物质的表面性质有关,黏附程度的好坏可通过黏附功 $W$ 衡量。所谓黏附功,是指把单位黏附界面拉开所需的功。这里仅以分开固-液界面为例分析黏附功。

当拉开固-液界面后,相当于消失了固-液界面,但与此同时又新增了固-气和液-气两种界面,而这 3 种不同界面上都有着各自的表面(界面)能。黏附功数值的大小,标志着固-液两相铺展结合的牢固程度,黏附功数值越大,说明将液体从固体表面拉开,需要耗费的能量越大,即互相结合牢固;相反,黏附功越小,则越易分离。用耐火泥浆湿法喷补高温炉衬时,喷补初期,为使泥浆能牢固地黏附于受喷面,希望它们之间能有较大的黏附力;相反,为了延长耐火材料的使用寿命,减少高温熔体对其表面的熔蚀,希望它们之间有较小的黏附功。因此,针对不同情况,可从黏附功数值大小考虑选料。

由图 2.16 可知,黏附功等于新形成表面的表面能 $\gamma_{sg}$ 和 $\gamma_{lg}$ 以及消失的固-液界面能 $\gamma_{sl}$ 之差,即

$$W_{sl} = \gamma_{sg} + \gamma_{lg} - \gamma_{sl} \tag{2.41}$$

结合接触角式(2.31),得到

$$W_{sl} = \gamma_{lg}(1 + \cos\theta) \tag{2.42}$$

$\gamma_{lg}(1 + \cos\theta)$ 也称黏附张力。可以看到,当黏附剂给定时,黏附功随润湿角的减小而增大,因此,式 $\gamma_{lg}(1 + \cos\theta)$ 可看成黏附性的度量。

3)黏附面的界面张力 $\gamma_{sl}$

界面张力的大小反映界面的热力学稳定性。$\gamma_{sl}$ 越小,界面黏附越稳定,黏附力也越大。同时,从式(2.31)可见,$\gamma_{sl}$ 越小,润湿张力就越大,黏附强度与 $\gamma_{sl}$ 的倒数成比例。

4)亲和性

润湿不仅与截面张力有关,也与黏附界面上的亲和性有关。所谓亲和性,是指两者润湿时,自由能变化 $\mathrm{d}G < 0$。亲和性越好,黏附也越好。

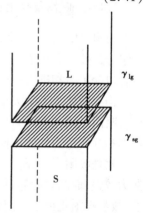

图 2.16　黏附功和表面张力

5)固体的分散度

一般来说,固体细小时,黏附效应才比较明显。这是因为,肉眼看来即使是足够光滑的表面,从微观来说,仍然是粗糙的。因此,固体相互之间的真正接触面积,仅是表现接触面积的小

部分。对于整个固体质量来说,黏附力是小的。提高固体的分散度,就可扩大接触面积,从而增加黏附强度。通常粉末具有较大的黏附能力,粉磨过程中的粘磨与团聚即是粉体对研磨体,以及粉体之间黏附的结果。

6)固体表面清洁程度

首先,固体表面的清洁程度,会严重影响黏附效果。如固体表面吸附有气体而形成气膜,以及受大气中的水气、烟尘等污染,都会减弱甚至完破坏黏附性能。

7)固体在外力作用下的变形程度

如果固体较软,在一定的外力下易于变形,就会引起接触面积的增加。而接触面积的增加,可提高黏附强度;后者又可进一步引起接触面积的增加,从而又进一步提高黏附强度。如表面能很低的蜡块,在室温时容易粘在一起,而金刚石尽管表面能很高,但接触时却不易黏附。冶金炉湿法喷补时,高温热塑状态的炉衬表面,有利于喷补料的黏附,就是这个原因。

综上所述,良好的黏附的表面化学条件是:

①被黏附体的分散度越高,接触面积越大,越利于黏附。

②黏附面充润湿是保证黏附处致密和强度的前提。润湿越好黏附也越好。

③黏附功要大,以保证牢固黏附。黏附功可作为黏附性的度量,为此应使 $W_{sl} = \gamma_{sl}(1 + \cos\theta)$。

④黏附面的界面张力 $\gamma_{sl}$ 要小,以保证黏附界面的热力学稳定。

⑤黏附剂与被黏附体间亲和性要好,以保证黏附界面的良好键合和保持强度。为此润湿热要低。

# 2.4 吸 附

### 2.4.1 吸附及吸附类型

吸附可定义为:一个体系中的一个组分在界面上的优先浓集,在一相或两相中,一个或多个组分此处的界面浓度与其本体相中的浓度是不同的。"吸附"应清楚地区别于"吸收",因为后者包含了一相进入另一相中的物理渗透,尽管这两个过程可能是同时发生的。

当在固体上发生吸附时,这个固体称为吸附剂。而被吸附的物质称为吸附质。

吸附是固体表面力场与被吸附分子的力场相互作用的结果。它是发生在固体表面上的,根据相互作用力性质不同,可分为物理吸附和化学吸附两种(见图2.17)。

物理吸附,是吸附剂表面与吸附质质点间的范德华力所引起的。吸附剂的表面凹处的色散力较强,而凸处的静电力较强。由威尔表面结构学说可知,离子吸附剂的表面往往形成负电性,故易吸附正离子。因范德华力不强,故吸附质易被萃取剂脱附,吸附热也小,而近于凝聚热。易于凝聚的气体或蒸汽(沸点或临界温度较低),较易被吸附(可把吸附看作凝聚过程)。一般质点间均存在范德华力,故物理吸附没有选择性。吸附时不需要活化能。吸附速度较快。可以是单分子层,也可以是多分子层。

化学吸附是吸附剂表面与吸附质质点间的化学力所引起的,故吸附较强,难于被萃取剂所脱附,吸附热大,近于一般化学反应热。化学吸附需要活化能,有选择性,限于单分子层吸附。

为了便于比较,可把两种吸附的特点列出,见表2.5。

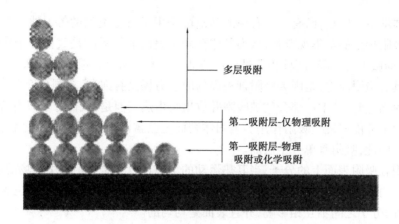

多层吸附

第二吸附层-仅物理吸附

第一吸附层-物理
吸附或化学吸附

图2.17 在固体表面上的多层吸附中,第一层吸附可能是物理吸附或化学吸附,随后的吸附层是物理吸附

**表2.5 化学吸附与物理吸附的比较**

| 吸附类型 | 吸附力 | 选择性 | 吸附稳定性 | 吸附速度 | 可逆性 | 分子层 | 吸附热 |
|---|---|---|---|---|---|---|---|
| 物理吸附 | 范氏力 | 无 | 不稳定,易解吸 | 较快,不受温度影响,一般不需要活化能 | 可逆 | 单分、多分子层均可 | 近于液化热 |
| 化学吸附 | 化学键 | 有 | 比较稳定 | 较慢,随温度升高而加快,需要活化能。 | 不可逆 | 只有单分子层 | 近于反应热 |

### 2.4.2 固体表面的吸附

（1）吸附理论

根据热力学第二定律,在恒温恒压下自动进行的过程,必伴随着系统中自由能的减少。由于表面力的吸引作用,气体能自动吸附于固体表面形成吸附膜。因此,吸附作用的进行,必然引起系统表面自由能的减少。高度分散的细粉或多孔性固体,具有较大的表面积,即有较大的表面能。它们都可能是优良的吸附剂。例如,活性炭、硅藻土、硅胶等。

实验表明,固体对气体的吸附量 $A$ 与温度 $T$ 和气体压力 $P$ 有关,即

$$A = f(T \cdot P)$$

为了研究和表达的方便,通常固定其中一个变量以求出其余两个变量之间的关系。例如,分别用吸附等温线 $A = f(P)$ 或等压线 $A = f(T)$ 来描述。其中,以吸附等温线应用得最多。

在压强很低和吸附量很小时,所有等温线都趋于直线,即在固体表面的吸附量与气体的压力成正比,故称等温线的低压部分为亨利定律区域。吸附量总是随温度升高而减小,说明吸附是一个放热过程。如果温度和压力一定,对于给定的吸附剂,决定吸附量首要的因素是吸附质的本性。大致而论,凡凝结性越强的气体,其吸附量越大,凝结性可用临界温度或沸点来表示。

1）兰格缪尔（Langmuir）等温式

从等温线的复杂形状和多种形式,可以肯定不能用一个简单的理论来准确预测吸附剂和

吸附质的具体细节。但是,已有一些有用的理论可应用于特定类型的等温线。兰格缪尔提出的单分子层吸附理论的基本观点是,认为气体在固定表面上的吸附是气体分子在吸附剂表面凝聚和逃逸(即吸附与解吸)两种相反过程达到动态平衡的结果。他所持的基本假定包括:

①固体具有吸附能力,是因为吸附剂表面的原子力场没有饱和,有剩余价力。当气体分子碰撞到固体表面上时,其中一部分就被吸附并放出吸附热。但是,气体分子只有碰撞到未被吸附的空白表面上才能够发生吸附作用。当固体表面上已盖满一层吸附分子之后,这种力场已得到了饱和。因此,吸附是单分子层的。

②已吸附在吸附表面上的分子,当其热运动的动能足以克服吸附剂引力场的位垒时,又重新回到气相。再回到气相的机会不受邻近其他吸附分子的影响,也不受吸附位置的影响。换言之,被吸附的分子之间不互相影响,并且表面是均匀的。

如果以 $\theta$ 代表表面被覆盖的百分数,则 $(1-\theta)$ 表示表面尚未被覆盖的百分数。气体的吸附速率与气体的压力 $P$ 成正比,由于只有当气体碰撞到表面空白部分时才可能被吸附,故与 $(1-\theta)$ 成正比例,故

$$吸附速度 = K_1 P(1-\theta) \tag{2.43}$$

被吸附的分子脱离表面重新回到气相中的解吸速度(解吸也称脱附)与 $\theta$ 成正比,即

$$解吸速度 = K_{-1} \cdot \theta \tag{2.44}$$

式中    $K_1$、$K_{-1}$——比例常数。

在等温下平衡时,吸附速度等于解吸速度,故

$$K_1 P(1-\theta) = K_{-1}\theta \tag{2.45}$$

或写为

$$\theta = \frac{K_1 P}{K_{-1} + K_1 P} \tag{2.46}$$

如令 $\dfrac{K_1}{K_{-1}} = \alpha$,则得

$$\theta = \frac{\alpha P}{1 + \alpha P} \tag{2.47}$$

式中    $\alpha$——吸附过程的平衡常数(也称吸附系数),$\alpha$ 值的大小表明了固体表面吸附气体能力的强弱程度。

式(2.47)则称为兰格缪尔吸附等温式,它定量地指出表面遮盖率 $\theta$ 与平衡压力 $P$ 之间的关系。

从式(2.47)可看到:

a. 当压力足够低或吸附很弱时,$\alpha P \ll 1$,$\theta \approx \alpha P$,即 $\theta$ 与 $P$ 成直线关系。

b. 当压力足够高或吸附很强时,$\alpha P \gg 1$,即 $\theta$ 与 $P$ 无关。

c. 当压力适中时,由式(2.47)表示。图2.18是兰格缪尔等温式的一个示意图。以上3种情况都已描绘在图中了。

兰格缪尔吸附等温式中的吸附系数 $\alpha$ 随温度和吸附热而变化。其关系式为

$$\alpha = \alpha_0 e^{\frac{Q}{RT}} \tag{2.48}$$

式中    $Q$——吸附热,按照一般讨论吸附热时所采用的符号惯例,放热吸附 $Q$ 为正值,吸热 $Q$ 为负值。

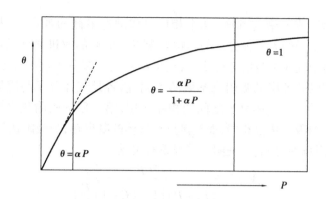

图 2.18　兰格缪尔吸附等温式示意图

因此,由式(2.48)可知,对于放热吸附来说,当温度上升时,吸附平衡常数 $\alpha$ 降低,吸附量相应减少。

兰格缪尔公式可很容易推广到多种气体吸附的情况。对于分压为 $P_i$ 的多组分气体,其兰格缪尔等温式一般可写为

$$\theta_i = \frac{\alpha_i P_i}{1 + \sum \alpha_i P_i} \tag{2.49}$$

兰格缪尔公式是一个理想的吸附公式。它代表了在均匀表面,吸附分子彼此没有作用,而且吸附是单分子层情况下吸附达到平衡时的规律性。兰格缪尔吸附等温式更适合描述低压力情况下的吸附问题,它在吸附理论中所起的作用类似于气体运动理论中理想气体定律。人们往往以兰格缪尔公式作为一个基本公式,首先考虑理想情况,找出某些规律性,然后针对具体体系再予以修正。

2)弗雷德里希(Freundlich)吸附等温线

兰格缪尔吸附等温式并不能胜任描述其他某些实际问题的吸附体系。例如,中等压力下,一般用弗雷德里希吸附等温线描述吸附问题,即

$$V = kP^{\frac{1}{\alpha}} \tag{2.50}$$

式中　$V$——吸附气体的体积;

　　　$k, \alpha$——常数,$\alpha$ 通常大于 1。

对式(2.50)两边取对数,可使之线性化,即

$$\ln V = \ln k + \frac{1}{\alpha \ln P} \tag{2.51}$$

需要说明的是,弗雷德里希吸附等温式是基于其吸附热不是常数,而是随着表面覆盖度变化而呈指数变化的假定,在大多数情况下,比起兰格缪尔等温式的假定,它的条件更接近于真实性。

3)BET(Brunaure-Emmett-Teller)公式

兰格缪尔等温式的一个主要假定是吸附终止于单分子层被覆盖。但是,当吸附质的温度接近于正常沸点时,往往发生多分子层吸附。所谓多分子层吸附,就是除了与吸附剂表面接触和第一层外,各层还要相继吸附,实际应用遇到的吸附中很多都是多分子层的吸附。布龙瑙尔、埃梅特、特勒(Brunauer-Emmett-Teller)等 3 人提出了多分子层理论的公式,简称 BET 公式。这个理论是在兰格缪尔理论的基础上加以发展而得到的。他们接受了兰格缪尔理论中关于吸

附作用是吸附和解吸(或凝聚与逃逸)两个相反过程动态平衡的观点,以及固体表面是均匀的,吸附分子的解吸不受四周其他分子的影响等观点。他们的改进之处是认为表面已经吸附了一层分子之后,由于气体本身的范德华力,还可继续发生多分子层的吸附(见图2.19)。当然,第一层的吸附与以后各层的吸附有本质的不同,前者是气体分子与固体表面直接发生联系,而第二层以后各层则是气体分子之间的相互作用,第一层的吸附热也与以后各层不尽相同,第二层以后各层的吸附热都相同,而且接近于气体的凝聚热,当吸附达到平衡以后,气体的吸附量等于各层吸附量的总和,可证明在等温下有关系

$$V = V_m \frac{CP}{(P_s - P)\left[1 + (C-1)\dfrac{P}{P_s}\right]} \tag{2.52}$$

式(2.52)称为 BET 吸附公式(由于其中包含两个常数 $C$ 和 $V_m$,故称 BET 的二常数公式)。式中,$V$ 代表在平衡压力 $P$ 时的吸附量,$V_m$ 代表在固体表面上铺满单分子层时所需气体的体积,$P_s$ 为实验温度下气体的饱和蒸汽压,$C$ 是与吸附热在关的常数。

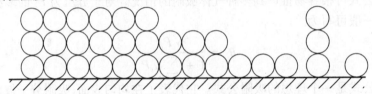

图 2.19  BET 吸附模型示意图

BET 公式主要应用于测定固体的表面积,对于固体催化剂和固体吸附来说,比表面积的数据很重要。例如,它有助于了解催化剂的性能。测定比表面积的方法很多,但 BET 法是经典的重要方法。为了使用方便,可将式(2.52)改写为

$$\frac{P}{V(P_s - P)} = \frac{1}{V_m C} + \frac{C-1}{V_m C}\frac{P}{P_s} \tag{2.53}$$

如以 $\dfrac{P}{V(P_s-P)}$ 对 $\dfrac{P}{P_s}$ 作图,则应得一直线,直线的斜率是 $\dfrac{C-1}{V_m C}$,直线的截距是 $\dfrac{1}{V_m C}$,由此可得

$$V_m = \frac{1}{\text{截距} + \text{斜率}}$$

从 $V_m$ 值可算出铺满单分子层时所需的分子个数。若已知每个分子的截面积,就可求出吸附剂的总表面积和比表面积为

$$S = A_m \frac{NV_m}{22\ 400} \tag{2.54}$$

式中   $S$——吸附剂的总表面;

$A_m$——一个吸附质分子的横截面积;

$N$——阿伏伽德罗常数。

常用的吸附气体是氮,其 $A_m = 0.162\ \text{nm}^2$,为避免化学吸附的干扰,通常是在液氮温度下测定。其他有用的气体还包括氩($A_m = 0.138\ \text{nm}^2$)和氪($A_m = 0.195\ \text{nm}^2$)。

BET 公式还可用于多孔材料的孔径计算。假定吸附质以正常液体充满孔隙,吸附剂上的饱和吸附量为 $X_s$,则比孔容 $V_p$ 为

$$V_\rho = \frac{X_s}{\rho_L} \tag{2.55}$$

式中　$\rho_L$——液体密度。

如果测得该吸附剂比表面积为 $S$,并假设该吸附剂的孔为圆筒状,则平均孔半径为

$$r = \frac{2V_\rho}{S} \tag{2.56}$$

再利用吸附等温线,可进一步计算不同大小的孔半径分布。

(2)吸附对固体表面结构和性质的影响

除非经过特别的处理,固体表面总是被吸附膜所覆盖的。这是因为新鲜表面具有较强的表面力,能迅速从空气中吸附气体或其他物质以降低表面能。例如,玻璃和其他硅酸盐材料,其表面断裂的 Si-O-Si 键和未断裂的 Si-O-Si 键都可与水蒸气实现化学吸附,形成带 OH 基团的表面吸附层,随后再通过 OH 层上的氢键吸附水分子。

吸附膜的形成改变了表面原来的结构和性质。首先,吸附膜降低了固体的表面能,使之较难被润湿,从而改变了界面的化学特性,故在黏结、涂层、镀膜、材料封接等工艺中必须对加工进行严格的表面处理;其次,吸附膜会显著地降低材料的机械强度。这是因为吸附膜使固体表面微裂纹内壁的表面能降低,其断裂强度 $R$ 则按 $\sqrt{\gamma}$ 关系迅速下降,湿球磨可提高粉磨效率就是利用这样的原理;此外,材料的滞后破坏现象也可用吸附膜概念加以阐明;吸附膜可用来调节固体间的摩擦和润湿作用,因为摩擦起因于黏附,而接触面间的局部变形加剧了黏附作用,然而可通过降低接触界面的表面黏附作用使吸附膜作用减弱。从这个意义上说,润滑作用的本质是基于吸附膜的效应。例如,石墨是一种固体润滑剂,其摩擦系数约为 0.18。若在真空中对石墨棒表面处理,以除去吸附膜。此时,在真空中将石墨棒与高速转盘进行摩擦试验,发现此时石墨不再起润滑作用,其摩擦系数跃升到 0.80。由此可知,气体吸附膜对摩擦和润滑作用的重要影响。

### 2.4.3　溶液表面的吸附

(1)溶液表面的吸附现象

吸附现象可发生各种不同的相界面上,溶液表面对溶液中的溶质也可产生吸附作用,使其表面张力发生变化。以水溶液为例,溶液的浓度对表面张力的影响可分为 3 种类型。如图 2.20所示,第Ⅰ类:在水中逐渐加入某溶质时,溶液的表面张力随浓度的增加稍有升高,属于此类型的物质有无机盐以及含有个多个 OH 基的有机化合物(如蔗糖)等物质;第Ⅱ类:在水中逐渐加入某溶质时,溶液的表面张力随溶液浓度的增加而降低,大部分脂肪酸、醇、醛等有机化合物的水溶液有此性质;第Ⅲ类:在水中加入少量的某溶质时,能使溶液的表面张力急剧下降。至某一浓度之后,溶液的表面张力几乎不随溶液浓度的增加而变化。属于此类的溶质有长碳链的脂肪酸盐、烷基苯磺酸盐、烷基硫酸酯盐等。

大量的实验事实表明,溶液表面层的浓度和溶液内部的浓度不同的,即在溶液的表面发生了吸附作用。若溶液在表面层中的浓度大于它在溶液本体中的浓度,称为正吸附;反之,则为负吸附。

对于上述溶液表面的吸附现象,可用恒温、恒压下,溶液的表面自由能自动减少的趋势来说明。在一定的温度和压力下,由一定量的溶质和溶剂所形成的溶液,当溶液的表面积一定

时,降低物系自由能的唯一途径是尽可能地减少溶液的表面张力。如果溶剂中溶入溶质后表面张力下降,则溶质会从溶液本体中自动地富集到溶液表面,增大表面浓度,使溶液的表面张力降低得更多一些,这就是正吸附。但表面与本体的浓度差又必然引起溶质分子由表面向本体中扩散以使浓度均匀一致,两种趋势达到平衡,则在表面上就形成了正吸附的平衡浓度。另一方面,若加入溶质会使溶液表面张力增加,则表面上的溶质会自动地离开表面进入本体,与均匀分布相比,这样也会降低表面自由能,这就是负吸附。显然浓度差扩散又使表面上的溶质分子不能全部进入本体,达到平衡时,则在表面上形成负吸附的平衡浓度。

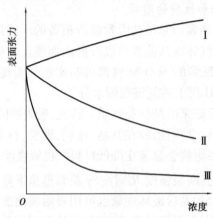

图 2.20  表面张力与浓度关系示意图

(2)吉布斯(Gibbs)吸附公式

吉布斯用热力学方法推导出,在一定温度下,溶液的浓度、表面张力和吸附量之间的定量关系式,即著名的吉布斯吸附等温式

$$\Gamma = - \frac{a}{RT} \frac{\mathrm{d}\gamma}{\mathrm{d}a} \tag{2.57}$$

式中  $a$——溶质的活度;

$\gamma$——溶液的表面张力;

$\Gamma$——溶质的表面超量(或表面过剩),其含意为:单位面积的表面层,所含溶质的摩尔数与溶液本体中同量溶剂所含溶质摩尔数的差值。

吉布斯吸附公式是表面物理化学的基本公式之一。

有几种实验方法可验证吉布斯等温吸附式,其中之一是麦克拜恩(Mcbain)的既巧妙又准确的方法,即切层法测定。他设计了一种快速移动的刀片,把溶液上面的表面层(厚约 0.05 mm)用刀片削下来,收集在样品管中进行分析,可计算表面吸附量为

$$\Gamma = \frac{n_2 - n_1 \left( \dfrac{n_2^0}{n_1^0} \right)}{A} \tag{2.58}$$

式中  $n_1$、$n_2$——表面层中溶剂、溶质的摩尔数;

$n_2^0$——本体溶液中与 $n_1^0$ 摩尔数溶剂共存的溶质摩尔数;

$A$——溶液的表面层面积。

由式(2.58)可清楚地看出,吉布斯吸附量,即表面超量 $\Gamma$ 是在单位面积的表面层中,所含溶质摩尔数与具有相同数量的溶剂和本体溶液中所含摩尔数之差。

另一种验证吉布斯公式的方法是用具有放射活性的示踪物质作为溶质来进行实验。用这些不同的方法所得到的表面吸附量与用吉布斯公式计算出来的结果非常符合。

对于稀溶液或理想溶液,可用溶质的浓度 $C$ 代替活度,式(2.57)变为

$$\Gamma = -\frac{C}{RT}\frac{\mathrm{d}\gamma}{\mathrm{d}C} \qquad (2.59)$$

由吉布斯吸附等温式可知,若溶液的表面张力随浓度的变化率$\frac{\mathrm{d}\gamma}{\mathrm{d}C}<0$ 时,则 $\Gamma>0$,表明凡增加浓度能降低溶液表面张力的溶质,在表面层必然发生正吸附;当$\frac{\mathrm{d}\gamma}{\mathrm{d}C}>0$ 时,$\Gamma<0$,表明凡增加浓度使表面张力上升的溶质,在表面层必然发生负吸附;当$\frac{\mathrm{d}\gamma}{\mathrm{d}C}=0$ 时,$\Gamma=0$,即不影响溶液表面张力的物质不发生吸附。

若用吉布斯吸附等温式计算某溶质的吸附量,必须先知道$\frac{\mathrm{d}\gamma}{\mathrm{d}C}$的大小,为求得$\frac{\mathrm{d}\gamma}{\mathrm{d}C}$值,可先测定不同浓度 $C$ 时的表面张力 $\gamma$,以 $\gamma$ 对 $C$ 作图,求得曲线上各指定浓度时的斜率,即为在实验温度下,该指定浓度 $C$ 时$\frac{\mathrm{d}\gamma}{\mathrm{d}C}$的数值,就可利用式(2.59)计算出相应的吸附量,从而也得到 $\Gamma$-$C$ 曲线。

（3）分子在界面上的定向排列

在一般情况下,表面活性剂的 $\Gamma$-$C$ 曲线的形式如图 2.21 所示。当浓度很小时,$\Gamma$ 与 $C$ 呈直线关系;当浓度较大时,$\Gamma$ 与 $C$ 呈曲线关系。其吸附量均随浓度增加而增加。当浓度达到某一定的数值后,表面层的超量为一定值,而与本体浓度无关,并且和溶质分子的长度也无关,即出现吸附量的极限值 $\Gamma_\infty$,这时表面吸附已达饱和,称为饱和吸附量 $\Gamma_\infty$。此时,溶液中的溶质不再能更多地吸附于表面。显然,此时表面铺满了一层紧密堆积的溶质分子。由于表面活性剂大都是具有亲水端如— COOH,及憎水端如烷基— R 的物质,此时合理的排列必然是亲水基朝向水,碳氢链朝向空气的如图 2.22 所示的排列,因为只有这样,单位表面上吸附的分子数才会与碳氢链长短无关。$\Gamma_\infty$可近似看成在单位表面上定向排列呈单分子层吸附的溶质的摩尔数。由实验测出 $\Gamma_\infty$值,即可算出每个表面活性剂分子的横截面积,即

$$A_\mathrm{m} = \frac{1}{\Gamma_\infty N} \qquad (2.60)$$

式中　$N$——阿伏伽德罗常数。

实验测得许多不同表面活性剂的横截面积皆为$20.5 \times 10^{-20}\,\mathrm{m}^2$。表明,在表面的饱和吸附层(或单分子膜)中,不论表面活性剂分子的长短如何,每个分子的横截面积皆等于 $20.5 \times 10^{-20}\,\mathrm{m}^2$,该值实际上是碳氢链的横截面积。这更进一步说明,表面活性分子是定向地排列在表面层中的。

表面超量的物理意义可看成吸附在溶液表面的单分子膜中溶质分子的二维浓度。二维浓度高,表示溶质分子所占据的面积小,这可与三维气体的压力相比拟,因此,二维浓度可相当于二维压力。

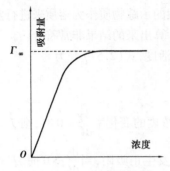

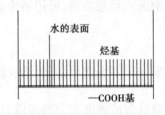

图 2.21　溶液吸附等温线　　　图 2.22　溶液表面吸附物质的定向排列

关于二维压力,可用普莱恩(Plawm)模型加以说明。如图 2.23 所示,以很薄的橡胶膜将槽分为两个间隔,由于溶液和溶剂的表面张力不同,在浮障上存在一个净的作用力使浮障朝表面张力大的一边运动,这样有利于整个系统的自由能降低,将推动浮障运动的力称为二维压力或表面压,即

$$\pi = \gamma_{溶剂} - \gamma_{溶液} \tag{2.61}$$

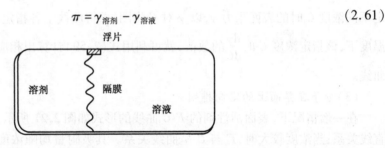

图 2.23　Plawm 槽

其物理意义表示在分隔两个表面的浮障上每单位长度所受的力。可将 $\pi$ 看成被正吸附的溶质分子,在二维方向上运动时碰撞在浮障上产生的结果,正像器壁所受到的压力是三维气体分子碰撞器的结果一样,故又称"二维气体压力"。

上面的讨论虽是以气-液的界面为例,但在液-液(如水-油)、固-液和固-气的界面上都有类似的情况。分子在界面上的定向排列显著地影响着表面的许多性质,这在实际中有重要的应用。例如,通过表面活性剂分子在界面上的定向,可使固体表面呈现憎水或亲水性,从而改变液体对固体表面的润湿情况。又如,泡沫和乳状液,之所以能稳定地存在,也是由于表面活性剂分子在界面上的定向作用,降低了界面张力并增加了气泡或液滴的机械强度所致。

### 2.4.4　溶液中固体表面的吸附

固体表面与溶液之间的相互作用在建筑涂料的生产和应用(乳液高分子和颜料分散稳定性)以及机械业(润滑和黏附)、农业(土壤润湿和调节及农药应用)、图文印刷(墨水和颜料分散)、电子业(微电路构建)、能源生产(二级和三级石油回收技术)、食品(面粉生面中的淀粉-水相互作用)中都具有重要意义。

(1)吸附模型

像其他吸附过程一样,固-液界面的组成从固体本体变化到液体本体。由固体表面和液相组成的体系如图2.24所示。对于纯液体,在其界面区可注意到液体分子的浓度(见图2.24中的黑点),在表面附近明显高于液相,表明为正吸附或固体表面被溶剂化。假若在液体分子和固体之间发生特殊的相互作用,被吸附分子可能会有特殊的取向作用,导致邻近于界面的液体的密度、介电常数或其他物理的(或化学的)特性发生变化。通常受到实际关注的是液相中的第二组分(溶质分子)在固-液界面上的吸附。

(a)在纯液体情况下,分子分布大致是均匀的　　　(b)对表面活性溶质将发生强烈吸附,产生明显的溶质浓度过剩的界面区

图 2.24　固-液界面吸附模型

溶液在其界面附近有较高的溶质浓度是溶质分子正吸附的标志。典型的吸附质浓度如图2.24(b)所示。

(2)吸附的定量化分析

溶液被固体所吸附,是比较容易观察的。将一种染料的水溶液与焦炭一起摇动,则染料水溶液的颜色会逐渐变淡,甚至于完全褪色,这就是溶液被吸附的实际例子,并且被焦炭吸附的染料,还可再用适当的液体淬取出来,能证明染料并没有和焦炭发生化学变化,说明只有吸附产生。吸附前后的浓度是容易测量的,从浓度的差别可推算出吸附的量,但这只是表观吸附量。

一般来说,溶质和溶剂被固体吸附的程度是不同的。可以说,溶液在固体表面上的吸附是溶质和溶剂分子争夺表面的结果。若表面上的溶质的浓度比溶液内部的大,称为正吸附;而若表面上的溶质浓度小于溶液内部,则称为负吸附。溶质正吸附,则溶剂必然为负吸附,溶质负吸附,则溶剂必然为正吸附。

描述一个双组分溶液中的一个组分在固体物质上吸附的基本的定量方程为

$$\frac{n_0 \Delta x_1}{m} = n_1 \gamma x_2 - n_2 \gamma x_1$$

$$\Delta x_1 = x_{1,0} - x_1 \tag{2.62}$$

式中　$n_0$——吸附剂溶液的总的物质的量;

　　　$x_{1,0}$——吸附前溶液中吸附组分 2 的摩尔分数;

　　　$x_1$、$x_2$——吸附平衡时组分 1 和组分 2 的摩尔分数;

　　　$m$——固体吸附剂的质量,g;

　　　$n_1$、$n_1$——在平衡时每克固体吸附组分 1 和组分 2 的物质的量。

在稀溶液中,溶质(2)吸附量比吸附剂(1)大得多,式(2.62)可简化为

$$n_2 \gamma = \frac{\Delta n_2}{m} = \frac{\Delta C_2 V}{m}$$

$$\Delta C_2 = C_{2,0} - C_2 \tag{2.63}$$

式中　$C_{2,0}$——吸附前 2 的物质的量浓度;

　　　$C_2$——平衡时 2 的物质的量浓度;

　　　$V$——液相体积,L。

原则上吉布斯吸附公式也可适用于溶液中的吸附。由此可知,凡是能降低液固界面张力的物质都可发生吸附。降低界面张力能力最强的物质,被吸附的量也最多。但是,由于液-固

之间界面张力直接测定困难,故吉布斯公式的应用受到很大的限制。

(3)影响固-液吸附的因素

1)温度的影响

溶液中的吸附和气体吸附一样也是放热过程,故通常吸附量随温度的升高而降低。

2)吸附剂的极性与性能

极性吸附剂易于吸附极性物质、非极性吸附剂易于吸附非极性物质。活性炭是非极性的吸附剂,吸水能力很弱,但吸附苯或四氯化碳等有机溶剂的能力却较强。因此,在水溶液中,活性炭是吸附有机物的良好吸附剂。反之,当在有机溶剂吸附极性物质时,则以硅胶为宜。同理,一定的吸附剂在某一溶剂中对不同溶质的吸附能力,也随溶质的不同而不同。例如,以活性炭在水溶液中吸附脂肪酸,该溶质的吸附量随碳氢链的增加而增加,而当用硅胶在非极性溶剂的溶液中吸附脂肪酸时,则吸附量随碳氢链的增长而降低。

吸附剂的性能因制备方法不同也会不同。这在活性炭中表现得最为显著。例如,在空气中 800 ℃时活化所得的活性炭吸附碱而不吸附酸,但在空气中 500 ℃时活化的活性炭则吸附酸而不吸附碱。

3)溶质的溶解度

溶质的溶解度越小,则越易于被吸附。例如,分别用硅胶从四氯化碳和苯的溶液中吸附苯甲酸,在相同的平衡浓度时,前者的吸附量大。这是因为苯甲酸在四氯化碳中的溶解度比在苯中小,故从四氯化碳溶液中逃逸的倾向也就大。同理,也可以说明,极性较强的溶质比极性较弱的溶质易于从非极性的溶剂中被吸附掉。

## 2.5　胶体结构及性质

### 2.5.1　胶体及其结构

(1)胶体分散系及其特征

把一种或几种物质分散在另一种物质中就构成分散体系。把分散体系中被分散的物质称为分散相,另一种物质称为分散介质。常按分散粒子大小来对分散物质分类。

如被分散的物质以分子、原子或离子的方式均匀地分散在分散介质中,形成的物系称为溶液。溶液又分为固态溶液、液态溶液和气态溶液(即混合气体)。通常所说的溶液是指液态溶液。溶液中溶质的质点很小(在 1 nm 以下),不能形成相的界面,故为均相物系;其主要特征为透明、不发生光散射、溶质和溶剂均可透过羊皮纸(半透膜)。条件一定,溶质不会自动与溶剂分离开,为热力学稳定物系。

然而,自然界中和生产中更常遇到的分散物系,则是被分散的物质以比分子大得多的颗粒分散在介质中形成的分散物质。这种被分散的物质因每个粒子中包含有许多个分子、原子或离子,故与分散介质间有明显的界面,每个粒子自成一相,称为分散相。如水滴分散在空气中形成的云雾,油滴分散在水中形成的乳浊液(如牛奶),染料分散在油中所形成的油墨、油漆等。显然,这类物系为非均相物系或称为多相物系。通常说的分散物系就是指这种多相分散物质。在多相分散物质中,分散相的直径大于 1 000 nm 者称为粗分散物系。因分散相颗粒较大,故粗分散物系表现为不透明、浑浊,分散相不能透过滤纸,普通显微镜即可看到分散粒子。容易发生沉降而与分散介质分开等特征。

多相分散物系中,分散相粒子直径介于 1～1 000 nm 者,则为高度分散物系,也称为胶体物系。胶体化学的主要研究对象是胶体物质,也适当介绍粗分散物系。

胶体物系由于分散粒子很小,比表面积很大,比表面自由能很高。因此,物系处于热力学不稳定状态,小粒子能够自发地相互聚结成大粒子,大粒子易于沉降而与分散介质分离(称为聚沉);然而,也正是由于高的比表面自由能,在一定条件下,粒子也能自发地、选择性地吸附某种离子(稳定剂),而形成相对稳定的溶剂化的双电层,因而保护了相互碰撞的粒子而不发生聚结。由于胶体粒子比分子大得多,故溶胶粒子具有如扩散慢,不能透过半透膜,渗透压低等特点。又由于胶体粒子比粗分散物系小得多,故它又具有比粗分散物系动力稳定性强,散射光明显等特点。

多相性、高分散性、热力学不稳定性以及表面结构的复杂性是胶体物系的主要特征。

胶体分散物系也可按分散相与分散介质的聚集状态分类,并常以分散介质的聚集态命名,如分散介质为液态者就称为液溶胶,分散介质为固态者称为固溶胶,分散介质为气态者称为气溶胶。液溶胶简称溶胶,是胶体物系的典型代表,是本节讨论的重点。

原则上,任何难溶物质皆能制成溶胶,只要选择合适的分散介质并采取有效的办法使分散相颗粒限制在胶体的范围内。为了使溶胶稳定,制备过程中还需加入一些稳定剂,如表面活性剂。制备方法大致有两种:一种是分散法,使粒子较大的物质分散成胶体物质,通常利用机械能、电能等达到分散的目的,最常用的是胶体磨、气流粉碎,也可用超声波、电弧等。另一种是凝聚法,使原子或离子等自行结合成胶粒大小而制成溶胶的方法。凝聚法有化学凝聚法与物理凝聚法两类。

(2)胶体类型

第一类胶体是简单胶体,其分散相与分散介质相对比较简单,固体或液体分散在气体中称为"气溶胶",烟是固体在气体中形成气溶胶的最普通例子,液体在空气中的体系是雾,蛋黄酱是一个乳液,涂料和墨水是胶体溶胶或分散体,由固体粒子分散在液体中组成。

第二类胶体称为缔合胶体。它由许多分子(有时几百个或几千个)聚集或联合组成,在动力学和热力学的驱动力下缔合,产生的体系可能同时是分子溶液和真正的胶体体系。形成包含有特定物质的缔合胶体,通常取决于许多因素,如浓度、温度、溶剂组成和特殊的化学结构。许多生物体系,包括细胞膜形成,一定的消化过程和血液输送现象,都包含了多种形式的缔合胶体结构。

除了有不可溶或不可混合组分组成的胶体以外,还有亲液胶体,它们也可认为是溶液,但是其中溶质分子(即高分子)比溶剂分子大得多。

第四类胶体是网状胶体,它们有两种互相贯穿的网状物组成,很难准确说明哪一个是分散相,哪一个是连续相。网状胶体的典型例子是多孔玻璃(空气-玻璃)、乳色玻璃(固-固分散)和许多凝胶。

以上提到各种胶体类型的许多实例在表 2.6 中给出。

表 2.6　常见胶体类型

| 体　系 | 类　型 | 分散相 | 连续相 |
|---|---|---|---|
| 雾 | 液体气溶胶 | 液体 | 气体 |
| 烟 | 固体气溶胶 | 固体 | 气体 |
| 修面膏 | 泡沫 | 气体 | 液体 |
| 基苯乙烯泡沫 | 固体泡沫 | 气体 | 固体 |
| 牛奶 | 乳液 | 液体(脂肪) | 液体(水) |
| 黄油 | 乳液 | 液体(水) | 固体(脂肪) |
| 涂料 | 分散体 | 固体 | 液体 |
| 乳色玻璃 | 分散体 | 固体 | 固体 |
| 果子冻 | 凝胶 | 大分子 | 液体 |
| 液体肥皂或净洗剂 | 胶束溶液 | 净洗剂分子的胶束 | 液体 |

（3）胶体结构

1）胶体尺寸

在胶体定义中,将分散相粒子直径介于 $1 \sim 1\,000$ nm 的高度分散物系称为胶体,这主要是从胶体的稳定性方面考虑。考虑到胶体类型不同,相应的分散相粒子直径要有所区别。例如,第一类胶体的分散相粒子直径一般确定在 $1 \sim 100$ nm,第二、第三类胶体的分散相粒子直径可接近 $1\,000$ nm,甚至超过这个尺寸的体系,特别是大部分乳液、涂料和气溶胶,也可包括在胶体大类中,因为它们的特性不允许有其他真正意义的选择。其他的分散物系,如黏土可能被“定性”地作为胶体看待,而实际上,黏土的颗粒可以很大。

2）胶体的双电层结构

从表面现象可知,高度分散物质界面积很大,界面自由能很高。物系除了有自动缩小界面的能力外,还能有选择地吸附溶液中的某些物质,以降低界面张力,而使物系的界面自由能降至最低。

微小的胶体粒子吸附与它相接触的液体中的某些物质后,形成的结构表面带有电荷,带有电荷的原因可用双电层模型加以解释。

①平板双电层模型（又称“Hemholtz 模型”）

1879 年,Hemholtz 提出了平板双电层模型,如图 2.25 所示。固体带电,与它相接触的液体带相反符号电荷,双电层是在固、液两相的界面上形成的,正负离子分别平行地排列在固、液两相界面上,与平板电容器相似,两层间的距离约与离子的大小相等。如果固体是胶体物质分散相,则胶体粒子周围即形成了上述双电层。平板模型可以定性地解释胶体表面带电引起的一些电动现象。但进一步的研究发现有许多问题平板双电层模型无法解决。从根本上说,由于液体分子的热运动,电荷很难在界面处作如此整齐的排列,因此该模型是不完整的。

②GC 扩散双电层

在平板双电层中,只考虑了静电吸引,没考虑粒子质点的热运动因素,在此基础上,1910年 Gouy 及 1913 年 Chapman 提出了修正意见,考虑到质点由于热运动产生的分散性,把电场力和热运动综合考虑,提出了扩散双电层模型,如图 2.26 所示。

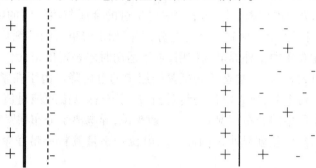

图 2.25　平板双电层模型　　　　图 2.26　GC 扩散双电层模型

GC 扩散双电层模型是建立在以下假设基础上的:

a. 离子不会规整的排列成双电层,由于热运动,离子要扩散,把离子看成点电荷。

b. 固相表面是平板,且表面上的电荷分布是均匀的。

c. 溶液中电荷分布符合 Poisson 方程。

d. 介电常数在整个双电层内不变。

很明显,GC 双电层模型把离子看成点电荷是不切实际的,质点本身的体积不容忽视,这是 GC 双电层模型的最大缺陷。

③斯特恩(Stern)双电层模型

1924 年,Stern 综合了平板双电层模型和 GC 双电层模型中的合理部分,并考虑溶液中离子占有一定的体积,提出了 Stern 双电层模型。Stern 双电层模型认为,固体表面离子带相反电荷的离子(或称异电离子),由于热运动,并不是全部整齐地排列在一个面上,而是随着界面的远近,有一定的浓度分布。若取溶胶中胶粒的一部分为例,其电荷分布情况就如图 2.27 所示。在靠近离子表面的一层,负离子有较大的浓度,随着与界面距离的增大,过剩的负离子浓度逐渐减少,直到距界面为 $d$ 处(虚线 $CD$ 位置),过剩的负离子浓度等于零,即正负离子的浓度达到相等。至于距离 $d$ 的大小,与溶液中离子浓度的不同、离子间引力的大小和热运动的强弱等有关。

应该指出,溶液中所有这些离子都是溶剂化的。例如,介质是水,就是水化的。因此,根据他们的观点(见图 2.27),双电层可分为两部分:一部分为紧靠固体表面的不流动层,称为紧密层,其中包含了被吸附的离子和部分过剩的异电离子(在这里是负离子),其厚度 $\delta$ 约有几个水分子的大小,即由固体表面至虚线 $AB$ 处;另一部分包括从 $AB$ 到距表面为 $d$ 处(虚线 $CD$ 处),称为扩散层,在这层中过剩的异电离子逐渐减少到零。这一层是可以流动的。由这两部分所形成的双电层,称为扩散双电层(简称双电层)。总之,扩散双电层的形成乃是在一定离子浓度下,异电离子受静电引力和热扩散两种倾向同时作用而达到平衡的结果。

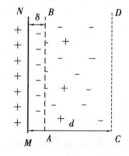

图 2.27　Stern 双电层模型

3)ζ 电位

双电层中与固体表面不同距离处的电位,如图 2.27 所示的曲线。在 $CD$ 液层中,过剩异

电离子浓度为零。固体表面 $MN$ 吸附一定量的离子,其电位相对于 $CD$ 处为 $\varphi$,或者说 $MN$ 与 $CD$ 间电位差为 $\varphi$,称为总电位差。同电化学中讨论过的金属与溶液间的电位差相似,也称热力学电位。固-液之间可发生相对移动处的电势,即固相带着束缚的溶剂化层和溶液之间。这个电势只有当胶粒在介质中受外界电场作用,发生运动时才表现出来,由于和电动现象密切相关,故称电动电势,以 $\zeta$ 表示。$\zeta$ 电势不包括紧密层中的电位降。由于在紧密层中有部分异电离子抵消固体表面所带电荷,故 $\zeta$ 电位的绝对值 $|\zeta|$ 小于总电位的绝对值 $|\varphi|$。$|\zeta|$ 电位的大小与异电离子在双电层中的分布情况有关。一般来说,异电离子分布在紧密层越多,则中和固相表面电荷就越多,$|\zeta|$ 电位就越小。因此,$|\zeta|$ 电位是衡量胶粒所带净余电荷多少的一个物理量。

$\zeta$ 电位最明显的特点就是电解质对 $\zeta$ 电位的显著影响。如果在溶胶中加入电解质离子浓度增大,电解质中与异电离子符号相同的离子会把异电离子挤入紧密层。这样,紧密层中异电离子就会增加,而扩散层内过剩的异电离子则会减少,于是扩散层变薄,$\zeta$ 电位降低。而少量外加电解质对热力学电势 $\varphi$ 并不产生明显的影响。

4)胶团结构

根据双电层理论,可设想憎液溶胶的胶团结构。把构成胶粒的分子和原子的聚集体,称为胶核。胶核一般具有晶体的结构。由于胶核有很大的比表面,故易在界面上有选择地吸附某种与胶核相同的组分而容易组成胶核晶格的那些离子。

被吸附的离子又能吸引溶液中过剩的异电离子,因而形成了扩散的双电层结构。如前所述,这些过剩的异电离子,一部分分布在紧密层内,而另一部分则分布在扩散层内,以水为介质时,由于离子都是水合的,故形成水合的扩散层。当胶核运动时,它带着紧接在其表面的紧密层上的异电离子一起运动。由胶核和紧密层组成的这样的粒子,称为胶体粒子。胶核和它周围的双电层所组成的整体,称为胶团(见图 2.28)。整个胶团是电中性的,但是当受到电场的影响时,胶体粒子向某一电极移动,而扩散层的异电离子向另一电极移动。因此,胶团在电场中的行为与电解质相似,胶体粒子也可看作胶团粒子。

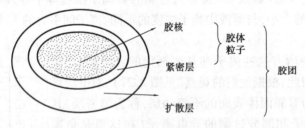

图 2.28　胶团结构示意图

以 AgI 溶胶为例,当 $AgNO_3$ 的稀溶液与 KI 的稀溶液作用时,假如其中有任何一种适当过量,就能制成稳定的 AgI 溶液。实验表明,胶核由 $m$ 个 AgI 分子所构成,当 $AgNO_3$ 过量时,它的表面就吸附 $Ag^+$,可制得带正电的 AgI 胶体粒子;而当 KI 过量时,它的表面就吸附 $I^{-1}$ 离子,得到带负电的 AgI 胶体粒子。这两种情况的胶团结构可分别表示为

胶体粒子

$$\underbrace{\{\underbrace{[\,\mathrm{AgI}\,]_m \cdot n\mathrm{Ag}^+}_{\text{胶核}}, (n-x)\mathrm{NO}_3^-\}^{x+} \quad x\mathrm{NO}_3^-}_{\text{胶团}}$$

胶体粒子

$$\underbrace{\{\underbrace{[\,\mathrm{AgI}\,]_m \cdot n\mathrm{Ag}^+}_{\text{胶核}}, (n-x)\mathrm{NO}_3^-\}^{x+} \quad x\mathrm{NO}_3^-}_{\text{胶团}}$$

$m$ 表示胶核中物质的分子数,一般是很大的数目,$n$ 表示胶核所吸附的离子数,$n$ 的数字要小得多;$(n-x)$ 是包含在紧密层中的过剩异电离子数。

第二个例子是硅酸的溶胶。这种溶胶粒子的电荷不是因吸附离子,而是由于胶核本身的表面层的电离而形成的。胶核表面的 $\mathrm{SiO_2}$ 分子与水分子作用先生成 $\mathrm{H_2SiO_2}$。它是弱酸,能按下列方式电离:

$$\mathrm{H_2SiO_3} \Leftrightarrow \mathrm{SiO_3^{2-}} + 2\mathrm{H^+}$$

形成的胶团结构可表示为

胶体粒子

$$\underbrace{\{\underbrace{[\,\mathrm{SiO_2}\,]_m \cdot n\mathrm{Si_3^{2-}}}_{\text{胶核}}, 2(n-x)\mathrm{H^+}\}^{2x-} \quad 2x\mathrm{H^+}}_{\text{胶团}}$$

在运动中,胶粒是独立运动单位。通常所说溶胶带正电或负电系是指胶粒而言,整个胶团总是电中性的。胶团没有固定的直径和质量,同一种溶胶的 $m$ 值也不是一个固定的数值。不同溶液的胶团可有各种不同的形状。在讨论溶胶特性时除注意其高度分散性外,还应注意到这种结构上的复杂性。由于胶粒比分散介质的分子大得多,而且由难溶物构成的胶核又保持其原有的结构(从 X 射线分析可证明大多数憎液溶胶的粒子的确具有晶体结构),因此,尽管表面看来,溶胶是均匀的溶液,而实际上粒子和介质之间存在着明显的物理分界面。它是一个超微不均匀的体系。

### 2.5.2　胶体的稳定与聚沉

溶胶是热力学的不稳定体系,粒子间有相互聚结而降低其表面能的趋势,即具有聚结不稳定性。但在一定条件下,溶胶常常是很稳定的,并不发生聚沉,这是因为溶胶具有下列稳定性:

(1)胶体的动力稳定性

胶粒因颗粒很小,布朗运动较强,能够克服重力影响不下沉,而保持均匀分散,这种性质称为溶胶的动力稳定性。影响溶胶的动力稳定性的主要因素是分散度。分散度越大,胶粒越小,则布朗运动越剧烈,扩散能力越强,动力稳定性就越大,胶粒越不易下沉。

(2)胶体带电的稳定作用

溶胶粒子间的斥力起源于胶粒表面的双电层结构。当粒子间距离较大,其双电层未重叠时,斥力不发生作用,而当粒子靠近以致双电层部分重叠时,则粒子间将产生静电斥力,随着重叠区增大,斥力也相应增加。如果胶粒间静电斥力大于两胶粒间的引力,则两个胶粒于相撞后又将分开,保持了溶胶的稳定性。胶粒具有一定 $\zeta$ 电位值是溶胶稳定的主要原因,带电多少还直接影响溶剂化层的厚薄。

(3)溶剂化的稳定作用

紧密层和扩散层中的离子是水化的,这样在胶粒周围形成了水化层(或称化外壳)。实验证明,水化层其有定向排列结构。当胶粒接近时,水化层被挤压变形,因有力图恢复定向排列结构的能力。使水化层具有弹性,成为胶粒接近时的机械阻力,防止了溶胶的聚沉。

$|\zeta|$ 电位的大小表明异电离子在紧密层和扩散层中的分配比例。$|\zeta|$ 电位大,说明异电离子在紧密层中少而在扩散层中多,这样胶粒带电多,溶剂化层厚,溶胶就比较稳定,因而 $|\zeta|$ 电位的大小也是衡量胶体稳定性的尺度。

因此,溶胶之所以能够稳定,是由于溶胶的动力稳定性对重力作用的反作用,胶粒带电产生的斥力以及溶剂化所引起的机械阻力所造成的。这 3 种因素中,尤以带电因素最为重要。从广义角度可把 3 种因素视作斥力因素,只有在胶粒之间的斥力因素占优势时,溶胶才能得到稳定,然而溶胶还存在着聚结而沉降的因素,当溶胶聚沉时,这时胶粒之间的斥力因素转而占优势。因此,溶胶的稳定和聚沉,其实质是斥力和引力的相互转化。在研究胶体的生成和破坏时,均应注意这一基本观点。

胶粒之间相互作用的能量与距离的关系如图 2.29 所示。纵坐标 $U$ 代表两个胶粒之间的位能,横坐标 $d$ 代表胶粒间的距离。从图中曲线可知,胶粒之间距离较大时,由于扩散层相互还未重叠,胶粒间的引力占微弱优势,此时曲线在横轴下面。当胶粒相互接近,进入扩散层的重叠区时,斥力开始占优势,随着重叠区扩大,位能也逐渐上升,阻止胶粒进一步接近。与此同时,胶粒间引力由于距离缩小也相应增加,当超过位能峰 $U_0$ 后,位能开始下降,引力占绝对优势。因此,胶粒要聚结下沉必须通过位能峰 $U_0$,使引力占绝对优势。胶粒之间的斥力和需要达到的位能峰是溶胶能在一定时间内暂时稳定的原因。

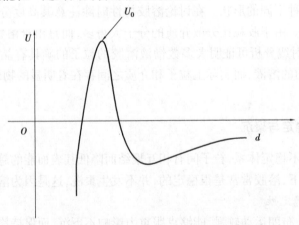

图 2.29　粒子间作用能与其距离的关系曲线

溶胶的稳定性决定于斥力与引力相互作用的结果,当引力效应足以抵消斥力效应时,则溶胶就表现出不稳定状态,在这种情况下,碰撞将导致粒子的结合,使体系的分散程度降低,最后所有分散相变为沉淀析出,即发生聚沉。

影响溶胶稳定性的因素是多方面的,例如电解质的作用,胶体体系的相互作用,溶胶的浓度、温度等。其中溶胶浓度和温度的增加均将使粒子的互碰更为频繁,因而降低稳定性。影响因素中,以外加电解质与溶胶的相互作用更为重要。

实验得知,不断向胶体溶液中加入电解质,胶粒的电位 $\zeta$ 不断下降,当 $\zeta$ 电位小于某一数值时,溶胶开始聚沉。$\zeta$ 电位越小,聚沉的速度越快。$\zeta$ 电位等于零,即等电态时,聚沉速度达到最大。在电解质作用下,溶胶开始聚沉时的 $\zeta$ 电位称为临界电位,多数溶胶的临界电位为 $\pm 25 \sim 30 \ mV$。

电解质达到某一浓度时,都能使溶胶聚沉。引起溶胶明显聚沉所需电解质的最小浓度,称为该电解质的聚沉值。而聚沉值的倒数定义为聚沉能力。电解质的聚沉能力一般有以下规律:

①聚沉能力主要决定于与溶胶带相反电荷的离子价数,聚沉能力与异电离子价数的 6 次方成正比。

②价数相同的离子聚沉能力也有所不同。例如,不同的一价阳离子形成的碱金属硝酸盐对负电性溶胶的聚沉能力可排成顺序为

$$Cs^+ > Rb^+ > K^+ > Na^+ > Li^+$$

同一种阳离子的各种盐,其阴离子对正电性溶胶的聚沉能力顺序为

$$Cl^- > Br^- > NO_3^- > I^-$$

③有机化合物的离子都具有很强的聚沉能力,这可能是与其具有很强的吸附能力有关。

### 2.5.3　胶体的性质

**(1)动力性质**

动力性质主要指溶胶中粒子的不规则运动以及由此而产生的扩散、渗透压以及在重力场下浓度随高度的分布平衡等性质。根据分子运动的观点不难理解,溶胶与稀溶液有某些形式上相似之处。因此,可用处理稀溶液中类似问题的方法来讨论溶胶的动力性质。

布朗(Brown)运动,溶胶中的粒子无一不在进行十分活跃的不规则运动,即布朗运动。布朗运动是由于介质分子热运动不断地碰撞着胶体粒子所引起的现象。悬浮在液体中的质点之所以能不断地运动,是因为周围介质分子处于热运动状态,而不断地撞击这些质点的缘故。在悬浮体中,比较大的质点每秒钟可从各个方面受到几百万次的撞击,结果这些碰撞都相互抵消,这样就看不到布朗运动。如果质点小到胶体程度,那么,所受到的撞击次数比大质点所受到的要小得多。因此,从各方面撞击而彼此完全抵消的可能性很小。由于这些原因,各个质点就发生了不断改变方向的无秩序的运动。既然溶胶和稀溶液一样也具有热运动,故也应具有扩散作用和渗透压。但是,由于溶胶的粒子远比低分子大,并且不稳定,不能制成较高浓度,其扩散作用和渗透压表现得不够显著。质点越小,则布朗运动越激烈。其运动的激烈程度不随时间改变,但随浓度的升高而增加。

粗分散体系(如泥沙的悬浮液)中的粒子由于重力的作用最终要逐渐地全部沉降下来。高度分散体系情况则不同。一方面粒子受到重力而下降,另一方面由于

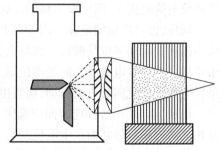

图 2.30　丁达尔效应

布朗运动又有促使浓度达到均匀的趋势。当这两种效应相反的力相等时,粒子的分布达到平衡,形成了一定的浓度梯度。这种状态称为沉降平衡。胶体分散体系由于分散相的粒子很小,因此,在重力场中沉降的速度极为缓慢,以致实际上无法测定其沉降速度。

(2)光学性质

若令一束会聚的光通过溶胶,则从侧面(即与光束垂直的方向)可看到一个发光的圆锥体,称为丁达尔(Tyndall)效应(见图2.30)。

我们知道,当光线射入分散体系时可能发生两种情况:

①若分散相的粒子大于入射光的波长,则发生光的反射或折射现象,粗分散体属于这种情况。

②若是分散相的粒子小于入射光的波长,则发生光的散射。此时,光波浇过粒子而向各个方向散射出去(波长不发生变化),散射出来的光称为乳光或散射光。溶胶中粒子通常不超过,小于可见光的波长,故发生光散射作用而出现丁达尔效应。

(3)电动(动电)现象

1)电泳

在外电场影响下,胶体离子在分散介质中定向移动的现象,称为电泳。胶体溶液的电泳现象,正说明胶体粒子带电的。

2)电渗

外加电场下,可观察到分散介质会通过多孔膜或极细的毛细管($10^{-8} \sim 10^{-9}$m)而移动,即固相不动而液相移动的现象,这种现象称为电渗。

3)流动电势

在加压的情况下使液体流经多孔膜时,在膜的两边会产生电位差,称为流动电势。它是电渗作用的反面现象。

4)沉降电势

若使分散相粒子在分散介质中迅速下降,则在液体的表面层与底层之间会产生电位差,称为沉降电势。它是电泳作用的反面现象。

在4类电动(动电)现象中,电泳是最有实用价值的。它已被广泛应用于材料科学、生物科学和医药科学中。

电动现象可利用双电层和ζ电势的概念加以说明。以电渗作用为例,研究电渗作用时所用的多孔膜实际上是许多半径极细的毛细管的集合。对于其中每一根毛细管而言,固液界面上都有双电层结构。在外加电场下固体及其表面溶剂化层不动,而扩散层中其余与固体表面带相反电荷的离子,则可发生移动。这些离子都是溶剂化的,故可观察到分散介质的移动。

同样,也可以说明电泳作用。以上所讨论的双电层结构在胶体粒子表面上也完全适用,溶胶中的独立运动单位是胶粒。实际上,它就是固相连同其溶剂化层所构所的胶粒与其余的处于扩散层中的异电离子之间的电位降,即为电势。因此,在外加电场之下胶粒与扩散层中的其余异电离子彼此向反方向移动,而发生电泳作用。

电泳、电渗(由外加电位而引起固、液相之间的相对移动)以及流动电势、沉降电势(由固液相之间的相对移动而产生电位差),其电学性质都与固相和液相的相对移动有关,故统称电动现象。其中,电泳和电渗最为重要。通过电动现象的研究,可进一步了解胶体粒子的结构以及外加电解质对溶胶稳定性的影响。

电动(动电)现象常被用于污水处理、黏土脱水、油漆涂层、海水淡化工程中。

## 2.6　表面活性剂

### 2.6.1　表面活性剂概念

纯液体只有一种分子,在固定温度和压力下,其表面张力是一定的。对于溶液就不同了,其表面张力会随着浓度而改变,这种变化大致有3种情形,如图2.20所示。

①随浓度的增大,表面张力上升,且往往大致接近于直线(见图2.20中的曲线Ⅰ),NaCl、$Na_2SO_4$等无机盐多属此种情形。

②随浓度的增大,表面张力下降(见图2.20中的曲线Ⅱ),有机酸、醇、醛多属这种情形。

③随浓度的增大,表面张力开始集聚降低,但到一定程度后,便不再降低或降低很少(见图2.20中的曲线Ⅲ),$C_8$以上的有机酸、有机胺盐、磺酸盐、苯磺酸盐等都属于这种情况。

若是一种物质(A)能降低另一种物质(B)的表面张力,就说明物质A对物质B有表面活性,图2.20中的曲线Ⅱ物质和曲线Ⅲ物质具有表面活性。而以很低的浓度就能降低溶剂的表面张力的物质,称为表面活性剂。图2.20中,曲线Ⅲ物质就是表面活性剂,而曲线Ⅱ物质就不是表面活性剂。

上述表面活性剂的定义是从降低表面张力的角度考虑的,这个定义是1930年由弗雷德里希(Freundlich)提出的。随着表面活性剂科学技术的发展,上述定义已经出现一定的局限性。因为还有一类物质,虽然其降低表面张力的能力较弱,但它们很容易进入界面(如油-水界面),在用量很小时,可显著改变界面的物理化学性质,这类物质也称表面活性剂,如一些水溶性高分子物质。

### 2.6.2　表面活性剂结构特点与基本功能

(1)结构特点

表面活性剂何以能有效降低表面张力呢? 分析表面活性剂的结构发现,它们的分子结构有一个共同特点,其分子结构由两部分组成:一部分是亲溶剂的,另一部分是憎(疏)溶剂的。由于水是最主要的溶剂,通常表面活性剂都是在水溶液中使用,故常把表面活性剂的这两部分分别称为亲水基(极性部分)和憎(疏)水基(非极性部分),如图2.31所示。憎水基也称亲油基。

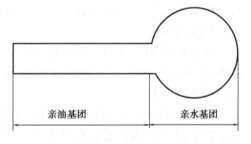

亲油基团　　　亲水基团

图2.31　表面活性剂结构示意图

例如,日常用的肥皂,其分子式为$C_{17}H_{35}COONa$,这是最早使用的表面活性剂。其中是非极性的,—$C_{17}H_{35}$是肥皂的亲油基;而—$COONa$是极性的亲水基。因此,它既亲油又亲水。有油污的织物涂上肥皂后,肥皂的亲油基与油污结合,其亲水基与水结合,故经洗涤后,油污被拉到水中,使织物清洁。

表面活性剂的这种特殊结构称为两亲性结构(亲水基亲水,憎水基亲油)。因此,表面活性剂是两亲化合物。

表面活性剂的亲油基一般是由长链烃基构成,结构上差别较小,以碳氢基团为主,要有足够大。一般 8 个碳原子以上。亲水基(极性基,头基)部分的基团种类繁多,差别较大。一般为带电的离子基团和不带电的极性基团。

(2)基本功能

表面活性剂最基本的功能有以下两个:

①在表(界)面上吸附,形成吸附膜(一般是单分子膜)。

②在溶液内部自聚,形成多种类型的分子有序组合体。

从这两个功能出发,衍生出表面活性剂的其他多种应用功能。

表面活性剂具有亲水、亲油的性质,表面活性剂在表(界)面上吸附的结果是降低了表(界)面张力,改变了体系的表(界)面化学性质,从而使表面活性剂具有起泡、消泡、乳化、破乳、分散、絮凝、润湿、铺展、渗透、润滑、抗静电及杀菌等功能。国际上,表面活性剂有"工业味精"之称。其特点是用量很少,作用非常显著,在化工、建材、食品工业中有极广泛的应用。

### 2.6.3 表面活性剂的分类

表面活性剂兼具亲水基和亲油基的这种特殊结构,使其具有独特的性能。而它的性质则又依据亲水基、亲油基的不同而有很大差异。因此,可按亲水基或亲油基的类型不同,将表面活性剂进行分类。但通常的习惯是按亲水基的类型进行分类。

(1)按亲水基分类

表面活性剂性质的差异除与烃基大小、形状有关外,主要与亲水基的不同有关。因此,表面活性剂的分类一般是以其亲水基团的结构为依据,即按表面活性剂溶于水时的离子类型来分类。

表面活性剂溶于水时,凡能离解成离子的称为离子型表面活性剂,凡不能离解成离子的称为非离子型表面活性剂。而离子型表面活性剂,按其在水中生成的表面活性剂离子种类,又可分为阴离子型表面活性剂、阳离子型表面活性剂和两性离子型表面活性剂。此外,还有近来发展较快的,既有离子型亲水基又有非离子型亲水基的混合型表面活性剂。因此,表面活性剂共有 5 大类。每大类按其亲水基结构的差别又分为若干小类。

1)阴离子型

极性基带负电,主要有羧酸盐($RCOO^-M^+$)、磺酸盐($RSO_3^-M^+$)、硫酸盐($ROSO_3^-M^+$)、磷酸盐($ROPO_5^-M^+$)等。其中,R 为烷基,M 主要为碱金属和铵(胺)离子。

2)阳离子型

极性基带正电,主要有季铵盐($RN^+R_3^-A^-$)、烷基吡啶盐($RC_5H_5N^+A^-$)、铵盐($R_nNH_m^+A^-$)等。其中,A 主要为卤素或酸根离子。

3)两性型

分子带有两个亲水基团:一个带正电,另一个带负电。其中,正电性基团主要是氨基和季铵基,负电性基团则主要是羧基和磺酸基。例如,甜菜碱 $RN^+(CH_3)_2CH_2COO^-$ 等。

4)非离子型

极性基不带电,主要有聚氧乙烯类化合物$[(RO(C_2H_4O)_nH)]$、多元醇类化合物(如蔗糖、山梨糖醇、甘油、乙二醇等的衍生物)、亚砜类化合物($RSOR'$)、氧化胺($RNO$)等。

5)混合型

此类表面活性剂分子中带有两种亲水基团:一个带电,另一个不带电。例如,醇醚硫酸盐

R（$C_2H_4O$）$_n$$SO_4Na$。

（2）按憎水基分类

按憎水基来分类，主要有以下 4 类：

1）碳氢表面活性剂

憎水基为碳氢基团。

2）氟表面活性剂

憎水基为全氟化或部分氟化的碳氟链（代替通常的憎水基团碳氢链）。

3）硅表面活性剂

憎水基为硅烷基链或硅氧烷基链，由 Si-O-Si、Si-C-Si 或 Si-Si 为主干，一般是二甲硅烷的聚合物。

4）聚氧丙烯

由环氧丙烷低聚得到，主要用来与环氧乙烷一起制备聚合型表面活性剂。

（3）其他分类方法

①从表面活性剂的应用功能出发，可将表面活性剂分为乳化剂、洗涤剂、起泡剂、润湿剂、分散剂、铺展剂、渗透剂及加溶剂等。

②按照表面活性剂的溶解特性，可分为水溶性表面活性剂和油溶性表面活性剂。

③按照相对分子质量的大小，可分为低分子表面活性剂（一般表面活性剂）和高分子表面活性剂。

④还有普通表面活性剂与特种表面活性剂，以及合成表面活性剂、天然表面活性剂、生物表面活性剂等不同分类。

表面活性剂的分类如图 2.32 所示。

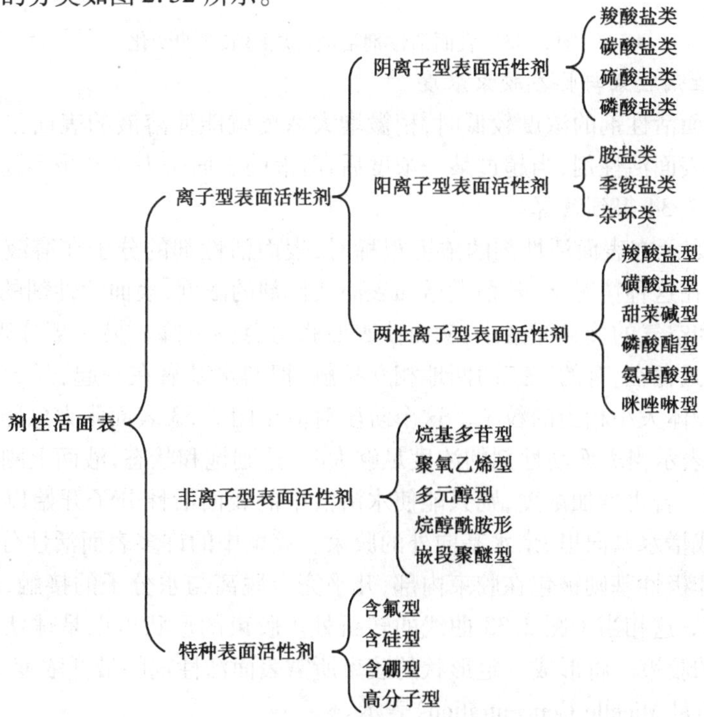

图 2.32　表面活性剂的分类示意图

### 2.6.4　表面活性剂在溶液中的行为

(1)表面活性剂溶液的性质

表面活性剂水溶液的表面张力随浓度的变化而降低,当浓度增加到一定值时,表面张力几乎不再随浓度的增加而降低。也就是说,表面活性剂溶液的表面张力与浓度关系间有一个突变点。

不仅表面张力,加入表面活性剂后的溶液的其他性质随浓度的增加也会出现突变点,如渗透压、电导率、洗涤作用等都有类似特征(见图2.33),各种性质都在一个相当窄的浓度范围内发生突变。

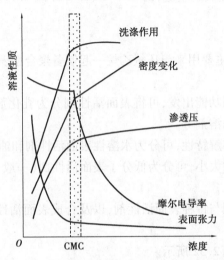

图2.33　表面活性剂溶液性质随浓度的变化

(2)表面活性剂胶束与临界胶束浓度

为什么在表面活性剂的浓度较低时,稍微增大浓度就能使溶液的表面张力急剧降低? 为什么对于一定的表面活性剂,当超过某一浓度后,溶液的表面张力又几乎不随浓度而变化? 这些问题可通过图2.34得到解释。

图2.34(a)表示在表面活性剂的浓度很稀时,表面活性剂的分子在溶液表面的和溶液内部的分布情况。在这种情况下,若稍微增加表面活性剂的浓度,表面活性剂的一部分很快地聚集在水面,使水和空气的接触面减小,从而使表面张力急剧下降。另一部分则分散在水中,有的以单分子的形式存在,有的三三两两地相互接触,把憎水基靠在一起,开始形成最简单的胶束,它是一种和胶体大小相当的粒子。这个阶段对应于图2.33表面张力急剧下降部分。

图2.34(b)表示当表面活性剂的浓度足够大时,达到饱和状态,液面上刚刚排满一层定向排列的单分子膜。若再增加浓度,则只能使水溶液中的表面活性分子开始以几十或几百个聚集在一起,排列成憎水基向里、亲水基向外的胶束。胶束中的许多表面活性分子的极性基与水分子相接触;而非极性基则被包在胶束内部,几乎完全脱离与水分子的接触,故胶束可在水中比较稳定的存在。这相当于图2.33曲线的转折处。胶束的形状可以是球状、棒状或层状的。图2.34为球状的胶束。将形成一定形状的胶束所需表面活性剂的最低浓度,称为临界胶束浓度,以 CMC(Critical Micelle Concentration)表示。

图 2.34(c)是超过临界胶束浓度的情况。这时,液面上早已形成紧密、定向排列的单分子膜,达到饱和状态。若再增加表面活性剂的浓度,当然只能增加胶束的个数(也有可能使每个胶束所包含的分子数增多)。由于胶束是亲水性的。它不具有表面活性,不能使表面张力进一步降低,这个阶段对应于图 2.32 各曲线上的平缓部分。

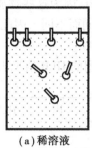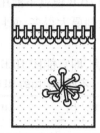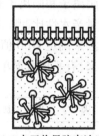

(a)稀溶液　　　　　　　(b)临界胶束浓度(CMC)　　　　(c)大于临界胶束浓度

图 2.34　表面活性剂浓度变化与表面活性剂活动情况的关系示意图

表面活性剂胶束溶液是热力学稳定体系,处于胶束中的表面活性剂分子与溶液中的分子形成动态平衡。胶束内核为憎水性,具有溶解油的能力。

临界胶束浓度的存在已被 X-射线衍射图谱所证实。临界胶束浓度和在液面上开始形成饱和吸附层所对应的浓度是一致的。要充分发挥表面活性质的作用(如去污作用、加溶作用、润湿作用等),必须使表面活性剂的浓度稍大于 CMC。

(3)表面活性剂的亲水性

表面活性剂的种类繁多,应用广泛。对于一个给定体系,如何选择最合适的表面活性剂以达到预期的效果,目前还缺乏理论指导。每一个表面活性剂都包含有亲水基和憎水基两部分。亲水基的亲水性是代表表面活性剂溶于水的能力;憎水基的憎水性却与此相反,它代表溶油能力。表面活性剂这两个性能完全对立的基因,共存于统一体中,它们之间互相作用、互相联系,又相互制约。因此,亲水基的亲水性和憎水基的憎水性两者之比,如果能用数字来表达,就可近似用来估计表面活性剂的亲水性,即

$$\text{表面活性剂亲水性} = \frac{\text{亲水基的亲水性}}{\text{憎水基的憎水性}} \tag{2.64}$$

可问题在于,用什么尺度来衡量亲水性和憎水性? 能否用摩尔质量的大小作为尺度? 对于憎水基的憎水性,确实与憎水基的分子量有关,当亲水基团相同时,憎水基团碳氢链越长(摩尔质量越大),则憎水性越强。因此,憎水性可用憎水基的摩尔质量来表示。

对于亲水基,其亲水性则与表面活性剂类型和亲水基官能团有关。只有非离子型表面活性剂的亲水性可用亲水基的分子量来表示。如聚乙二醇型,分子量越大,亲水基越多,则亲水性也越大。

基于以上观点,格里芬(Griffin)提出了用亲水亲油平衡值(Hydrophile-Lipophile Balance Number,简称 HLB 值)来表示表面活性剂的亲水性。例如,对于聚乙二醇和多元醇型非离子表面活性剂的 HLB 值,计算公式为

$$\text{HLB} = \frac{\text{亲水基部分的摩尔质量}}{\text{表面活性剂的摩尔质量}} \times \frac{100}{5} \tag{2.65}$$

例如,石蜡完全没有亲水基,故 HLB＝0;而完全是亲水基的聚乙二醇,HLB＝20,故非离子型表面活性剂的 HLB 为 0~20。

又如,1 mol 壬烷基酚加成 9 mol 环氧乙烷(摩尔质量为 44)的非离子表面活性剂,其 HLB 为

$$HLB = \frac{44 \times 9}{220 + 44 \times 9} \times \frac{100}{5} = 12.9 \tag{2.66}$$

至于阴离子和阳离子表面活性剂的 HLB 值就不能用上述方法计算,因为这些物质亲水基的单位质量亲水性比起非离子表面活性剂要大得多,而且随着种类不同而不同。因此,必须借助其他方法来确定 HLB 值。

近年来,有一种既简单又方便的方法,即官能团 HLB 法。各官能团的 HLB 值见表 2.7。

表 2.7　不同官能团的 HLB 值

| 基　因 | HLB 基团数 | 基　因 | HLB 基团数 | 基　因 | HLB 基团数 |
|---|---|---|---|---|---|
| —SO$_4$Na | 38.7 | 酯(自由) | 2.4 | — CH — | −0.475 |
| —COOK | 21.11 | —COOH | 2.1 | —CH$_2$— | −0.475 |
| —COONa | 9.1 | —OH(自由) | 1.9 | —CH$_3$ | −0.475 |
| —SO$_3$Na | 11 | —O— | 1.3 | =CH — | −0.475 |
| — N —(叔胺) | 9.4 | $\left(C_2H_4O\right)$ | 0.33 | —CF$_2$— | −0.870 |
| 酯(失水山梨醇环) | 6.8 | —OH(失水山梨醇环) | 0.5 | —CF$_3$ | −0.870 |
|  |  | $\left(C_3H_6O\right)$ | 0.15 |  |  |

要计算某一表面活性剂的 HLB 值,只需把此化合物中各官能团的 HLB 值代数和再加上 7。例如,求十六烷醇($C_{16}H_{33}OH$)的 HLB 值,即

$$HLB = 7 + 1.9 + 16 \times (-0.475) = 1.3 \tag{2.67}$$

HLB 值的大小表示表面活性剂的亲水性。HLB 越大,表示该表面活性剂的亲水性越强。根据 HLB 值的大小,就可知道它适合的用途。表 2.8 给出了其对应关系。

表 2.8　不同 HLB 值的表面活性剂应用范围

| HLB 值 | 应　用 | HLB 值 | 应　用 |
|---|---|---|---|
| 1~3 | 洗涤剂 | 8~13 | 润湿剂 |
| 3~6 | 消泡剂 | 13~15 | O/W 型乳状液 |
| 7~9 | W/O 型乳状液 | 15~18 | 加溶剂 |

HLB 值把表面活性剂的化学结构与性质之间的关系简单处理,方法显得较为粗糙,不过对表面活性剂选择有一定的参考价值。

### 2.6.5　表面活性剂的作用

表面活性剂具有润湿、乳化、分散、增溶、发泡、洗涤及润滑等多种作用。所有这些作用的机理,都是由于表面活性剂同时具有亲水和憎水两种基团,能在界面上选择性定向排列,促使两个不同极性和互相不亲和的表面间的桥联和键合,并降低其界面张力的结果。

（1）润湿作用

固液之间的润湿程度由接触角表示，由式 $\cos\theta = \dfrac{\gamma_{sg} - \gamma_{sl}}{\gamma_{lg}}$ 可知，接触角的大小决定于 3 个表面张力。$\gamma_{sg}$ 由固体种类决定，是一常数。若液相中溶有表面活性剂时，$\gamma_{sl}$ 和 $\gamma_{lg}$ 都变小，即等式右边的数值要变大，为了保持等式平衡，$\theta$ 必然变小。这就是说，表面活性剂降低界面张力，使接触角变小，即增加了润湿作用。

（2）起泡与稳泡作用

泡沫是气体分散在液相中的分散体系。"泡"就是由液体薄膜包围着的气体，泡沫则是很多气泡的聚集。通常，纯液体不能形成稳定的泡沫，要得到泡沫必须加入起泡剂，它一般是表面活性剂。当泡沫形成时，表面活性剂（起泡剂）吸附在泡沫周围液壁表面，不但降低了气-液界面的张力，并且形成一层薄膜，此膜具有一定机械强度，有一定弹性，故是泡沫稳定的重要因素。如加气混凝土制品生产中，常加入表面活性剂以稳定泡沫。

还有各式各样的固体泡沫，即气泡分散于固体当中使之成为疏松，轻质的多孔性材料。如泡沫塑料、泡沫水泥等。

泡沫的实际应用很广，如泡沫选矿、泡沫灭火和去污作用等都需要起泡。而有时却又需要消泡，如精制食糖、精馏操作、电镀、涂料生产等。消泡的方法很多，但主要的作用是使起泡剂失去作用。常用消泡剂如磷酸三丁酯等。

（3）加溶作用

非极性的碳氢化合物如苯不能溶解于水，却能溶解于浓的肥皂溶液，或者说溶解于浓度大于 CMC 且已经大量生成胶束时的离子型表面活性剂溶液，这种现象称为加溶作用。例如，苯在水中溶解度很小，但是，在 100 mL 的油酸钠溶液中就可以溶解 10 mL 苯。加溶作用实际上是碳氢化合物溶于胶束内憎水基团集中的地方。对于球形胶束，用 X 光分析可以证明，在十二烷基磺酸钠溶液中，加入己烷后，球形胶束体积增大。

加溶作用发挥的前提是表面活性剂浓度大于临界胶束浓度（见图 2.35），且溶液中生成的胶束数目越多，加溶作用越强。

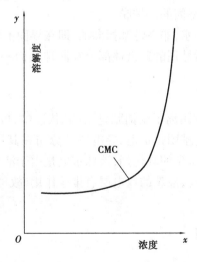

图 2.35　表面活性剂的加溶作用与浓度的关系

加溶作用有下列 4 个特点：

1）加溶作用可使被溶物的化学势大大降低,使整个体系更加稳定

而在乳状液或溶胶中,随着分散相增多,体系的表面自由能增加,因而体系是不稳定的。

2）加溶作用与真正的溶解作用也不相同

真正溶解过程会使溶剂的依数性(如熔点降低、渗透压等)有很大的改变,但碳氢化合物加溶后,对溶剂依数性影响很小,这说明加溶过程中溶质并未拆开成分子或离子,而是"整团"溶解于离子型表面活性剂。

3）加溶作用是一个可逆的平衡过程

加溶时,一种物质在表面活性剂溶液中的饱和溶液可从两方面得到,从过饱和溶液或从物质的逐渐溶解而达到饱和,实验证明所得结果完全相同。这说明加溶作用是可逆的平衡过程。

加溶作用的应用极为广泛。例如,去除油脂污垢的洗涤作用(去除油污的洗涤作用较复杂),以及与肥皂或洗涤剂的润湿作用、加溶作用和乳化作用等都有关,而加溶作用是去污作用中很重要的一部分。

4）乳化作用

由两种(或两种以上)不互溶的液体所形成的分散物系,称为乳状液。乳状液的分散度比典型的溶胶低得多,分散相粒子大小常为 1 000 ~ 5 000 nm,普通显微镜即可看到。

剧烈振荡两种不互溶的液体,得不到稳定的乳状液,因为液体分散使体系的界面自由能增加,是热力学不稳定状态,必须自发地趋于自由能的降低,即小液滴相碰发生聚结成为大液滴,最后分层。因此,要使乳状液易于生成并变得稳定,必须有乳化剂(也是表面活性剂)存在,它能显著降低表面张力,形成保护膜。乳化剂使乳状液稳定的作用,称为乳化。

乳状液的稳定与乳化剂密切相关。根据乳化剂的作用,乳状液的形成和稳定原因可归纳为以下 3 个方面：

①降低界面张力

乳状液是多相粗分散物系,界面能很高,也是热力学不稳定物系。加入乳化剂(一般为表面活性剂)能降低界面张力,促使乳状液稳定。

②在分散相液滴周围形成坚固的保护膜

表面活性分子,极性基指向水,非极性基指向油,即在界面上作定向的排列,这样不仅降低了界面张力,而且也由于表面活性剂的非极性部分在液珠表面构成比较牢固的薄膜而具有一定的机械强度,因此保护了乳状液。

③形成扩散双电层

对于离子型表面活性剂(如阴离子型钠肥皂)在乳状液中,可设想伸入水相的基团端头有一部分电离,如组成液珠界面的基团是负电,导电离子分布在其周围,形成双电层。对于非离子型的表面活性剂或其他非离子型的乳化剂,液珠带电是由于液珠与介质摩擦而产生的,犹如玻璃棒与毛皮摩擦而产生电一样,液珠的双电层有排斥作用,故可防止乳状液由于相互碰撞凝结而遭到破坏。

### 2.6.6 表面活性剂的应用

（1）浮选

利用所谓浮选可使各种固体颗粒彼此分离,是表面化学,也是表面活性剂的一种很重要的

应用。此法可大规模且经济地处理粉碎了的矿石,实现有用的矿石与无用杂质的分离,对采矿工业有巨大的意义。

当磨细的矿石与水混合时,由于矿物表面是极性的,故易被水润湿而沉于容器底部。浮选法的基本原理为:将低品位的粗矿磨细,浸入水池中加入一些表面活性剂——在这里称为捕集剂和起泡剂,捕集剂选择吸附在有用矿石粒子的表面上,使其变为憎水性(即 $\theta$ 增大)。表面活性剂的极性基吸附在亲水性矿物表面上,即极性基团朝向矿物表面,而非极性基朝向水中,于是矿物就具有憎水性的表面了,不断加入捕集剂,固体表面的憎水性随之增强,最后达到饱和,在固体表面形成很强的憎水性薄膜。再从水池底部通入气泡,则有用矿石料由于其表面的憎水性就附着在气泡上,上升到液面,然后再收集并灭泡和浓缩。不含矿的泥沙、岩石等则留在水底而被除去。

捕集剂的作用是改变矿石表面的性质,使之由亲水性变为憎水性。常常加入活化剂,以增加捕集剂的选择作用,加入抑制剂,以选择性地降低捕集剂的作用。通过活化剂与抑制剂的作用,使捕集剂选择性地只与有用矿物作用,抑制或削弱其与无用杂质的作用,以有效地实现矿石的浮选分离。

(2)助磨

研磨是机械力抵抗物料表面张力做功,而使物料分散不断提高的过程。在研磨中,若加入表面活性剂(称为助磨剂),可增加粉碎程度,提高研磨效率。

当物料磨细到粒度在几十纳米以下时,比表面急剧增大,物系具有大的表面自由能,使进一步粉磨的能耗大大提高。在一定的温度和压力下,表面自由能有自动减少的趋势,在没有表面活性剂存在的情况下,只能靠表面积自动地变小,即颗粒度变大,以降低物系的表面自由能。因此,若想提高粉碎效率,得到更细的颗粒,必须加入适量的表面活性剂(助磨剂)。

在固体的粉碎过程中,若有表面活性剂存在,它能很快地定向排列在固体颗粒的表面上,使固体颗粒的表面(或界面)张力有明显的降低。可以想象,表面活性剂在颗粒表面上覆盖率越大,表面张力降低得越多,则物系的表面自由能越小。而表面活性剂不仅可自动地吸附在颗粒的表面上,而且还可自动地渗入微细裂缝中去并能向深处扩展,如同在裂缝中打入一个"楔子",起着一种劈裂作用,在外力的作用下加大裂缝或分裂成更小的颗粒。多余的表面活性剂的分子很快地吸附在这些新产生的表面上,以防止新裂缝的愈合或颗粒相互间的黏聚。

另外,由于表面活性剂定向排列在颗粒的表面上,而非极性的碳氢基朝外,使颗粒不易接触、表面光滑、易于滚动等。这些因素都有利于粉碎效率的提高。

(3)乳状液

乳状液在日常生活中广泛存在,牛奶就是一种常见的乳状液。乳状液是指一种液体分散在另一种与它不相混溶的液体中形成的多相分散体系。乳状液属于粗分散体系,由于体系多呈现乳白色而被称为乳状液。乳状液中以液珠形式存在的相称为分散相(或称内相、不连续相)。另一相是连续的,称为分散介质(或称外相、连续相)。通常,乳状液有一相是水或水溶液,称为水相;另一相是与水不相混溶的有机相,称为油相。

乳状液分为以下 3 类:

①水包油型。以 O/W 表示,内相为油,外相为水,如牛奶等。

②油包水型。以 W/O 表示,内相为水,外相为油,如原油等。

③多重乳状液。以 W/O/W 或 O/W/O 表示。

W/O/W 型是含有分散水珠的油相悬浮于水相中;O/W/O 型是含有分散油珠的水相于油相中,如图 2.36 所示。

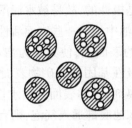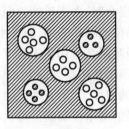

(a) W/O/W 型　　　　(b) O/W/O 型

图 2.36　多重乳状液

能使乳状液稳定存在的乳化剂多为表面活性剂,乳化剂的亲水性(此时可用 HLB 值计算)、温度及加入后的表面张力、界面电荷等都对乳状液的稳定性有重要影响。

某些固体粉末也可作为乳化剂,这与水和油对固体粉末能否润湿有关。更易为水润湿的黏土、白垩等可形成 O/W 型乳化液,而易被油所润湿的如烟煤、石墨等则制成 W/O 型乳状液。

有时,需要破坏乳状液,如处理石油原油和废水净化等。破坏乳状液主要是破坏乳化剂的保护作用,最终使水、油两相分层析出。常用的有以下 3 种方法:

①用不能生成牢固的保护膜的表面活性剂来替代原来的乳化剂。例如,异戊醇的表面活性大,但其碳氢链太短,不足以形成牢固的保护膜,就能起这种作用。

②用试剂破坏乳化剂。例如,用皂类作乳化剂时,若加入无机酸,则皂类变成脂肪酸而析出。又如加酸破坏橡胶树脂将得到橡胶。

③如前所述,加入适当数量起相反效应的乳化剂,也可起破坏作用。此外,还有其他方法,如升高温度、电沉法、超声及过滤等物理方法降低乳状液的稳定性。

乳状液的应用范围非常广泛,如乳液涂料、沥青乳状液、农用喷雾、各种降垢剂和皂制品、大多数化妆品和洗涤剂以及各种食品乳状液等。下面以乳液聚合为例进一步说明乳状液的应用。

乳液聚合是一种特殊的高分子聚合方法,就是把单体分散在乳化剂中形成乳状液而进行聚合的。如丁苯橡胶、丁腈橡胶、氯丁橡胶以及乳液涂料等都是通过乳液法进行的自由基型聚合反应,就是把单体分散在乳化剂(多数是表面活性剂)中形成乳状液而进行聚合的乳化剂(如油酸钠、松香皂等),其分子都是一端为亲水基团(如极性基团—COONa),一端为憎水基团(非极性烃基如 $C_{17}H_{33}$ 等),与单体亲和力强,因此乳化剂溶于水中后能包围单体,亲水基团朝外与水接触,憎水基团朝内与单体接触,以致单体液滴能够分散在介质中稳定的乳状液。当乳化剂的浓度达到一定时,大部分溶解的乳化剂分子定向排列为胶束,每个胶束有 50 ~ 100 个乳化剂分子,因此,胶束的体积很小而其总数却非常大。聚合反应就在胶束内进行。聚合的第一阶段是水相中的自由基扩散到胶束内引发聚合,使胶束变成单体-聚合胶粒;第二段是单体液滴通过扩散不断地进入胶粒内,使胶粒内的单体浓度保持恒定,聚合反应大部分是这一稳定态阶段进行,直到全部单体液滴消耗完毕为止。

由于聚合反应是在胶束内进行,而各个胶束内的单体的量很少,故反应热效应也很小;再加上聚合物胶粒处于高度分散状态,散热容易,故反应温度易于控制,副反应也较少。这就是乳液聚合的优点。

（4）其他应用

表面活性剂在工程中还有众多的其他应用领域。硅酸盐材料的生产和使用过程中经常遇到各种表面改性活性剂的问题。在陶瓷工业中,为了改善瓷料的成型性能,广泛使用各种表面活性剂作为稳定剂、增塑剂和黏结剂。例如,在制备氧化铝陶瓷的热压注浆时加入油酸,即可显著地降低其调蜡量和有效地改善料浆流动度;在 $Al_2O_3$-$H_2O$ 系统中,加入阿拉伯胶能很好地提高泥浆的稳定性和流动性。对于各种瘠性瓷料如氧化物、氯化物等,则常采用聚乙烯醇、聚醋酸乙烯酯和羧甲基纤维素等作为塑化剂。在水泥使用中,为了改善混凝土在硬化前后的物理性质,常加入各种表面活性剂作为减水剂、发泡剂、缓凝剂及促凝剂等,如在用硅酸盐水泥制备混凝土时,添加多元醇系、木质素、聚羧酸系、聚丙基磺酸盐等表面活性剂作为减水剂,以增加水泥混凝土流动性,降低混凝土成型用水量,提高混凝土的密实度和强度。此外,为了消除和减少硅酸盐工厂的粉尘污染,在扬尘点常用水喷雾法防尘。但因水对粉尘润湿能力较差,为提高除尘效果,常在水中添加表面活性剂。表面活性剂还被用于材料的抗静电作用,当表面活性剂吸附在纤维表面上,憎水基朝向表面,亲水基朝向空气,使纤维的吸湿性增大,导电性增强,从而阻止静电的产生或消除静电的危害。某些表面活性剂还被用于杀菌作用。

### 2.6.7 表面活性剂的复配

实际应用中很少用表面活性剂纯品,而多数是以混合物形式使用。一方面是由于经济上的原因:表面活性剂的每一步提纯都会带来成本的大幅度增加。而更重要的原因是在实际应用中没有必要使用纯表面活性剂,相反,经常应用的是有多种添加剂的表面活性剂配方。

大量研究证明,经过复配的表面活性剂具有比单一表面活性剂更好的使用效果。例如,在一般洗涤剂配方中,表面活性剂只占总成分的20%左右,其余大部分是无机物及少量有机物,而所用的表面活性剂也不是纯品,往往是一系列同系的混合物,或是为达到某种应用目的而复配的不同品种的表面活性剂混合物,以及表面活性剂与无机物、高聚物之间复配体系等。在水泥混凝土、陶瓷等浆料中添加的塑化剂（减水剂）,也常常采用两种或多种表面活性剂复配使用。

表面活性剂的复配是实际应用中的一个重要课题,通过表面活性剂与添加剂以及不同种类表面活性剂之间的复配,可望达到以下目的:

（1）提高表面活性剂的性能

复配体系常常具有比单一表面活性剂更优越的性能。

（2）降低表面活性剂的应用成本

一方面通过复配可降低表面活性剂的总用量,另一方面利用价格低廉的表面活性剂（或添加剂）与成本较高的表面活性剂复配,可降低成本较高的表面活性剂组分的用量。

（3）减少表面活性剂对生态环境的破坏（污染）

首先,表面活性剂用量的降低就等于减少了废物的排放,降低了对环境的污染。如碳氟表面活性剂是很难生物降解的,但碳氟表面活性剂在很多应用场合又是必不可少、不可取代的。通过碳氟表面活性剂与碳氢表面活性剂的复配,可大大降低其用量,从而可将碳氟表面活性剂对环境的污染降到最低限度。其次,对一些生物降解性能差的表面活性剂,通过复配可提高其生物降解性。如阳离子表面活性剂有杀菌作用,很多单一的阳离子表面活性剂生物降解性能差,但许多阳离子表面活性剂与其他类型的表面活性剂复配后,不仅不会出现抑制降解的现象,反而两者都易降解。

### 2.6.8 表面活性剂的毒性与环保性

(1)表面活性剂的毒性

表面活性剂种类繁多,不同的表面活性剂由于分子结构不同,其毒性也不一样。有的毒性很弱,对人体、生物无害。有的毒性较强,可用来杀菌、消毒。因此,用表面活性剂配制各种产品,尤其是用作食品添加剂、与人体接触的化妆品以及各种洗发液的组分时,要特别小心。

①阳离子表面活性剂的毒性相对较强。在各种表面活性剂中,阳离子表面活性剂有较强的杀菌力,特别是季铵盐,是有名的杀菌剂,对人的皮肤黏膜刺激性最强,对生物有较大的毒性。因此,阳离子表面活性剂广泛用作消毒剂、防霉剂。其杀菌能力为苯酚(石炭酸)的100倍以上。人在误饮高浓度阳离子表面活性剂溶液后,口、咽喉、头部立即有灼热性疼痛感;出现低血压症、循环系统休克;不安、精神错乱、衰弱急速发展;肌肉无力;中枢神经功能降低(同时发生痉挛和脑贫血);出现青紫,甚至死亡。这种中毒症状出现时,应紧急处理:大量饮用牛奶、蛋白、明胶和肥皂水,并送医院抢救。

②非离子表面活性剂的毒性相对较小。有的非离子表面活性剂甚至无毒,对皮肤刺激性也小。但是,当分子结构中含有芳香基,如苯基、萘基等时,毒性就较大,如非离子表面活性剂烷基酚聚氧乙烯醚毒性较大。有些非离子表面活性剂毒性虽小,但会污染水域,危害鱼类,需要注意。

③阴离子表面活性剂的毒性、杀菌能力介于阳离子和非离子表面活性剂之间,对皮肤黏膜刺激性比较小,但若其中含有芳香族物质,其毒性明显增大。阴离子表面活性剂广泛用于水泥混凝土的减水及用作洗涤剂的活性成分。

④两性表面活性剂中,有些品种的毒性很低,刺激性小,而且都有很好的杀菌力。甜菜碱类、咪唑啉等两性表面活性剂都有相当强的杀菌力。天然的两性表面活性剂,如卵磷脂两性表面活性剂,无毒,很安全。两性表面活性剂虽价高,但由于毒性低,对眼睛、皮肤的刺激性小,广泛用于化妆品及香波中。

(2)表面活性剂的环保性

表面活性剂在使用后,其残留物及其废水排放到江河湖海中。这些残留的表面活性剂一方面依靠自然界的微生物对它进行分解(即生物降解),以消除它对水的污染,因而表面活性剂的生物降解的难易及快慢是一个重要问题。另一方面应用表面活性剂时要用各种助剂,有些助剂会污染水域,因此选用什么样的助剂与表面活性剂配合,是必须考虑的问题。

要使表面活性剂不污染环境,首先须解决其生物降解性问题。表面活性剂可通过自然环境的光、热及生物作用而被降解,消除其污染。其中,微生物引起的生物降解作用最为重要。

(3)改进表面活性剂的制品配方以减轻对环境的污染

为改进表面活性剂的制品配方以减轻对环境的污染,应注意以下3点:

①选用生物降解性好的表面活性剂。

②少用或不用含磷的表面活性剂,防止水体富营养化现象。

③尽量选用毒性小的表面活性剂。

# 2.7　烧　结

## 2.7.1　烧结概述

**(1)烧结定义及研究对象**

一种或多种固体(金属、氧化物、氮化物、黏土等)粉末经过压制成型成坯体后,坯体中通常含有大量气孔,颗粒之间的接触面积也较小,强度较低。将坯体加热到一定温度后,坯体中的颗粒将开始相互作用,气孔逐渐收缩,气孔率逐渐减少,颗粒接触界面逐渐扩大为晶界,最后数个晶粒相互结合,产生再结晶和晶粒长大,坯体在低于熔点温度下变成致密、坚硬的烧结体,这种过程称为烧结。烧结过程是一个粉状物料在高温作用下排除气孔、体积收缩而逐渐变成坚硬固体的过程。通常用线收缩率、强度、容重及气孔率等物理指标来衡量物料的烧结过程。

烧结是粉末冶金、陶瓷、耐火材料、超高温材料及建筑材料等生产过程的一个重要工序。材料性能不仅与材料的组成(化学组成和矿物组成)有关,还与材料的显微结构密切相关。当某种材料的配方、原料颗粒、混合与成型工艺确定后,烧结过程是材料获得预期显微结构及预期性能的关键工序。因此,了解烧结过程的现象及机理,掌握烧结过程动力学对材料显微结构的影响规律,对材料制备和应用具有十分重要的指导意义。

人类很早就利用烧结工艺来制备陶瓷、水泥、耐火材料等传统无机材料。因此,烧结是一个具有古老历史的工艺。随着材料科学技术的发展,现代烧结技术的对象已经从传统陶瓷、耐火材料、水泥等,拓展到了金属或合金、工程陶瓷材料、功能陶瓷材料以及各种复合材料等。

**(2)烧结的基本类型**

根据烧结系统、烧结条件等的不同,烧结过程和控制因素也发生变化,烧结分类的标准也不同。一般来说,有以下 4 种主要的分类方法:

1)根据烧结过程是否施加压力分类

烧结可分成不施加外部压力的无压烧结和施加额外的外部压力的加压烧结两大类。

2)根据烧结过程中主要传质媒介的物相种类分类

烧结可分为固相烧结和液相烧结两大类。一般将无液相参与的烧结即只在单纯固相颗粒之间进行的烧结,称为固相烧结;而有部分液相参与的烧结过程,称为液相烧结。此外,也有学者将通过蒸发-凝聚机理进行传质的烧结,称为气相烧结。反应烧结法制备碳化硅和氮化硅,以及物理气相沉积等都是气相烧结的例子。

3)根据烧结体系的组元多少分类

烧结可分为单组元系统烧结、二组元系统烧结和多组元系统烧结。单组元系统烧结经常用于烧结理论的研究,而实际的粉末材料烧结大都是二组元系统或多组元系统的烧结。

4)根据烧结是否采用强化手段分类

烧结可分为常规烧结和强化烧结两大类。不施加外加烧结推动力,仅靠被烧结组元的扩散传质进行的烧结,称为常规烧结;相反,通过各种手段,施加额外的烧结推动力的烧结,称为强化烧结或特种烧结。

### 2.7.2 烧结过程

被烧结的物质是一种或多种固体(金属、氧化物、非氧化物类、黏土等)松散粉末。它们经加压等成型方法加工成坯体(又称"粉末压块"),坯体中通常含有大量气孔,一般为 35% ~ 60%,颗粒之间虽有接触,但接触面积小且没有形成黏结,因而强度较低。将坯体放入烧成设备中,在一定的气氛条件下,以一定的加热速度将坯体加热,到烧结温度(低于主成分的熔点温度)并保温一定时间后,取出样品即可。上述烧结过程中使用的气氛条件称为烧结气氛,使用的设定温度称为烧结温度,所用的保温时间称为烧结时间。

在烧结过程中,坯体内部发生一系列物理变化过程,主要包括:

①颗粒之间首先在接触部分开始相互作用,颗粒接触界面逐渐扩大并形成晶界(有效黏结)。

②同时气孔形状逐渐发生变化,由连通气孔变成孤立气孔并伴随体积的缩小,气孔率逐渐减少。

③发生数个晶粒相互结合,产生再结晶和晶粒长大等现象。

伴随着上述烧结过程中发生的物理变化过程,坯体出现体积收缩、气孔率下降、致密度与强度增加、电阻率下降等宏观性能的变化,最后变成致密、坚硬并具有相当强度的烧结体。这种在高温加热条件下发生的一系列物理变化过程,就是烧结过程。

烧结过程是一个粉状物料在高温作用下排除气孔、经历体积收缩而逐渐变成具有明显机械强度的烧结体的过程。因此,从宏观物性角度分析,通常可用线收缩率、机械强度、电阻率、容重、气孔率、吸水率、相对密度(烧结体密度与理论密度比值)及晶粒尺寸等宏观物理指标来衡量和分析粉料的烧结过程。这也是早期烧结理论研究的实验观测指标和主要内容。但是,这些宏观物理指标尚不能揭示烧结过程的本质。在后来的烧结理论研究中,建立各种烧结的物理模型,利用物理学等基础学科的最新研究成果,对颗粒表面的黏结发展过程,伴随的表面与内部发生的物质输运和迁移过程,发生的热力学条件和动力学规律,以及烧结控制等进行了大量的研究,现代的烧结理论的研究也得以不断向前发展。

下面以一个具体的金属粉末烧结实验为例说明烧结过程。选取铜粉经高压成型,在氢保护气氛中(防止金属粉末氧化)以不同温度烧结 2 h 后,取出烧结样品测试密度、电导率和拉力等指标来探讨烧结进程和变化规律,得出的实验结果如下:

①随烧结温度提高,电导率和拉力迅速增高,但在 600 ℃ 以前,密度几乎无变化。密度基本不变说明颗粒间隙没有被填充,而电导率和拉力的迅速增加表明此阶段的颗粒接触处应已产生某种接触并有键合现象。

②继续提高温度,密度开始增大,说明除键合增加外,物质开始向间隙传递,导致密度的增大。

③当密度达到一定程度后,其增长速度显著放慢,且在通常情况下很难达到理论密度。

根据以上结果可将铜粉的烧结过程分成以下 5 个阶段:

①烧结前颗粒的堆积阶段。颗粒间彼此以点接触,部分相互分开,有较多的空隙(见图 2.37)。

②颗粒间相互靠拢、键合和重排阶段。随温度升高和保温时间延长,如图 2.37 所示,其中的大孔隙逐渐消失,气孔的总体积迅速减少,但颗粒间仍以点接触为主,其总表面积没有明显

缩小。

③颗粒间发生明显传质的过程。颗粒间由点接触逐渐扩大为面接触,粒界增加,固-气表面积相应减少,但孔隙仍保持连通状态。

④气孔收缩并孤立化阶段。随传质继续进行,颗粒进一步增大,气孔逐渐缩小和变形,最终连通气孔变为各自独立的封闭气孔。

⑤粒子长大阶段。颗粒间的粒界开始迁移,粒子长大,气孔逐渐迁移到粒界,然后消失,致密性进一步提高。

根据烧结过程发生的各种物理变化指标及控制因素,烧结进行的各阶段过程有许多分类。

考虑烧结时的扩散传质的控制,以及考虑烧结温度和扩散进行程度,可大致将烧结分为烧结初期、烧结中期和烧结后期 3 个过程。烧结初期表面扩散显著,其作用超过体积扩散并占主导地位,颗粒之间形成接触和烧结颈部长大,体积收缩很小。烧结中期以晶界和晶格扩散为主,经历颗粒黏结和颈部不断扩大过程,此时的连通孔洞发生闭合、孔洞圆滑和收缩,导致气孔率明显下降、体积明显收缩。烧结后期的扩散机制与中期相似,此时气孔完全孤立,发生孔洞粗化和晶粒长大,体积进一步收缩,实际密度接近理论密度。

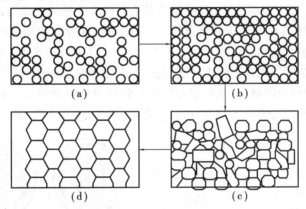

图 2.37　烧结过程示意图

(a)烧结前颗粒聚集;(b)颗粒键合与重排;(c)颗粒面接触;(d)晶界形成,粒子长大,气孔消失

也有学者将烧结过程更加细分,如 Hirschhorn 将烧结分成 7 个阶段,分别为:颗粒之间形成接触;烧结颈部长大;连通孔闭合;孔洞圆化;孔洞收缩与坯体致密化;孔洞粗化;晶粒长大等。

由以上对烧结过程的描述可知,各烧结阶段发生的物理变化过程不尽相同,其热力学和动力学控制因素更为复杂,这也是为什么到目前为止还没有一个能够完整地描述烧结各阶段的烧结理论的原因。目前,绝大部分的烧结理论都是根据不同烧结阶段的不同条件和特点而提出来的,因此其适用性也有一定的限制。

### 2.7.3　烧结机理

(1)烧结的推动力

由于烧结的致密化过程是依靠物质传递和迁移实现的,因此,物质的迁移是烧结的关键。那么,推动烧结过程物质迁移的动力是什么? 以何种方式迁移?

粉体状物料是高度分散的,具有很大的比表面积,因而具有很高的表面能。根据最小能量原理,任何系统都有向最低能量状态转变的趋势,故这种表面能的降低,在很多情况下就成为物质烧结的主要动力,并且决定了烧结是一个自发的不可逆过程。此外,高度分散物料的表面结构还存在严重扭曲,内部也具有比较严重的结构缺陷,这些都促使晶格活化,使质点易于移转,从而构成烧结动力的另一部分。

如2.3节所述,表面张力会使弯曲液面产生毛细孔压力(或附加的压力)。同时,表面张力还能使凹、凸表面处的蒸汽压分别低于和高于平表面的蒸汽压,即有

$$\Delta P = \frac{2\gamma}{R} \tag{2.68}$$

$$RT \ln \frac{P_r}{P_0} = \frac{2\gamma M}{\rho \cdot r} \tag{2.69}$$

对于表面能 1 J/m² 的氧化物,当颗粒半径为 1 μm 时,附加的压力 $\Delta P$ 约为 20 个大气压,这显然是十分可观的。凹凸不平的固体颗粒,其凸处呈正压,凹处呈负压,故存在着使物质自凸处向凹处迁移,或使空位反向迁移的趋势,这时物质迁移的推动力是凸凹附加压力差(见图2.38)。

式(2.69)表述了在一定温度下,表面张力对不同曲率半径的弯曲表面上蒸汽压的影响关系。因此,如果固体在高温下有较高蒸汽压,则可通过气相导致物质从凸表面向凹表面处传递。另外,对于固体溶解度和空位浓度也具有类似于式(2.69)的关系,并能推动物质的扩散传递。可见,作为烧结动力的表面张力可通过流动、扩散和液相或气相传递等方式推动物质的迁移。但由于固体很高的内聚力,这在很大程度上限制着烧结的进行,只有当处于高温下,固体质点具有明显可动性时,烧结才能进行,故温度对烧结速度有本质的影响。

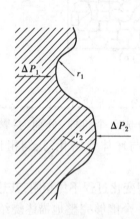

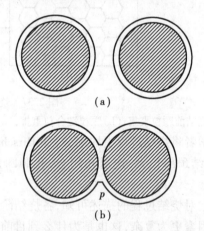

图2.38　凹凸不平的固体表面的
　　　　附加压力差与物质迁移

图2.39　表面存在水膜的两固体的黏附

(2)物质的迁移

在界面行为中已论及黏附是固体表面的普遍性质,它起因于固体表面力。当两个表面靠近到表面力场作用范围时,即发生键合而黏附。黏附力的大小直接取决于物质的表面能和接触面积,故粉状物料间的黏附作用特别显著。让两个表面均匀润湿一层水膜的球形柱子彼此接触。水膜将在水的表面张力作用下变形,使两颗粒迅速拉紧靠拢和聚结。在这一过程中,水膜的总表面积减少了 $\delta_s$,系统总表面能降低了 $\gamma\delta_s$,在两个颗粒间形成了一个曲率半径为 $r$ 的

透镜状接触区。对于没有水膜的固体粒子,因固体的刚性使它不能像水膜那样迅速而明显地变形,然而相似的作用仍然会产生,因为当黏附力足以使固体粒子在接触点处产生塑性变形时,这种变形就会导致接触面积增大,而扩大了的接触面,又会使黏附力进一步增加并获得更大的变形。依此循环和叠加,就可能使固体粒子间产生类似于图 2.39 那样的黏附。因此,黏附作用是烧结初始阶段,导致粉体颗粒间产生键合、靠拢和重排,并开始形成接触区的一个原因。

在烧结过程中物质传递的途径是多样的,相应的机理也各不相同。但如上所述,它们都是以表面张力作为动力的。

1)传质

流动是指在表面张力作用下通过变形、流动引起的物质迁移。属于这类机理的有黏性流动和塑性流动。

2)扩散传质

扩散是指质点(或空位)借助于浓度梯度推动而迁移传递的。由于弯曲表面效应在颈部表面存在过剩空位浓度,在空位浓度差推动下,空位从颈部表面不断向颗粒的其他部分扩散,而固体质点则向颈部逆向扩散。在一定温度下,空位浓度差是与表面张力成比例的,因此扩散传质的推动力也是表面张力。

3)气相传质

由于颗粒表面各处的曲率不同,各处相应的蒸汽压力大小也不相同,故质点容易从高能阶的凸处(如表面)蒸发,然后通过气相传质到低能阶的凹处(如颈部)凝结,使颗粒的接触面增大,颗粒和空隙形状改变而导致逐步致密。这一过程也称蒸发-冷凝。

4)溶解-沉淀

在有液相参与的烧结中,若液相能润湿和溶解固相,由于小颗粒的表面能较大,其溶解度也就比大颗粒的大,故小颗粒将优先地溶解并通过液相不断向周围扩散,使液相中该物质的浓度随之增加。当达到较大颗粒的饱和浓度时,就会在其表面沉淀析出。这就使粒界不断推移,大小颗粒间空隙逐渐被充填,从而导致烧结和致密化。这种通过液相传质的机理,称为溶解-沉淀作用。

### 2.7.4　影响烧结的因素

影响烧结的因素是多方面的,概括起来主要有原料种类、烧结温度、烧结时间、物料粒度、物料活性、外加剂、烧结气氛、成型方法及成型压力等。

(1)原料种类、烧结温度与保温时间

原料种类差别主要体现在晶体结构中,晶体的晶格能越大,离子结合越牢固,离子的扩散越困难,所需要的烧结温度越高。各种晶体离子结合情况不同,烧结温度也相差很大,即使是同样的晶体,用活化的晶体粉末或有外加剂存在,也会使烧结速度差别很大。

很显然,烧结温度是影响烧结的重要因素。因为随着温度升高,物料蒸气压增高、扩散系数增大、黏度降低,从而促进了蒸发-冷凝、离子和空位的扩散、颗粒重排、黏性及塑性流动等过程,使烧结加速。但单纯提高烧结温度不仅浪费能源,很不经济,而且还会给制品带来性能的恶化。过高的温度会促使二次再结晶,使制品强度降低,并且在有液相参与的烧结中,温度过高使液相量增加、黏度下降而导致制品变形。

另一方面,延长烧结保温时间一般都会不同程度的促使烧结完成。这种效果在黏性流动机理控制的烧结中较明显,而对体积扩散和表面扩散机理控制的烧结影响则较小。另外,在烧结后期,不合理延长烧结时间有可能加剧二次再结晶作用。

(2)粉末颗粒细度

无论在固相或液相烧结中,细颗粒由于增加了烧结推动力,缩短了原子扩散距离以及提高了颗粒在液相中的溶解度而导致烧结过程的加速。同时,为防止二次再结晶的出现,要求细小而均匀的原料粉末颗粒,以避免细颗粒基相中出现大晶粒成核而导致晶粒异常长大。

用化学方法制备的粉末粒度为 $100 \sim 100~\mu m$,晶粒越细,则越能促进烧结。但晶粒越细,由于表面活性很强,常吸附大量气体或离子,被吸附的气体将不利于颗粒间的接触而起到阻碍烧结的作用。故颗粒的粒度须根据烧结条件进行合适的选择。

(3)物料活性

烧结是通过在表面张力作用下的物质迁移而实现的。高温氧化物较难烧结,主要原因就是它们具有较大的晶格能和较稳定的结构状态,质点迁移需要较高的活化能,故提高活性有利于烧结进行。其中,通过降低物料粒度来提高活性是一个常用的方法。但是,单纯靠机械粉碎来提高物料粒度是有限的,而且能耗太高,故也用化学方法来提高物料活性和加速烧结。例如,利用草酸镍在 450 ℃轻烧制成的活性 NiO 很容易制得致密的烧结体,其烧结致密化时所需的活化能仅为非活性 NiO 的 1/3。

活性氧化物通常用其相应的盐类热分解制成,采用不同形式的母盐以及热分解条件,对所得的氧化物活性有重要影响。例如,在 $300 \sim 400$ ℃低温分解 $Mg(OH)_2$,制得的 MgO,比高温分解制得的 MgO 具有更高的热容量、溶解度,并呈现很高的烧结活性。

(4)添加剂

在固相烧结中,少量添加剂可与烧结相生成固溶体,增加缺陷、加速扩散过程而活化或强化烧结。在有液相参与的烧结中,添加剂能促使生成更多的液相,并改变液相的性质从而促进烧结。少量添加剂的加入在烧结过程中还可起到阻止晶型转变和抑制晶粒长大的作用。

(5)烧结气氛的影响

实验发现,有些物料的烧结过程对气体介质十分敏感,气氛不仅影响物料本身的烧结,也影响添加剂的效果。气氛对烧结的影响是复杂的,同一种气体介质对于不同物料的烧结,常会表现出不同甚至截然相反的效果。烧结气氛一般分为氧化、还原和中性 3 种。

气氛对烧结的影响最显著的例子是砖的烧结。当处于氧化气氛中时,得到红色的烧结砖,而处于还原气氛中时,得到的是青色烧结砖。

(6)成型压力的影响

粉料成型时,必须加一定的压力,除了使其有一定形状和一定强度外,同时也给烧结创造了颗粒间紧密接触的条件,使其烧结时扩散阻力减小。通常,成型压力越大,则颗粒间接触越紧密,对烧结越有利。但若压力过大使粉料超过塑性变形限度,就会发生脆性断裂。适当的成型压力可提高生坯的密度,而生坯的密度与烧结体的致密化程度成正比关系。

# 思考与练习题

1.已知水和玻璃的接触角为:60°;0°。计算温度为 20 ℃直径为 10 μm 和 10 mm 时,毛细管中水柱的高度。

2. U 形玻璃管,两边半径不相等,左边半径为 $r_1$,右边半径为 $r_2$。当管内充入某种液体时,左右两边管内的液体高度差为 $\Delta H$,计算该液面的表面张力(假设液体对管壁完全润湿)。

3. 已知某稀释溶液的表面张力随浓度的变化符合公式 $\gamma = 72 - 500C$,计算溶质表面超量的变化系数 $K$(已知 $T = K \cdot C$,温度为 $T$)。

4. 什么是表面活性剂的临界胶束浓度? 在临界胶束浓度时,溶液的性质会有哪些变化?

5. 吸附在某表面的气体的量在相同浓度下随着温度的上升而增加,可能的情况是:

(1)正在发生化学吸附;

(2)正在发生物理吸附。

6. 影响泡沫稳定性的因素主要有哪些?

7. 表面活性剂主要应用于哪些领域?

8. 某一次太空火箭飞行中,驱动火箭的燃料供应出现问题。问题主要是第一级油料仓耗尽,第二季油料仓应该自动供给燃料,但问题是第二级燃料仓没有供给燃料。幸亏一表面物理化学专家回答了这一问题。请大家想想,可能出现的问题是什么? 怎样解决?

9. 将材料直接磨细的过程中,发现很难达到要求的细度,并且磨细后的材料团聚在一起,不能分散,严重影响了它的使用,如何解决这一问题? 其基本原理是什么?

# 第3章 固体中的扩散

## 3.1 概　述

物质中原子(分子)热运动产生的物质迁移现象,称为扩散。扩散是一种普遍的现象。气体和液体中的扩散现象易于观察,例如墨汁与水的掺和等。然而,固体中的扩散现象难以察觉,不易被人们认识。事实上,固体中也同样存在扩散现象,并且是固体中物质传输的唯一形式。固体原子依靠热运动不断地从一个平衡位置迁移到另一个位置,从而造成物质的宏观流动。

材料的生产和实际应用中的许多现象都与扩散密切相关。材料中的许多固态相变过程、固态金属内成分均匀化的程度、化学热处理工艺过程、变形金属的回复与再结晶过程、粉末冶金和陶瓷制品的烧结过程、材料高温下的变形与氧化以及喷涂、焊接工艺等无不与扩散有关。由此可知,掌握扩散的基本规律及其影响因素,对正确理解上述现象和工艺过程具有重要意义。

### 3.1.1　扩散机制

为了深入认识固体中原子扩散的规律,需要了解原子扩散的机制,即原子是如何在晶格内实现迁移的。迄今为止,国内外已提出多种扩散机制,比较符合实际情况的是空位机制和间隙机制。

(1)空位机制

处于晶体点阵结点位置的原子与近邻空位通过交换位置而实现原子迁移,这种扩散机制称为空位扩散机制。当一个原子跳入空位后,其原来的位置就成为新的空位,又会有近邻原子跳入新空位。如此不断重复,空位就会不断地运动,而原子也沿着与空位运动相反的方向迁移。

要实现空位扩散,必须同时具备两个条件:一是扩散原子近邻存在空位;二是邻近空位的扩散源具有超过能垒的激活能。如图3.1所示为面心立方结构中(111)晶面上空位扩散机制示意图。如果邻近空位的原子具有足够能量,即可从位置(1)迁移到空位位置(2)而实现空位扩散。空位是晶体中的热平衡缺陷,晶体中总有一定数量的空位存在。另外,原子热振动使得部分原子具有足够的激活能量,这就为空位扩散提供了条件。当温度升高时,空位浓度增加,并为更多的原子提供了扩散激活能,因而扩散速率增加。

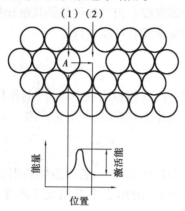

图 3.1　空位扩散机制示意图

这种扩散机制主要见于置换固溶体中溶质原子的扩散,同时也见于纯金属中的自扩散。原子间的尺寸差别和结合能大小是影响扩散速率的因素。

表 3.1 列出了一些纯金属的自扩散激活能。由这些数据可知,随着金属熔点的提高,激活能也提高。这是由于金属熔点越高,其原子间的结合能越强。

表 3.1　列出了一些纯金属的自扩散激活能

| 金　属 | 熔点/℃ | 晶体结构 | 适用温度范围/℃ | 激活能/$(kJ \cdot mol^{-1})$ |
|---|---|---|---|---|
| 锌 | 419 | 密排六方 | 240～418 | 91.6 |
| 铝 | 660 | 面心立方 | 400～610 | 165 |
| 铜 | 1 083 | 面心立方 | 700～990 | 196 |
| 镍 | 1 452 | 面心立方 | 900～1 200 | 293 |
| α-铁 | 1 583 | 体心立方 | 808～884 | 240 |
| 铝 | 2 600 | 体心立方 | 2 155～2 540 | 460 |

(2)间隙机制

间隙固溶体中的溶质原子从一个间隙位置跳到邻近的另一个空着的间隙位置的扩散即间隙扩散。如图 3.2 所示为间隙扩散机制示意图。其中,"○"代表在面心立方结构(100)晶面上的溶剂组元原子,"●"代表位于间隙位置的溶质原子。扩散时,溶质原子必须挤开周围的溶剂原子才能从一个间隙位置跳到相邻的空缺间隙位置,因而这一跳动必然伴随着点阵的瞬时畸变,其畸变能便是间隙原子跳到时必须克服的能垒,即跳动的阻力,也是进行间隙扩散时所需的激活能。

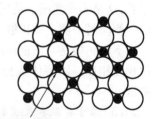

扩散进间隙空间的间隙原子

图 3.2　间隙扩散机制示意图

要实现间隙扩散,扩散溶质原子的尺寸相对于溶剂原子必须要小。H、O、N 和 C 等原子在某些金属晶体结构中即能以间隙机制进行扩散,如 C 原子在体心立方 α-铁和面心立方 γ-铁中就是通过间隙机制进行扩散的。

在一般间隙固溶体的点阵中,溶质原子所占据的间隙位置相对来说数量很少,大部分间隙位置都是空着的,每个溶质原子周围都有相当数量的供其跳动的间隙位置,只要间隙原子具备了跳动的能量条件,间隙原子的跳动就有可能进行。

### 3.1.2 扩散的驱动力

一个物体的运动是因为受到外力(机械力或电场力)的作用,而原子的扩散运动也是外力作用的结果,这个力称为化学力或化学位梯度,其表达式为

$$F = -\frac{\partial u}{\partial x}$$

从化学热力学中已知,在恒温恒压条件下,若固溶体各组元的化学位相等,即固溶体处在热力学的平衡状态。如果在相距 $dx$ 的两点上某组元 $i$ 的化学位产生差别,就会在化学力 $\left( F = -\frac{\partial u_i}{\partial x} \right)$ 的作用下使该组元由高化学位能处向低化学位能处流动,于是发生原子的迁移。式中,负号表明原子移动的方向与化学位梯度方向相反。

### 3.1.3 固体扩散的分类

(1)自扩散和异扩散

根据扩散时有无浓度梯度,可分为自扩散和异扩散(互扩散)。自扩散与浓度梯度无关,扩散时没有浓度变化,如纯金属中再结晶形核与晶粒长大,同素异构转变等。异扩散是与浓度梯度有关,并伴有浓度变化的扩散,如在不均匀固溶体中,不同相之间及不同材料制成的扩散偶之间都存在着异扩散,不同元素的扩散原子相互运动,相互渗透,使成分趋于均匀化。

(2)上坡扩散和下坡扩散

根据扩散方向与浓度梯度的关系,可分为上坡扩散和下坡扩散。

上坡扩散指与浓度梯度方向一致,即扩散原子由低浓度处向高浓度处的扩散。过饱和固溶体中溶质的偏聚,第二相沉淀和奥氏体分解时形核都是上坡扩散的例子。如将 Fe-C($w =$ 0.441%)合金棒与 Fe-C($w = 0.478\%$)-Si($w = 0.478\%$)合金棒焊接在一起,在 1 050 ℃进行长时间(13 d)扩散退火后,在焊接面处两侧发生了碳原子的扩散。单纯从两个合金棒的浓度差看,这是不可能的。造成这种结果的原因是硅提高了碳的活度和化学位,从而驱使碳从含硅的一侧向另一侧上坡扩散,以达到化学位的平衡。

下坡扩散是与浓度梯度方向相反的扩散,即扩散原子由高浓度向低浓度方向扩散,与化学位梯度相反。固溶体成分的均匀化,化学热处理工艺中的渗碳、碳氮共渗等过程均为下坡扩散。

(3)原子扩散和反应扩散

根据扩散时有无新相的形成,可分为原子扩散与反应扩散。原子扩散是指扩散过程中晶格类型变化、无新相形成的扩散;反应扩散是随扩散原子增多超过基体固溶体溶解度极限而形成新相的扩散,如渗硼、氮化都将在钢件表面形成新化合物层,就是反应扩散的实例。

(4)体扩散、表面扩散和晶界扩散

按原子的扩散路径分类,在晶粒内部进行的扩散称为体扩散;在表面进行的扩散称为表扩

散;沿晶面进行的扩散称为晶界扩散。表面扩散和晶界扩散的扩散速度比体扩散要快得多,一般称前两种情况为短路扩散。此外,还有沿位错线的扩散、沿层错面的扩散等。

## 3.2　扩散定律

### 3.2.1　稳态扩散和扩散第一定律

在一定浓度梯度下的稳态扩散如图 3.3 所示。溶质原子沿 $x$ 方向在垂直于纸面并相距 $(x_2 - x_1)$ 的两平行原子面之间进行扩散,经过一段时间,在 $x_1$ 和 $x_2$ 处的溶质原子浓度分别为 $C_1$ 和 $C_2$,且不再随时间变化,这种扩散条件成为稳态扩散,即材料中各处的浓度不随时间改变的扩散过程。气体通过金属薄膜且不与金属发生反应时就会发生这种扩散。例如,氢气扩散通过钯的薄膜时,如果氢气在一侧处于高压,而在另一侧处于低压,就可实现稳态扩散。

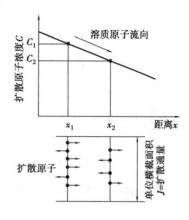

图 3.3　在一定浓度梯度下的稳态扩散

如果在如图 3.3 所示的扩散系统中,溶质原子与溶剂原子之间没有化学交互作用,由于在 $x_1$ 和 $x_2$ 之间存在浓度梯度,从高浓度处到低浓度处将有一净原子流。在该系统中原子的流量可用方程表示为

$$J = -D \frac{dC}{dx} \qquad (3.1)$$

式(3.1)即为扩散第一定律(Fick 定律)的数学表达式。其中,$D$ 为扩散系数,常用单位是 $m^2/s$ 或 $cm^2/s$,表示浓度梯度为 1 时,在单位时间内通过单位面积扩散物质的量(扩散通量);负号表示原子扩散流动方向与浓度梯度方向相反,一般规定浓度从低到高为正,而扩散方向则由高浓度到低浓度进行,故冠以负号;$J$ 为扩散通量,其量纲为 $ML^{-2}T^{-1}$;浓度量纲为 $ML^{-3}$。

Fick 第一定律表示通过某一截面的扩散通量与垂直这个截面方向上的浓度梯度成正比,其方向与浓度降落方向一致。

### 3.2.2　非稳态扩散与扩散第二定律

Fick 第一定律仅适用稳态扩散,即在扩散过程中各截面上的浓度不随时间改变($dC/dx = 0$)。扩散条件不随时间而变的稳态扩散在工程材料中并不常遇到,大多数情况是非稳态扩散。这时,材料中任何一点扩散物质的浓度在扩散过程中随时间而变化,即任意点的浓度对于时间的变化率不为零($dC/dx \neq 0$)。钢的渗碳就属于这种情况。如果使渗碳入钢制凸轮轴的表面,以使其表面硬化,则随着扩散过程的进行,表面内任一点的碳浓度将随时间而变化。对于非稳态扩散稳态,可应用扩散第二定律(Fick 第二定律)来解决。

图 3.4 中,有一存在浓度梯度的棒,其长度方向以 $x$ 表示,与 $x$ 点相对应的浓度为 $C$。当 $x$ 增大到 $x + dx$ 时,其对应的浓度为 $C + dC$,这是 $dC/dx > 0$。根据 Fick 第一定律可知,溶质原子流动方向是 $x$ 轴的负方向,此时流入 $dx$ 内的扩散通量用 $J_{x+dx}$ 表示,流出则为 $J_x$,$dx$ 内浓度的

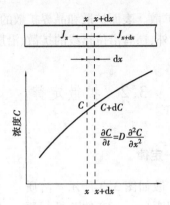

图 3.4 Fick 第二定律的扩散条件示意图

变化率 $\dfrac{dC}{dx}$ 可表示为

$$\frac{\partial C}{\partial t} = \frac{J_{x+dx} - J_x}{dx} \tag{3.2}$$

另外,根据 Fick 第一定律有

$$J_x = -D \left( \frac{\partial D}{\partial x} \right)_x \tag{3.3}$$

$$J_{x+dx} = J_x + \left( \frac{\partial J}{\partial x} \right)_x dx = J_x - \frac{\partial \left( D \frac{\partial C}{\partial x} \right)_x}{\partial x} dx \tag{3.4}$$

由式(3.2)—式(3.4)得

$$\frac{\partial C}{\partial t} = \frac{\partial}{\partial x} \left( \frac{\partial C}{\partial x} \right) \tag{3.5}$$

此即为 Fick 第二定律。假如 $D$ 为常数,则可得

$$\frac{\partial C}{\partial t} = D \frac{\partial^2 C}{\partial x^2} \tag{3.6}$$

式(3.5)是在仅考虑 $x$ 一维方向存在浓度梯度情况下推导出来的,如果在空间 $x,y,z$ 三维方向存在浓度梯度,并假设各方向的扩散系数 $D$ 相等,则可得

$$\frac{\partial C}{\partial t} = D \left( \frac{\partial^2 C}{\partial x^2} + \frac{\partial^2 C}{\partial y^2} + \frac{\partial^2 C}{\partial z^2} \right) = D \nabla^2 C \tag{3.7}$$

式中,$\nabla$ 为拉普拉斯(Laplacian)算符,而

$$\nabla^2 = \frac{\partial^2}{\partial x^2} + \frac{\partial^2}{\partial y^2} + \frac{\partial^2}{\partial z^2}$$

实际上,扩散系数 $D$ 在 $x,y,z$ 方向上可能是不同的,如果分别 $D_x,D_y,D_z$ 表示,则可得到

$$\frac{\partial C}{\partial t} = D_x \frac{\partial^2 C}{\partial x^2} + D_y \frac{\partial^2 C}{\partial y^2} + D_z \frac{\partial^2 C}{\partial z^2} \tag{3.8}$$

式(3.8)为 Fick 第二定律的一般形式。该定律表明,扩散物质浓度的变化速率等于扩散通量随位置的变化率。

$\exp \dfrac{-142\,000\ \text{J/mol}}{8.314\ \text{J/(mol · K)}\,(1\,200\ \text{K})}$

对于非稳态扩散,可根据边界条件求解上述微分方程。对于气体进入固体的扩散过程,这个方程的一个特解可用来解决生产中的一些实际问题。

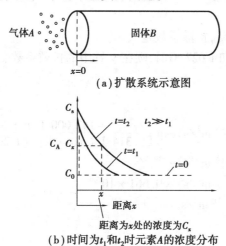

(a)扩散系统示意图

(b)时间为$t_1$和$t_2$时元素A的浓度分布

图 3.5 气体在固体中的扩散

假定气体 A 在固体 B 中进行扩散(见图 3.5(a)),随着扩散时间的增加,沿 $x$ 轴方向任一点的溶质原子浓度也要增加,图 3.5(b)给出两个时间($t_1$ 和 $t_2$)溶质原子浓度分布。如果气体 A 在固体 B 的扩散系数与位置无关,则 Fick 第二定律的解为

$$\frac{C_s - C_x}{C_s - C_0} = \text{erf}\left(\frac{x}{2\sqrt{Dt}}\right) \tag{3.9}$$

式中　$C_s$——气体元素在表面的浓度;

　　　$C_0$——固体的原始浓度;

　　　$C_x$——时间为 $t$ 时距表面 $x$ 处的元素浓度;

　　　$x$——距表面距离;

　　　$D$——溶质元素的扩散系数;

　　　$t$——时间。

误差函数(erf)是一种数学函数,可在数学手册中查到。

## 3.3　影响扩散的因素

温度、压力和材料的化学成分、组织和结构等因素都会影响扩散系数的大小,从而对原子扩散产生影响。

### 3.3.1　温度的影响

温度是影响扩散系数的主要因素。扩散系数与温度的函数关系为

$$D = D_0 e^{-\frac{Q}{RT}} \tag{3.10}$$

式中　$D$——扩散系数,$\text{m}^2/\text{s}$;

　　　$Q$——扩散激活能,$\text{J/mol}$;

$R$——气体常数,其值为 8.314 J/(mol·K);

$T$——温度,K。

式(3.10)表明,温度越高,扩散系数越大。

**例 3.1** 计算在 927 ℃和 1 027 ℃时,碳在 $\gamma$-铁中的扩散系数。已知 $D_0 = 2.0 \times 10^{-5}$ m²/s, $Q = 142$ kJ/mol。

**解** $D_{927\,℃} = D_0 e^{-\frac{Q}{RT}}$

$$= (2.0 \times 10^{-5}\ \text{m}^2/\text{s}) \exp \frac{-142\,000\ \text{J/mol}}{[8.314\ \text{J/(mol·K)}](1\,200\ \text{K})}$$

$$= (2.0 \times 10^{-5}\ \text{m}^2/\text{s}) e^{-14.23}$$

$$= (2.0 \times 10^{-5}\ \text{m}^2/\text{s}) \times 0.661 \times 10^{-6}$$

$$= 1.32 \times 10^{-11}\ \text{m}^2/\text{s}$$

$$D_{1\,027\,℃} = D_0 e^{-\frac{Q}{RT}}$$

$$= (2.0 \times 10^{-5}\ \text{m}^2/\text{s}) \exp \frac{-142\,000\ \text{J/mol}}{[8.314\ \text{J/(mol·K)}](1\,300\ \text{K})}$$

$$= (2.0 \times 10^{-5}\ \text{m}^2/\text{s}) e^{-13.14}$$

$$= 3.93 \times 10^{-11}\ \text{m}^2/\text{s}$$

计算结果表明,渗碳时从 9 270 ℃提高到 10 270 ℃,扩散系数增大了 2 倍,即渗碳速度增加了 2 倍。

### 3.3.2 晶体结构的影响

具有同素异构转变的金属,当晶体结构改变时,扩散系数也随之发生变化。例如,铁在 9 120 ℃时,$\alpha$-Fe 的自扩散系数大约是 $\gamma$-Fe 的 240 倍。其原因是体心立方点阵的致密度较小,原子间的结合力较弱,扩散激活能较小。

扩散系数还受到晶体各向异性的影响。由于其各个方向的原子间的结合键力不一样,因此,其扩散系数存在各向异性。例如,锌是密排六方结构,在 3 800 ℃时,$a = 0.267$ mm,$c/a = 1.89$。实验表明,垂直于基面方向的自扩散比平行于基面方向的难一些,两个方向的激活能分别为 101.7 kJ/mol 和 91.3 kJ/mol。

### 3.3.3 基体金属的性质

同一元素在不同的基体金属中扩散时,其 $D_0$ 和 $Q$ 值是不同的。一般规律是:基体金属熔点越高,则扩散激活能越大,扩散越难,见表 3.2。

金属熔点的高低和熔化潜热的大小反映了金属内部原子间作用力的大小和结合的强弱,实际上也反映了激活能的高低。实验结果表明,纯金属自扩散 $Q$ 与熔点和熔化潜热存在关系为

$$Q = 150.7 T_m \tag{3.11}$$

$$Q = 69.1 L_m \tag{3.12}$$

式中 $L_m$——熔化潜热,J/mol;

$T_m$——熔点,K。

表 3.2　体心立方金属中的扩散

| 基体金属 | | $\alpha$-Fe | V | Nb | W |
|---|---|---|---|---|---|
| 熔点/K | | 1 809 | 2 108 | 2 793 | 3 653 |
| 碳扩散 | $D_0/(cm^2 \cdot s^{-1})$ | 0.20 | 0.004 9 | 0.033 | 0.009 2 |
| | $Q/(kJ \cdot mol^{-1})$ | 103 | 114 | 159 | 169 |
| 自扩散 | $D_0/(cm^2 \cdot s^{-1})$ | 2.0 | 0.20 | 1.1 | 1.90 |
| | $Q/(kJ \cdot mol^{-1})$ | 241 | 309 | 402 | 586 |

### 3.3.4　固溶体类型对扩散的影响

不同类型的固溶体,原子的扩散机制不同,扩散激活能不同,因此产生扩散速度的差别。间隙固溶体的扩散激活能一般都较小,如碳、氮在钢中组成的间隙固溶体,其激活能比组成置换固溶体的铬、镍等要小得多,扩散速度要快。因此,钢件表面渗碳、渗氮要比渗金属快,达到同一浓度所需的时间短。

### 3.3.5　固溶体浓度对扩散的影响

无论是间隙固溶体还是置换固溶体,溶质浓度越大,其扩散系数越大。图 3.6 表示了 $\gamma$-Fe 中的含碳量对碳的扩散影响。表明,扩散系数 $D$ 随含碳量增加而增大。由此可知,固溶体溶解度越大,造成扩散元素的浓度梯度越大,将会使扩散加快。碳在 $\alpha$-Fe 中最大的固溶量为 0.02%,而在 $\gamma$-Fe 中最大的固溶量为 2.11%,相差达 100 倍。虽然受晶格类型影响,碳在 $\alpha$-Fe 中的扩散系数很大,但最终碳的扩散速度仍以在 $\gamma$-Fe 中为大。为此,钢件渗碳常加热到奥氏体区,同时也考虑到高温对加速碳扩散的作用。

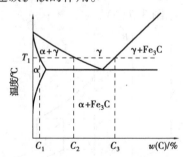

图 3.6　纯铁表面渗碳(Fe-Fe₃C 相图的左下角)

在扩散定律中通常把 $D$ 假定为常数,这与实际是不符的,但为了简化计算,当固溶体中溶质浓度较低或者扩散层中浓度变化不大时,这种假定所引起的误差并不大。

### 3.3.6　晶体缺陷的影响

（1）晶界对扩散的影响

在许多材料中,扩散既可在晶体内部进行,也可沿表面、晶界、相界进行。一般来说,表面的扩散系数 $D_表$ 最大,晶内的扩散系数 $D_内$ 最小,而晶界的扩散系数 $D_界$ 则介于二者之间。其原因是晶体表面及原子排列的规律性较差,点阵畸变较大,原子处于较高的能量状态,扩散激活能小,易于跳动。据测量,一般晶界扩散激活能为晶内扩散激活能的 0.6 ~ 0.7 倍。

(2)位错对扩散的影响

位错密度的增加会使晶体中的扩散速度加快,这是因为原子在位错中心区或在其附近,扩散的跳动频率大于点阵内部,因而加速了原子在晶体内的迁移,如冷加工后金属中位错密度很大,其原子的扩散速度比位错密度低的金属要快得多。

(3)空位对扩散的影响

空位是晶体中的一种平衡缺陷。温度越高,空位密度越大,原子跳入空位所需要的能量越小,原子借空位的运动而迁移。因此,空位能显著地提高置换固溶体中原子的扩散速度。

# 3.4 反应扩散

通过扩散使固溶体内的溶质组元超过固溶度极限而不断形成新相的过程,称为反应扩散。由反应扩散所产生的新相,既可以是新的固溶体,也可以是各种化合物。钢的各种化学热处理大多利用反应扩散进行的。例如,钢的氮化就是利用反应扩散使工件表面产生一些氮化物以增加耐磨性或提高抗疲劳性。

### 3.4.1 反应扩散的过程及特点

反应扩散包括两个过程:一是扩散过程;另一个是界面上达到一定浓度即发生相变的反应过程。如图 3.7 所示,设在温度 $T_0$ 下,试样表面浓度为 $C_s$,由相图 3.7(a)可知,$C_s$ 对应着 $\gamma$ 相。由于扩散,浓度随 $x$ 增加而降低,当浓度低到 $\gamma$ 相分解线对应的浓度 $C_{\gamma\alpha}$,$\gamma$ 相分解产生 $\alpha$ 相,后者的浓度为 $C_{\gamma\alpha}$,在相界处浓度发生突变(见图 3.7(b))。因此,在二元系的扩散区中不存在双相区,每一层都为单相区(见图 3.7(c))。

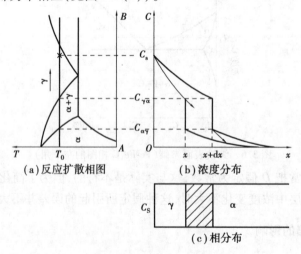

图 3.7 反应扩散示意图

### 3.4.2　反应扩散的实例

（1）纯铁表面氮化

纯铁在 5 200 ℃氮化,会发生反应扩散。根据 Fe-N 相图,利用上述反应扩散的理论来分析,氮浓度超过大约8%,即可在表面形成 ε 相。这是一种含氮量变化范围相当宽的铁氮化合物,一般氮化温度下氮含量在8.25% ~11.0%变化,氮原子有序地处于铁原子组成的密排;六方结构中的间隙位置。越往里面,氮的浓度越低。与 ε 相相邻的是 γ′ 相,它是一种可变成分的间隙相化合物,存在于氮含量为 5.7% ~6.1%的狭窄区域内,氮原子有序地处于铁原子组成的面心立方点阵中的间隙位置。再往里是含氮的 α 固溶体。

（2）纯铁渗碳

若一纯铁棒在 8 800 ℃渗碳,随着扩散时间的延长,铁棒表层的含碳量将不断增加,随之发生反应扩散。

图 3.6 中的 $C_1$ 是800 ℃是铁棒的饱和浓度,$C_2$ 和 $C_3$ 是奥氏体的最低浓度和饱和浓度。若在渗碳过程中保持铁棒表面上奥氏体的碳浓度为 $C_3$,随着扩散过程的进行,碳原子不断渗入,γ 和 α 两个单相区的界面将向铁棒右端移动,相界面两边的浓度分别保持不变 $C_1$、$C_2$。

# 3.5　离子晶体和共价晶体中的扩散

### 3.5.1　离子晶体中的扩散

在金属和合金中,原子可通过邻近的任何点阵空位或间隙进行扩散运动,而在离子晶体中,扩散离子只能进入具有同种电荷的邻近位置。为此,离子必须挤过相邻结合甚强的离子,经过带相反电荷的离子区,并且要移动一较长的距离。因而,与金属晶体相比,离子晶体的扩散激活能高而扩散速率低,而且其扩散过程远比金属中要复杂。另外,阳离子的扩散系数比阴离子大,因为阳离子失去了其价电子,其尺寸一般较小,因而比具有较大尺寸的阴离子更容易扩散。例如,在氯化物中,氯离子的扩散激活能大约是钠离子的 2 倍。

大多数离子晶体中的扩散是按空位机制进行的。阴离子或阳离子,只有当邻近存在着相应空位时才能移动。但在某些疏松的晶体结构如萤石($CaF_2$)中,阴离子也可按间隙机制进行扩散。

需要指出的是,离子晶体的导电率直接与扩散系数有关,因为离子是载流子,而电的传导相应于外加电压引起的离子定向扩散。对于这类材料,测量导电率即可获得扩散速率。

### 3.5.2　共价晶体中的扩散

大多数共价晶体具有比较疏松的晶体结构,与金属和离子晶体具有较大的间隙位置,如在金刚石立方结构中,间隙位置的体积与原子位置的体积大体相当,但其扩散和互扩散仍以空位机制为主。然而,正是方向性的键合使共价晶体的自扩散激活能通常高于熔点相近金属的激活能。例如,虽然 Ag 和 Ge 的熔点相近,但是 Ge 自扩散的 $Q$ 为 290 kJ/mol,而 Ag 仅为 186 kJ/mol。

## 3.6 非晶体中的扩散

在硅酸盐玻璃中,硅原子与邻近氧原子的结合非常牢固,因而即使在高温下,它们的扩散系数也是小的。在这种情况下,实际移动的是硅酸盐结构的 Si-O 四面体单元。网络中有一些相当大的孔洞,因而像氢和氦那样的小原子可很容易地渗透通过玻璃。此外,这类小原子对于玻璃组分在化学上是惰性的,这增加了它们的扩散率。这种理论解释了氢和氦对玻璃有明显的穿透力,并且指出了玻璃在某些高真空应用中的局限性。钠和钾离子由于其尺寸比较小,也容易扩散穿过玻璃,但它们的扩散率明显低于氢和氦,因为阳离子受到 Si-O 网络中氧原子的静电吸引。

## 3.7 扩散与材料加工

### 3.7.1 扩散与晶粒长大

多晶材料有大量的晶界,由于原子在晶界处排列疏松,堆积密度低,因而晶界是一个高能区。若晶粒长大而使晶界面积减小,则材料中的总能量就可降低。因此,高温下的晶粒长大是一个自发过程。

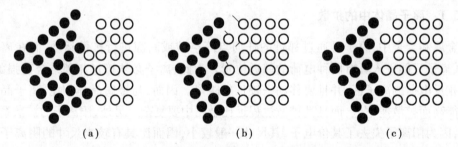

(a)　　　　　　　　(b)　　　　　　　　(c)

图 3.8　原子从一个晶粒穿过晶界向另外一个晶粒扩散时的晶粒长大

晶粒长大涉及晶界运动,当原子从一个晶粒穿过晶界向另外一个晶粒扩散时(见图 3.8),即发生晶粒长大。因此,晶粒的长大与晶界扩散的激活能和扩散系数有关,某温度下长大后晶粒的平均直径 $D$ 可计算为

$$D = (kt)^n \tag{3.13}$$

式中　$t$——晶粒长大所需时间;

　　　$n$——往往小于 0.5;

　　　$k$——常数,取决于温度和扩散系数等因素。

高温或低激活能使 $k$ 值增大,因而使晶粒尺寸增大。工程上为避免晶粒过分长大而损害性能,必须控制材料加工时的加热温度、保温时间等。

在晶界处引入障碍物可产生阻止晶粒长大的"阻力"。晶粒尺寸与障碍物的数目,尺寸之间的关系可表示为

$$R = \frac{r}{3f} \tag{3.14}$$

式中　$R$——晶粒的半径；

　　　$r$——障碍物的半径；

　　　$f$——障碍物的体积分数。

用各种方法向材料中加入微利，从而控制材料在高温下使用和加工时的晶粒长大，已经是一项比较成熟的工业技术。

### 3.7.2　钢的气体渗碳表面硬化

许多转动或滑动的钢制零件，以提高其耐磨性，同时还应使心部坚韧，以提高其断裂抗力。为此，常采用 ～0.25% 的低碳钢，首先在软态下进行零件的切削加工，然后通过气，使表面得到硬化。

进行气体渗碳时，零件放在　　　　　　炉中通以富 CO 的气体（如甲烷或其他碳氢化合物的气体）。来自炉　　　取进入零件的表面，使表层的碳含量增加。

下面通过两个例题说明如何利用式(3.9)给出的扩散方程计算一个未知变量。

**例 3.2**　碳质量分数为 0.2% 的碳钢在 927 ℃ 进行气体渗碳。假定表面碳质量分数增加到 0.90%，试求距表面 0.5 mm 处的碳质量分数达 0.40% 所需的时间。已知 $D_{927℃} = 1.28 \times 10^{-11}$ $m^2/s$。

**解**　在式(3.9)中，$C_s = 0.90\%$，$x = 0.5$ mm $= 5.0 \times 10^{-4}$ m，$C = 0.20\%$，$D = 1.28 \times 10^{-11}$ $m^2/s$，$C_x = 0.40$；代入式(3.9)可得

$$\mathrm{erf}(69.88/\sqrt{t}) = 0.714\ 3$$

令 $Z = 69.88/\sqrt{t}$，则 $\mathrm{erf}\ z = 0.714\ 3$，由表 3.2 可知，$z$ 应为 $0.75 \sim 0.80$，利用内插法可得出 $z = 0.755$。

因此，$t = 8\ 567$ s $= 143$ min $= 2.38$ h。

**例 3.3**　渗碳用钢及渗碳温度同上题，求渗碳 5 h 后距表面 0.5IYll-fl 处的碳质量分数。

**解**　在式(3.9)中，$C_s = 0.90\%$，$x = 0.5$ mm $= 5.0 \times 10^{-4}$ m，$C_0 = 0.20\%$，$D = 1.28 \times 10^{-11}$ $m^2/s$，$t = 5$ h $= 1.8 \times 10^4$ s，代入式(3.9)可得

$$(0.90\% - C_x)/0.70\% = \mathrm{erf}\ 0.521$$

令 $z = 0.521$，由表 3.2 并利用内插法可得 $\mathrm{erf}\ z = 0.538$，即

$$(0.90\% - C_x)/0.7\% = 0.538$$

$$C_x = 0.90\% - 0.70\% \times 0.538 = 0.52\%$$

与例 3.2 比较可知，渗碳时间由 2.38 h 增加到 5 h，含 0.20% 碳的碳钢距表面 0.5 mm 处构碳质量分数仅由 0.40% 增加到 0.52%。

### 3.7.3　硅晶片的掺杂扩散

将杂质扩散入硅晶片以改变其导电特性是生产集成电路的一个重要环节。其方法是：将硅晶片放在温度约为 1 100 ℃ 的石英炉中，并使其表面暴露在适当杂质蒸汽中，硅晶片表面不希望渗入杂质的部分必须遮住。与钢制零件的气体渗碳一样，扩散进入硅表面的杂质浓度随着距表面深度的增加而减小，改变扩散时间也会改变杂质的浓度分布。

**例** 3.4　将镓在 1 100 ℃扩散进入纯硅晶片,已知 $D = 7.0 \times 10^{-17} \ m^2/s$,晶片表面的镓浓度为 $10^{24}$ 原子/$m^3$,试求 3 h 后距表面多深处的镓浓度为 $10^{22}$ 原子/$m^3$。

**解**　在式(3.9)中,$C_x = 10^{24}$ 原子/$m^3$,$C_x = 10^{22}$ 原子/$m^3$,$C_0 = 0$,$D = 7.0 \times 10^{-17} \ m^2/s$,$t = 3 \ h = 1.08 \times 10^4 \ s$,代入式(3.9)中可得

$$0.99 = erf[(x/1.74 \times 10^{-6})]$$

令 $z = x/(1.74 \times 10^{-6})$,由表 3.2 并利用内插法可得出 $z = 1.82$,因此 $x = 3.17 \times 10^{-6} \ m$。

### 3.7.4　扩散焊

扩散焊是一种连接材料的方法。首先对两个接触表面加压,使表面变平,杂质破碎,从而使原子与原子贴合。一般是在高温下加压,此时金属较软,因而更容易紧密贴合。当两个表面在高温下被压合在一起时,原子沿着晶界向空隙扩散,而后原子聚集,使界面上空隙的尺寸减小。然而,长大的晶粒最后会把剩下的空隙包围在晶粒内部。最后,通过晶内的体扩散,使空隙最终消除。这样,通过界面两侧的原子扩散,连接而形成接头。

扩散连接工艺通常用于某些稀有合金的连接,如钛合金等,还可用于连接异种金属和材料,连接陶瓷材料等。

### 3.7.5　扩散与烧结

烧结是一种材料的高温加工方法。通过烧结使材料微粒连接在一起并且逐渐减小微粒间的孔隙体积。制造陶瓷元件和采用粉末冶金方法生产金属零件,常采用烧结工艺。

将粉末材料(微米尺寸)压制成一定形状后,粉末微粒在很多部位彼此接触,微粒之间有大量孔隙。在烧结过程中,曲率半径小的表面生长迅速。在接触点的部位半径最小,因为首先生长,原子向这些点扩散,而空位则通过晶界扩散出去。空位的迁出使微粒更加紧密地连接在一起(见图3.9),使孔隙尺寸减小,密度增加。若进行长时间的烧结,即可消除孔隙,并使材料变得致密。在较高的烧结温度下,由于扩散系数的增加,密实化的速度也增加。

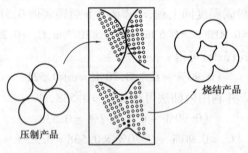

图 3.9　烧结和粉末冶金中的扩散过程

高温下的长时间烧结虽然能加快烧结速率,并可提高产品的致密度,但也会使晶粒长大。一般烧结后的晶粒尺寸总比原始颗粒大得多。另外,粉末粒度影响很大。颗粒越细,表面积越大,扩散距离越短,烧结速率越大。在其他条件都相同的条件下,达到一定致密度的烧结时间和颗粒尺寸的 3 次方成正比,即如果颗粒尺寸增加 1 倍,烧结时间就增长了 8 倍。

## 思考与练习题

1. 何谓扩散? 举例说明固体金属中发生的扩散现象。

2. 简述固体中原子扩散的机制。

3. 何谓扩散第一定律? 举例说明扩散第一定律在工业生产中的应用。

4. 何谓扩散第二定律? 举例说明扩散第二定律在工业生产中的应用。

5. 何谓稳态扩散? 何谓非稳态扩散?

6. 影响固体中原子扩散的因素有哪些?

7. 已知 Zn 在 Cu 中的扩散系数 $D_0 = 3.4 \times 10^{-5}$ m$^2$/s, $Q = -191$ kJ/mol, 试计算 300 ℃ 时的扩散系数。

8. 何谓反应扩散? 试举例说明。

9. 试举例说明扩散在材料加工中的应用。

10. 碳质量分数为 0.20% 的碳钢在 927 ℃ 进行气体渗碳。假定表面碳质量分数增加到 1.10%, 试求距表面 0.5 mm 处的碳质量分数达 0.40% 所需的时间。已知 $D_{927℃} = 1.28 \times 10^{-11}$ m$^2$/s。

11. 渗碳用钢及渗碳温度同上题, 经 7 h 渗碳后计算距表面 1.1 mm 处的碳质量分数。表面碳质量分数为 1.10%, $D_{927℃} = 1.28 \times 10^{-11}$ m$^2$/s。

12. 将铝在 1 100 ℃ 扩散进入纯硅晶片, 已知 $D = 2 \times 10^{-12}$ m$^2$/s, 晶片表面铝浓度为 $10^{18}$ 原子/m$^3$, 试求 8 h 后距表面多深处的铝浓度为 $10^{16}$ 原子/m$^3$。

# 第4章
# 材料的力学性能

材料的力学性能是指材料在外力作用下所产生的变形、抵抗力(应力强度)及破坏等一系列行为。本章联系材料的内部结构,分别讨论材料的各种变形、强度及典型的破坏形式。

## 4.1 材料的弹性

### 4.1.1 弹性和弹性变形

材料变形的实质是其内部质点在外力作用下,偏离或改变了原来的平衡位置,产生了相对位移。当质点间原来的平衡被破坏时,材料内部产生一种抵抗力以平衡外力。单位面积上的这种抵抗力,称为应力;材料相对变形的大小,称为应变。

材料在外力作用下产生变形,当外力除去后,若变形随即消失,材料恢复至原来形状,这种性质称为弹性。这种即可恢复的变形,称为弹性变形(又称"瞬时变形""可恢复变形")。这是因为,当外力没有超过材料内部质点间的相互作用力时,外力所做功转变为材料的内能,当外力除去后,内能做功又使质点回到原来的平衡位置,即变形消失。这种因内能变化导致的弹性变形也称为能弹性。其应力-应变关系符合虎克定律。

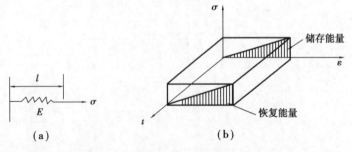

图4.1 虎克固体模型及应力-应变-时间关系曲线

图4.1(a)表示具有完全弹性的理想材料的流变模型,称为虎克固体模型,图4.1(b)表示其应力-应变-时间的关系。

### 4.1.2　弹性模量

如图 4.2 所示为弹性变形曲线。表示作用力与所引起的变形之间有一种简单的线性关系,即虎克定律:

对于拉应力或压应力

$$\sigma = E\varepsilon \qquad (4.1)$$

对于剪切应力

$$\tau = G\gamma \qquad (4.2)$$

对于静水压应力

$$\sigma_{\mathrm{m}} = K\varepsilon_{\mathrm{V}} \qquad (4.3)$$

式中　$\sigma$——垂直应力;

$\varepsilon$——垂直应变;

$E$——弹性模量(杨氏模量或纵向模量);

$\tau$——剪切应力;

$\gamma$——剪切应变;

$G$——剪切模量(横向弹性模量或刚性模量);

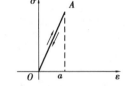

图 4.2　弹性变形曲线

$\sigma_{\mathrm{m}}$——静水压应力,$\sigma_{\mathrm{m}} = \dfrac{1}{3}(\sigma_x + \sigma_y + \sigma_z)$,与静水压力 $P$ 的关系为 $\sigma_{\mathrm{m}} = -P$;

$\varepsilon_{\mathrm{V}}$——体积应变;

$K$——体积弹性模量(压缩模量)。

$E$、$G$、$K$ 之间有关系为

$$E = 2G(1 + \nu) = 3K(1 - \nu)$$

$$G = \frac{E}{2(1 + \nu)} = \frac{3KE}{9K - E}$$

$$\nu = \frac{E - 2G}{2G} = \frac{3K - E}{6K} \qquad (4.4)$$

式中　$\nu$——泊松比。

对于各向同性材料(即其性能没有方向性的材料),以上介绍的 4 个弹性常数中,只有两个是独立的。只要知道任意两个弹性常数,就可利用式(4.4)将其余两个算出。

模量 $E$、$G$、$K$ 表示材料的弹性变形阻力,即材料的刚度。若固体的模量数值越大,则表明该固体中的原子键力越强,发生弹性变形越不容易。

温度的升高导致晶格热运动的增强,原子键合刚度有所下降,故 $E$、$G$、$K$ 也随温度升高而稍有降低。因此,在列出弹性模量的数值时,应同时指出其适用的温度范围。

泊松比 $\nu$ 是横向收缩系数。它表征固体每弹性伸长一定量时其横截面将减少的量。

对于非虎克弹性材料,由于应力与应变之间不能建立线性关系,因而其弹性模量随着应力的大小而改变。因此,对于混凝土等材料,可根据不同的目的,分别采用下面定义的弹性模量。

初始切线模量

$$E_{\mathrm{i}} = \left(\frac{\mathrm{d}\sigma}{\mathrm{d}\varepsilon}\right)_{\tau=0} = \tan \theta_0$$

切线模量

$$E_\sigma = \left( \frac{\mathrm{d}\sigma}{\mathrm{d}\varepsilon} \right)_{\sigma=0} = \tan \theta_1$$

割线模量

$$E = \frac{\sigma}{\varepsilon} = \tan \theta$$

各种弹性模量的定义如图4.3所示。

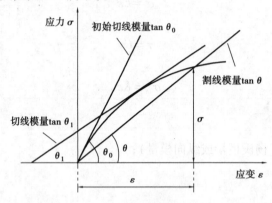

图 4.3　弹性模量

表 4.1　一些材料的室温弹性模量/GPa

| 材料种类 | 材　料 | $E$ | $G$ |
|---|---|---|---|
| 金属 | 铅 | 16 | 5.5 |
|  | 铝 | 72 | 26 |
|  | 铜 | 125 | 46 |
|  | 钛合金 | 110 | 42 |
|  | 铁、钢 | 210 | 80 |
|  | 钨 | 360 | 130 |
| 非金属 | 瓷器 | 60 | 25 |
|  | 石英玻璃 | 75 | 32 |
|  | 氧化铝 | 410 | 160 |
|  | 碳化钨 | 650 | 270 |
| 有机材料 | 木材(纤维方向) | 10 | 5 |
|  | 聚乙烯 | 0.4 | 0.15 |
|  | 聚苯乙烯 | 3.5 | 0.13 |
|  | PMMA(有机玻璃) | 4 | 1.5 |

### 4.1.3　高弹性

材料的弹性都存在着一个限度,即弹性变形不能超过某一个范围。结晶态物质的弹性变形范围很窄,如金属和陶瓷,几乎都为 0.1% ~ 1%,而橡胶和橡胶状材料的弹性变形可达100%以上,甚至达到 1 000%,故称这类可逆弹性变形范围大的材料为弹性体,称这种弹性为高弹性。其特点是弹性变形大,弹性模量小,且弹性模量随温度升高而增大。这种高弹性和弹性模量是两个完全不同的概念,与金属、低分子结晶体、硬质塑料等具有的弹性大不相同。

（1）能弹性与熵弹性

设某弹性体单向受大小为 $f$ 的张力,当伸长变形为 $dL$ 时,体系对外做功为 $dw$,则有

$$dw = PdV - fdL$$

式中　$P$——静水压力。在空气中,$P$ 可取为大气压。因伸长 $dL$ 引起体积变化 $dV$ 很小,可忽略不计,则有

$$dw = -fdL \tag{4.5}$$

又设弹性体变形是在热力学平衡状态下进行的,由热力学第一定律

$$du = dQ - dw \tag{4.6}$$

式中　$dQ$——体系吸收的热量,可逆过程 $dQ = TdS$;

　　　$du$——体系内能的变化。

将 $dQ = TdS$ 和式(4.5)代入式(4.6),有

$$du = TdS + fdL$$

故

$$f = \left(\frac{\partial u}{\partial L}\right)_T - T\left(\frac{\partial S}{\partial L}\right)_T \tag{4.7}$$

式(4.7)右边第一项为能项,能项是为了减小因伸长变形引起的原子间距、键角、分子间力等的改变对位能的增大而产生的收缩力。金属与陶瓷等结晶态物质的弹性就来自这种力,称为能弹性。右边第二项为熵项,熵项是为增大因分子键伸长而降低的熵值所产生的收缩力,称为熵弹性(又称"橡胶弹性")。图4.4表明,当分子键伸长时,其构象熵下降。然而,由热力学熵增原理,熵达到极大的状态总是稳定的状态。因此,外力除去后分子键便回弹到无规线团状态,即熵值极大的状态。

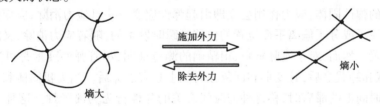

施加外力

除去外力

熵大　　　熵小

图 4.4　橡胶弹性的熵变示意图

对于受外力作用的金属、陶瓷等结晶态物质,式(4.7)右边的后一项为零,材料的弹性来自第一项。而对于橡胶及橡胶状材料,其弹性主要来自后一项,因为其分子链之间是范氏力作用,当分子链伸长变形时引起的内能变化很小,近似于零。

所谓高弹性,即是熵弹性不为零。橡胶及橡胶状材料所具有的橡胶弹性是典型的高弹性。

（2）橡胶弹性的特征

具有橡胶弹性的材料(如橡胶)的弹性变形特性与其他材料显著不同。一是可耐非常大的变形而不被破坏(应变可达百分之几百);二是除去外力后可恢复到原来长度。耐大变形需要分子链长,即能呈现橡胶弹性的只有高分子材料。但仅仅有长分子链是不够的,还必须是易于变形的分子链,这就要求材料不能是结晶体。同时,由于分子链容易运动,受到张力作用就会完全流动而产生塑性变形,以致不可能恢复原来的形状。为了防止这种情况,分子链必须具

有交联点来对分子加以束缚。这样,橡胶变形时,其内部就会产生恢复原状的力。

如图4.5所示为结晶态材料与橡胶的应力-应变曲线。第Ⅰ象限表示拉伸,第Ⅲ象限表示压缩。对于结晶材料,弹性区很狭窄,变形不超过0.5%。变形时应力很高,因此,其弹性模量往往很高,在弹性区应力-应变曲线成直线。而橡胶的应力-应变曲线大不相同,弹性区很宽,应力-应变曲线不是直线,应变小的部分弹性模量也小,但随着弹性变形的大幅度增加,应力有所增加,弹性模量也不是常数。

由于橡胶的非线性弹性,要求有一个与表征线性弹性材料的弹性模量有所不同的刚度实用定义。橡胶刚度的一种常用度量,是使材料产生300%伸长所需的拉应力,称为300%定伸强度。

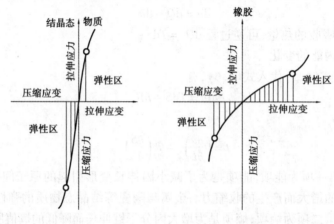

图4.5 结晶态物质与橡胶的应力-应变曲线

### 4.1.4 滞弹性

对于理想的弹性固体,应力作用会立即引起弹性应变。一旦应力消除,应变也随之立刻消除。这意味着原子或分子偏离平衡位置的位移是瞬时发生的,随着应力消除,又瞬时回到能量最低的平衡位置。然而,对于实际材料,很精确的测量证明,尽管弹性变形是可逆且呈线性关系的,但在加载和卸载之后,其变形和回复在时间上总有点滞后。当无机固体和金属的弹性变形有可测出的时间上的滞后时,称这种与时间有关的弹性行为为滞弹性。这种应变滞后于应力的宏观现象的本质在于,交变应力导致原子不断换位,而位移的往返需要一定的时间。

如图4.6(b)所示,滞弹性材料的应变与应力之间有一周相差,每一周期的应力-应变曲线形成一条迴线,称为滞性迴线或滞后迴线。迴线所包围的面积表示输入的能量,即单位体积的材料在每一周期所消耗的能量(消耗于加热材料和周围的环境)。这是由于原子不断地来回移动,使部分机械能转换为热能而消散。故滞弹性将对振动过程起阻尼作用。

很多种材料在不同条件下都可表现出滞弹性效应。金属和陶瓷可以是理想弹性的,也可以是严重滞弹性的,取决于温度和荷载的频率。

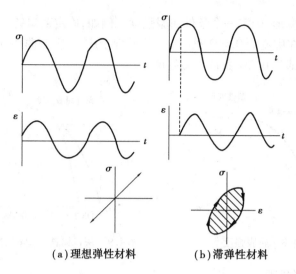

(a) 理想弹性材料　　　　(b) 滞弹性材料

图 4.6　循环荷载下的应力-时间关系;应变-时间关系;应力-应变关系

## 4.2　材料的塑性

### 4.2.1　塑性变形

材料在外力作用下产生变形,当外力除去后不能完全恢复原有形状,这种性质称为塑性,这种不可恢复的变形,称为塑性变形(永久变形、残余变形)。与材料的弹性变形相比较,外力所做功没有全部转换为内能,而是在外力超过材料质点间的相互作用力后,引起了材料部分结构或构造的破坏,即部分功消耗于结构或构造的破坏,造成不可恢复的永久变形。

塑性变形的流变模型如图 4.7(a)所示,称为圣维南固体模型,图 4.7(b)为其流变曲线。

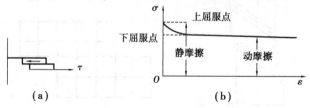

图 4.7　圣维南固体模型及流变曲线

根据变形情况,通常把破坏前无显著变形而突然破坏的称为脆性材料,典型的脆性材料如砖瓦、生铁等;反之,把破坏前有显著塑性变形的称为塑性材料,如低碳钢、沥青等。而把混凝土及钢筋混凝土认为是一种弹、塑、黏性混合的材料。

材料的塑性和脆性可能随温度、含水率、加荷速度等而改变,例如,沥青在迅速加荷或低温条件下表现为脆性,而在缓慢加荷或温度稍高的条件下表现为塑性。又如,黏土在干燥时为脆性,在潮湿时为塑性。

在实际材料中,完全的弹性材料是没有的,再好的弹性体,当应力超过一定限度后也会产生塑性变形。故称材料由弹性行为转变为塑性行为时所承受的应力为材料的屈服强度,如图 4.9 所示。对于某些材料,很难测定从弹性行为转变为塑性行为时的应力。在这种情况下,可根据材料允许的小量变形,确定一个条件屈服强度。例如,确定灰口铸铁变形为0.2% 条件屈服强度(见图4.10),在应变为0.002处,作一条平行于应力-应变曲线初始部分的直线,直线与曲线相交处的应力即为0.2%条件屈服强度。

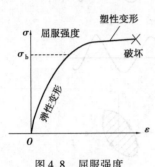 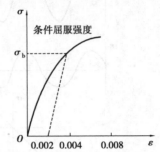

图4.8 屈服强度    图4.9 灰口铸铁0.2%条件屈服强度

### 4.2.2 塑性变形机理

从亚微观和微观的角度来看,永久变形是由于结构发生了流动。流动是材料内部质点调换其相邻质点的切变过程。固体材料的塑性变形来自于晶体的塑性流动。塑性流动是原子面按照晶体学规律相互滑动。

(1)单晶体的塑性流动

单晶体的塑性流动机理是滑移和孪生,其中,滑移是主要的。

滑移是晶体的一部分沿着一定晶面(滑移面)的一定方向(滑移方向)相对于晶体的另一部分发生滑动。滑移的结果必须在晶体表面造成相对位移,并形成滑移台阶,如图4.10(a)、(b)所示。若使抛光的单晶体试样发生塑性变形,可在显微镜下看到试样表面有许多相互平行的线条。这种线条称为滑移带。滑移带是由更细的滑移线组成的,如图4.11所示。

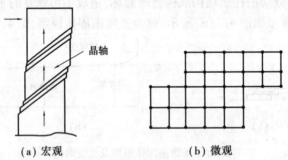

(a)宏观    (b)微观

图4.10 滑移示意图

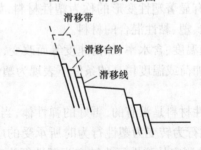

图4.11 滑移带和滑移线示意图

对滑移线的位向进行研究,结合对变形后的金属单晶体进行 X 射线分析,揭示出滑移总是沿晶体中原子排列密度最大的晶面进行。因为最密排晶面间的距离最大,它们之间的结合力最弱,滑移阻力最小。发生滑移的晶面和晶向,称为滑移面和滑移方向。一个滑移面和这个面上的一个滑移方向组成一个滑移系统,称为滑移系。其数量等于滑移面数与滑移方向数的乘积。显然,滑移系越多,晶体发生滑移的可能性越大,其塑性越好。

表 4.2 是 3 种典型晶格金属的滑移系。由于滑移方向对滑移的影响比滑移面更大,因此,体心立方晶格金属和面心立方晶格金属虽然都有 12 个滑移系,但面心立方晶格金属的塑性更好些。例如,铜和铝(面心立方晶格)的塑性就优于铁(体心立方晶格)。

滑移系的活动性受温度影响很大。温度较高时会有更多的滑移系活动。例如,低温时体心立方铁只有最密排面{110}所构成的滑移系参与滑移,而高温时还会有{211}<111>和{321}<111>组成的滑移系参与滑移,故高温下铁的塑性变形比室温下大得多。

与金属不同,大多数非金属晶体材料(离子晶体、共价晶体)在室温下是脆性的,如陶瓷在常温下不发生屈服现象,往往在变形量很小(0.01%)时就发生断裂。这并不仅仅是由于它们固有比较高的键强,也不是由于缺少位错,而是由于这些材料的活动滑移系较少,不能造成大量的塑性流动。当温度升高到一定程度(1 000 ℃),大部分陶瓷由脆性转化为半脆性,活动的滑移系增多,断裂前将出现不同程度的塑性变形。

**表 4.2 室温下 3 种典型晶格金属的滑移系**

| 晶 格 | 体心立方晶体 | | 面心立方晶格 | | 密排六方晶格 | |
|---|---|---|---|---|---|---|
| 滑移面<br><br>滑移<br>方向 | | | | | | |
| 滑移系 | $6 \times 2 = 12$ | | $4 \times 3 = 12$ | | $1 \times 3 = 3$ | |

必须清楚的是,晶体滑移与位错运动密切相关。位错的存在使晶体的屈服强度(开始塑性流动的应力)相对于基本上不含位错的晶须(直径为 1 μm 数量级的金属或氧化物单晶体细丝)降低很多。位错运动的结果产生了滑移变形。

塑性流动的第二种机理是机械孪生。发生孪生时,晶体的一部分相对于一定的晶面(孪生面)沿一定的方向(孪生方向)发生切变。发生切变的部分,称为孪晶带,简称孪晶。在孪晶带中,每层原子面相对于相邻原子面的移动量都相同,但它们在孪生后各自移动的距离却和离孪生面的距离成正比,且不是原子间距的整倍数。孪生变形后晶体中变形部分和未变形部分在孪生面两侧形成镜面对称。图 4.12 为孪生的宏观及微观示意图。

像滑移一样,孪生也是在切应力作用下产生的。但产生孪生所需要的切应力往往高于滑移所需。因此,是否产生孪生与晶体是否容易产生滑移有关。在容易发生滑移的面心立方晶格金属中,一般不产生孪生。某些滑移系数目有限的密排六方金属(如锌)在一定条件下优先进行孪生。体心立方金属在低温时也由于滑移困难而进行孪生,孪生和滑移可先后进行,某些

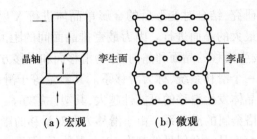

图 4.12　孪生示意图

情况下甚至同时进行。

孪生变形可在周围的晶体中引起很大的畸变,因此而产生的塑性变形量不大,一般不超过10%。由于孪生能引起晶格位向的改变,因而可能促进滑移的产生,孪生变形的速度很快,接近声速。

孪生与滑移的主要区别如下:

①孪生使晶格位向改变,造成变形晶体与未变形晶体的对称分布,而滑移不引起晶格变化。

②孪生时原子沿孪生方向的相对位移是原子间距的分数;而滑移时原子在滑移方向的相对位移是原子间距的整倍数。

③孪生变形所需切应力比滑移大。因此,孪生一般在不易滑移的条件下发生。

④孪生产生的塑性变形量比滑移小得多。

实际的晶体材料大多数是多晶体。多晶体中存在着大量位向不同的单晶体晶格,因而也存在着大量原子排列不规整的晶界。因此,多晶体的变形要比单晶体复杂得多。尽管如此,但它的基本变形机理仍然是滑移和孪生。

(2) 多晶体的塑性变形

多晶体中,各个晶粒在几何上是相互约束的,这就使得塑性屈服不可能在低应力水平发生。屈服一旦发生,要继续维持塑性流动,就必须有相当多的滑移系同时动作,以产生维持晶界完整所必需的晶粒形状变化。已经证明,多晶体要表现出塑性至少需要五个独立的滑移系同时动作。

多晶体变形时,各晶粒的滑移面和滑移方向的分布相对于受力方向是不同的。在同样的外力作用下,不同晶粒滑移系所受切应力不一样,那些受最大或接近最大切应力的晶粒处于所谓"软位向"状态,即容易产生滑移的状态;受最小或接近最小切应力的晶粒处于所谓"硬位向"状态,即不易滑移的状态。当外力增大时,软位向晶粒滑移系首先开动,位错沿滑移面滑动,到达晶粒的边界。晶界上由于原子排列较混乱,使位错的滑动受阻,并使其在晶界附近逐渐堆积,如图 4.13 所示。同时,在已开始塑性变形的晶粒周围,是尚未塑性变形的较硬位向的晶粒,它们只能以弹性变形来协调已变形晶粒的塑性变形,因而限制了已变形晶粒的塑性变形继续发展。

外力的增大将进一步增加在已变形晶粒边界上的位错集中,使位错密度不断增大。因而应力集中越来越大。当应力足够大时,邻近晶粒的滑移面上的位错被激发而开始运动。于是原来处于较硬位向的晶粒也开始塑性变形。这样的过程不断地继续下去,塑性变形将逐步发展到更硬位向的晶粒。随着外力的继续作用,多晶体内的晶粒将分批地逐步发生滑移变形,先是软位向晶粒,再是较硬位向晶粒,最后是硬位向晶粒,参加滑移的晶粒越来越多,变形的分配也越来越均匀,同时开动的滑移系也越来越多,使晶体材料发生较大量的塑性变形。

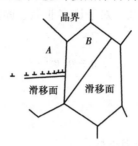

图 4.13　位错在晶界处堆积示意图

## 4.3　材料的黏性流动

黏性流动是指在一定的剪切应力下,流体以一定的变形速度进行流动,但是若将外力除去,液体会静止在这个位置上而不能恢复其变形。

应力与变形速度符合式(4.8)的流体,称为完全黏性体或牛顿液体。其流变模型如图4.14所示,即

$$\frac{d\gamma}{dt} = \frac{1}{\eta}\tau \tag{4.8}$$

式中　$\dfrac{d\gamma}{dt}$——剪切变形速率;

　　　$\tau$——剪切应力;

　　　$\eta$——黏度系数(黏度)。

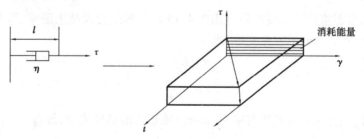

图 4.14　牛顿液体模型

在高于玻璃化温度并受到相当大的应力时,无机玻璃和热塑性聚合物会发生显著的黏性流动。与牛顿液体不同的是,这些材料可以承受拉应力。这说明这些材料的黏度要比简单流体高得多。其高黏度是由于粒子之间的键合比液体中质点间作用力强得多,使原子(或分子)的活动性变差。高于玻璃化温度,原子集团发生持续的热运动,同时作用应力使局部构型发生偏离,于是粒子有选择地调换其近邻的粒子,以产生适应作用应力的形状变化。要产生明显的宏观变形,必须大量进行这种局部构型的重新排列。而黏度 $\eta$ 正是这种重排的速率和难易程度的度量。因此,简单流体具有低黏度,变形时反应迅速,而非晶态固体由于黏度高而反应较

迟钝。同时,这些材料的变形方式具有应变速率敏感性。例如,沥青或硅油灰在快速应力作用下表现为弹性,而缓慢地施加应力则表现为黏性。

黏性流动过程与温度有密切关系。对于许多非晶态固体,黏度 $\eta$ 的变化遵循倒易的阿累尼乌斯关系,即

$$\eta = \eta_0 \, e^{\frac{Q}{RT}} \tag{4.9}$$

式中    $\eta$——黏度;

        $Q$——激活能;

        $\eta_0$——系数。

$\eta_0$ 和 $Q$ 取决于材料的键合和微观结构。

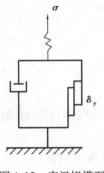

图 4.15   宾汉姆模型

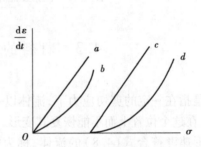

图 4.16    流动曲线

$a$—牛顿液体;$b$—非牛顿液体;

$c$—宾汉姆液体;$d$——般宾汉姆液体

黏性流动对于一些非晶态固体的加工十分重要。无机玻璃在高温吹制时之所以容易成型,就在于黏性流动时不像晶体塑性流动那样产生颈缩现象,伴随着伸长变形的是横截面积的均匀缩减。长链聚合物也可像无机玻璃那样加工,但在一定程度的应变以后,由于分子的分离而有撕裂的趋势。

某些材料如水泥浆体的流变性质可用图 4.15 所示的组合模型来研究,称为宾汉姆模型。

当 $\sigma < \sigma_y$ 时,并联部分不发生变形,则

$$\sigma = E \cdot \varepsilon_e$$

$$\varepsilon_e = \frac{\sigma}{E}$$

当 $\sigma > \sigma_y$ 时,在并联部分发生与应力 $(\sigma-\sigma_y)$ 成正比的黏性流动,故有

$$\sigma - \sigma_y = \eta \, \frac{d \, \varepsilon_v}{dt}$$

总变形 $\varepsilon = \varepsilon_e + \varepsilon_v$,而 $\varepsilon_e$ 为常数,故有

$$\sigma = \sigma_y + \eta \, \frac{d\varepsilon}{dt} \tag{4.10}$$

式(4.10)称为宾汉姆方程。符合该式的液体称为宾汉姆体。

牛顿液体和宾汉姆体的黏度系数 $\eta$ 为常数,流动曲线($\frac{d\varepsilon}{dt}$-$\sigma$ 曲线)为直线,如图 4.16 所示的 $a$ 和 $c$。若液体中有分散粒子存在,则黏度系数 $\eta$ 将是应力 $\sigma$ 和变形速度 $\frac{d\varepsilon}{dt}$ 的函数,流动曲

线成为曲线。图 4.16 中两条曲线 $b$、$d$ 分别代表非牛顿液体和一般宾汉姆体。超流动性的水泥浆体接近于非牛顿液体,一般的水泥浆体接近于一般宾汉姆体。

## 4.4　材料的黏弹性

在外力作用下,有的材料的变形性质介于弹性材料和黏性材料之间,即同时表现出弹性和黏性,应力可同时与应变和应变率有关,变形性能强烈地依赖于温度和外力作用时间。故称这种力学行为为黏弹性。如果黏弹性是由服从虎克定律的理想固体的弹性和服从牛顿定律的理想液体的黏性的组合,则称为线性黏弹性;反之,则称为非线性黏弹性。

黏弹性是高分子材料力学性能的一个重要特性。通过代表理想弹性体的弹簧和代表理想流体的黏壶的各种组合可定性地描述材料的黏弹性,如麦克斯韦模型和开尔文模型(见图 4.17)。下面以麦克斯韦模型为例进行分析。

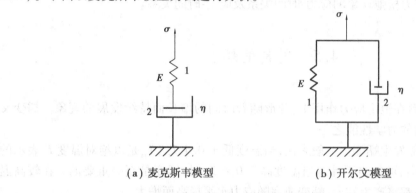

(a) 麦克斯韦模型　　　　(b) 开尔文模型

图 4.17　黏弹性流变模型

如图 4.17(a)所示为最简单的黏弹性模型——麦克斯韦模型。它是由一个弹簧和一个黏壶串联而成的。当外力作用在此模型上时,弹簧和黏壶所受应力相同,整个模型的应变是弹簧和黏壶的应变之和,即

$$\varepsilon = \varepsilon_1 + \varepsilon_2$$

$$\frac{d\varepsilon}{dt} = \frac{d\varepsilon_1}{dt} + \frac{d\varepsilon_2}{dt}$$

$$\varepsilon_1 = \frac{\sigma}{E}$$

$$\varepsilon_2 = \frac{\sigma}{\eta}$$

$$\frac{d\varepsilon}{dt} = \frac{1}{E}\frac{d\sigma}{dt} + \frac{\sigma}{\eta} \tag{4.11}$$

式(4.11)是麦克斯韦模型的运动方程。

令应变保持不变,$\dfrac{d\varepsilon}{dt} = 0$,故

$$\frac{1}{E}\frac{d\sigma}{dt} + \frac{\sigma}{\eta} = 0$$

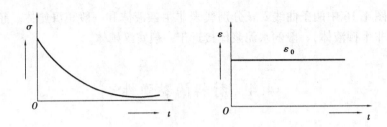

图 4.18　应力松弛现象的应力-时间关系及应变-时间关系

令 $T = \eta / E$，解此微分方程，得

$$\sigma(t) = \sigma(0) e^{-\frac{t}{T}} \qquad (4.12)$$

式(4.12)表示当应变不变时，应力随时间以指数形式衰减。这种现象称为应力松弛。

$T = \eta / E$ 的量纲是时间，它是麦克斯韦模型的特征时间常数，称为应力松弛时间。$T$ 是模型的黏性系数 $\eta$ 和弹性常数 $E$ 的比值，说明黏弹性现象必然是同时有黏性和弹性存在的结果。图 4.18 表示了应力松弛现象的应力-时间关系及应变-时间关系。

## 4.5　材料的蠕变

蠕变是指固体材料在恒定应力作用下，变形随着时间的增长而持续发展的现象。蠕变又称徐变或蠕滑，是材料的力学性能之一。

所有的材料都可能发生蠕变。一般来说，当温度低于 $0.4\,T_m$（$T_m$ 是以绝对温度 $K$ 表示的材料熔点）时，蠕变极微，可忽略不计。当温度高于 $0.4\,T_m$ 时，蠕变是至关重要的。在较高温度下，所有的应力水平都将产生蠕变，蠕变速率随应力水平提高而增大。

### 4.5.1　蠕变的流变模型

图 4.17(b)是描述材料蠕变的流变模型，称为开尔文模型。它是描述蠕变的最基本的模型。开尔文模型由一个弹簧和一个黏壶并联而成。其特点是弹簧和黏壶上的应变相同，而总的应力是弹簧和黏壶上作用应力之和，即 $\sigma = \sigma_1 + \sigma_2$。因此，开尔文模型的运动方程为

$$\sigma(t) = E\varepsilon + \eta \frac{\mathrm{d}\varepsilon}{\mathrm{d}t} \qquad (4.13)$$

在用开尔文模型描述蠕变时，应力保持常数 $\sigma_0$，运动方程为

$$\frac{\sigma_0}{E} = \varepsilon + \frac{\eta}{E} \frac{\mathrm{d}\varepsilon}{\mathrm{d}t}$$

该常微分方程的一般解为

$$\varepsilon(t) = \frac{\sigma_0}{E} \left(1 - e^{-\frac{t}{T}}\right) \qquad (4.14)$$

这里 $T = \eta / E$。满足式(4.14)的材料为线性黏弹性材料。式(4.14)表明线性黏弹性材料的蠕变随时间呈指数型变化。图 4.19 表示蠕变时应力及应变与时间的关系。

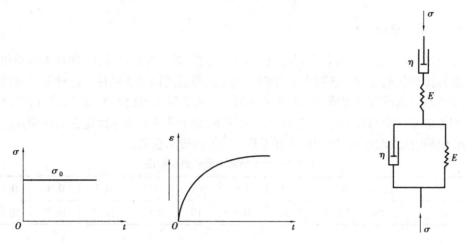

图 4.19　蠕变时应力及应变-时间关系　　　　图 4.20　勃格尔模型

对于某种具体的材料,可用不同的流变模型来研究其蠕变,如混凝土采用勃格尔模型,如图 4.20 所示。

### 4.5.2　蠕变曲线

如图 4.21 所示为不同温度下典型的蠕变曲线。曲线 1 表示温度高于 $0.4T_m$ 时应变与时间的关系。这种应变-时间曲线可分为 4 个阶段。当 $t=0$ 加上应力时,产生瞬时应变 $OA$,$OA$ 中包括瞬时弹性变形和瞬时塑性变形;$AB$ 为第一阶段蠕变,又称初始蠕变。这个阶段材料产生应变硬化,故蠕变速率持续降低;$BC$ 为第二阶段蠕变,又称稳态蠕变阶段,这个阶段同时出现应变硬化和热回复(加热软化)过程,两者的作用相互抵消,使得材料性能保持不变,蠕变曲线近似为一直线,蠕变速率近似为常数,故这一阶段也称恒定蠕变速率阶段。这个阶段持续的时间往往最长。$CD$ 为第三阶段蠕变,这一阶段由于材料中的裂纹生长形成内部孔洞或出现颈缩,使得局部应力不断地增高,蠕变速率增高,最终突然破坏。

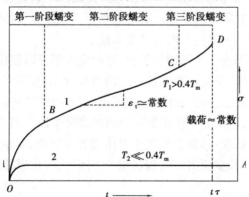

图 4.21　不同温度时蠕变应变随时间的变化曲线示意图,温度及应力保持不变

金属、陶瓷和高分子材料的蠕变曲线与曲线 1 相似。

当温度低于 $0.4T_m$ 时,曲线 2 表明瞬时变形后,蠕变经历了第一阶段。在较低应力下,稳态蠕变阶段很短,甚至趋近于零。试样的蠕变应变可稳定在一定水平,通常不会产生大量变形和断裂。

### 4.5.3 蠕变机理

对于晶体材料,蠕变通常是由同时进行的两个过程综合作用的结果,即晶界滑动和位错通过攀移越过障碍物的运动。这两个过程都取决于热激活的原子活动性。这种原子活动性的大小用原子连续两次跳跃所间隔的时间 $t$ 来表示。表4.3列出的数据表示了晶粒内部原子的活动性。根据表4.3中的数据可知,在极低的温度下,原子几乎是永远固定在晶格中其所在的位置上,而当接近熔点温度时,原子却在非常快地相互改变着位置。

**表4.3 金属晶体中原子的活动性**

| $T/T_m$ | 0.1 | 0.2 | 0.3 | 0.4 | 0.5 | 0.6 | 0.7 | 0.8 | 0.9 |
|---|---|---|---|---|---|---|---|---|---|
| $t/s$ | 1 066 | 1 025 | 1 011 | 104 | 10 | $10^{-2}$ | $10^{-4}$ | $10^{-6}$ | $10^{-7}$ |

**(1)晶界机理**

在多晶材料内部晶界处,原子活动性比晶粒内部原子活动性更大。较高温度下的大量试验表明,晶界的行为好像是一种黏滞性的液体。在中、高温时的应力作用下,晶界产生黏滞性流动,造成晶粒相对移动,晶体材料通过晶界滑动而发生蠕变。

当温度接近熔点时,晶体中空位的扩散流动对蠕变的贡献很大。在外应力作用下,空位定向扩散引起晶粒沿晶界相对移动或改变了晶粒尺寸,使晶体材料产生了蠕变变形,这种蠕变类似于线性黏性流动(即应变速率正比于应力),又称扩散蠕变。扩散蠕变仅仅在温度接近于熔点时才起重要作用。

以上所述的蠕变机理称为晶界机理。晶界机理所控制的是晶界形变,即多晶体中晶粒相对运动的过程。

**(2)晶格机理**

晶格机理控制的蠕变是与原子或空位扩散以及位错运动相关的过程。

当作用在晶体材料上的外应力低于屈服应力时,晶体中的位错可能并未处于运动状态。但这种情况只能存在于绝对零度时。在较高的温度下,经过一段时间的持荷,热激活的原子的活动性能帮助位错越过它们不能克服的势垒而运动。

假如位错堆积在滑移面的一个障碍物前面,外加应力不足以使位错克服障碍物而前进,此时,若某个位错能移动到平行于受阻平面的更高的滑移面上,即发生了位错的攀移,则该位错就可在新的滑移面上重新开始运动,如图4.22所示,假如原子的活动力足够大,位错的攀移可在一个限定的时间内完成,包括使空位扩散到位错的多余半原子面上,直到位错上的一列原子移走为止。这样,位错在新的滑移面上按照应力作用方向运动,运动的结果是产生蠕变变形。由此可知,位错攀移与原子和空位的扩散密切相关。因此,位错攀移对于蠕变的作用将随温度的增加而迅速增加。

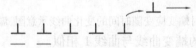

图4.22 晶体材料蠕变时位错越过障碍物的攀移

晶界滑动和位错攀移二者都对晶体材料的蠕变作出贡献。当应力低,蠕变速率小时,一般认为晶界滑动是主要过程。而在高应力和高温情况下,位错的攀移是主要过程。

在蠕变条件下(即高温下承受一定压力的状态),非晶体玻璃比晶体材料更容易产生变形。表 4.4 是几种材料在 1 300 ℃及扭转应力 32 MPa 下的蠕变速率数据。

表 4.4　几种耐火材料的扭转蠕变速率

| 材　料 | 在 1 300 ℃及 32 MPa 下的蠕变速率/$s^{-1}$ |
|---|---|
| 多晶体 $Al_2O_3$ | $2 \times 10^{-8}$ |
| 一晶体 MgO | $5 \times 10^{-7}$ |
| 软玻璃 | $3 \times 10^{2}$ |
| 耐火黏土 | $1.7 \times 10^{-2}$ |

多相陶瓷(由晶体粒子及玻璃态基体组成,基体中还包含一定量的孔洞或气泡),如耐火黏土的抗蠕变能力决定于工作温度下玻璃态相的数量。这些玻璃相的行为类似于液体,其黏性随温度升高而减小。气孔也影响陶瓷的黏性。粗略地认为,黏性反比于气孔所占的体积百分数。而当弥散分布在玻璃态基体中的晶体相体积百分数增加时,陶瓷的黏性不断地提高,陶瓷的抗蠕变能力也相应地提高。全晶体陶瓷(如纯氧化物耐火材料)的抗蠕变能力远远高于玻璃相。

值得一提的是混凝土的蠕变(习惯上称为徐变)。在室温下,烧结陶瓷和大多数金属的蠕变是微不足道的,而混凝土的徐变会产生显著的尺寸变化,并且直接受材料中湿度大小的影响,这说明混凝土徐变的基本起因必然与陶瓷和金属大不相同。

### 4.5.4　蠕变的主要影响因素

影响材料蠕变的主要因素有以下 5 个:

(1)应力

外加应力越大,材料的蠕变速率越大。不同的应力水平对应着不同的蠕变机理。通常以蠕变极限和蠕变速率作为材料的高温塑性变形抗力指标。蠕变极限是指在一定温度和规定时间内,产生一定大小变形的应力。例如,100 h 内产生 0.2% 变形的应力 $\sigma_{0.2/100}$;或指在一定时间间隔内产生一定变形速率时的应力($10^{-2}$%/h)。在长时间工作和蠕变速率极小时,可按规定时间内允许的总变形量来确定蠕变极限。而在蠕变速率较大时,最好按允许的蠕变速率来确定蠕变极限。

(2)温度

由于蠕变与扩散过程密切相关,而升高温度将降低扩散激活能,增大扩散速率,因此,温度的升高将促进所有材料的蠕变,热能促进了变形过程是蠕变的基本特征。

一般来说,材料的熔点越高,其抗蠕能力越强。常温下,除铅、锌、混凝土、沥青等材料会产生明显的蠕变外,大多数金属和陶瓷材料蠕变极微。钢铁等材料要在 300 ℃以上才有明显的蠕变变形,陶瓷材料的蠕变温度更高。故陶瓷可作为耐火材料用作各种炉、窑及电热装置的耐高温的炉衬及支承材料。

(3)晶粒尺寸

图 4.24 反映了晶粒尺寸与蠕变速率的关系。由此可知,细晶粒晶体比粗晶粒晶体有更大的蠕变变形,这是因为细晶粒晶体内部有更多的晶界。蠕变时,晶界滑动引起的变形更大。但

是晶粒尺寸也不是越大越好。在持久载荷作用下,研究各种钢材的蠕变极限证明,存在一个最理想的晶粒尺寸,超过该尺寸,蠕变极限有不同程度的降低。当然,理想的晶粒尺寸与试验温度和蠕变极限的允许塑性变形量有关。例如,铬镍相合金钢在 450 ℃ 时理想的晶粒直径为 0.5 mm;而在 550 ℃ 时,为 0.1 ~ 0.15 mm。

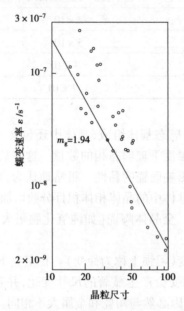

图 4.23　多晶 MgO 的蠕变速率与晶粒尺寸的关系

（4）弥散的第二相颗粒

在晶体中加入弥散的第二相颗粒,起到阻碍高温下位错运动的作用,有利于提高材料的蠕变抗力,对第二相颗粒的要求是熔点高。要使这些弥散颗粒成为位错运动的有效障碍物,这些颗粒既不能太大,也不能太小。因为假如颗粒太小,位错很容易通过它而在基体中运动,而若颗粒太大,位错可在颗粒之间的相当大的空间中通过（对于一定量的析出相,颗粒尺寸越小,颗粒之间的距离越小）。已经发现,颗粒间的距离约为 $10^3$ 原子间距离,阻止位错运动的效果最好。

（5）气孔率

材料内部的气孔率对蠕变速率有较大影响,这是因为气孔减小了抵抗蠕变的有效截面积,因此,蠕变速率随气孔率的增大而提高。

## 4.6　材料的理论强度

强度是材料最基本的性能。材料的强度即是材料抵抗由外力所造成的机械破坏的能力。在力学上表示为材料破坏时所达到的极限应力值。本节用材料科学的基本观点,结合力学,阐述了材料强度的本质和极限。

#### 4.6.1　固体材料的结合力和结合能

（1）原子间作用力

任何材料都是由分子、原子和离子等微粒所组成的。这些微小质点间的结合力直接影响着材料抗抵外力破坏的能力。要从本质上研究材料的强度，必须先研究这些微粒间的相互作用力，这种相互作用力又称键力。

固体有 4 种基本的结合类型，即离子键结合、共价键结合、金属键结合及范氏力结合。

1）离子键结合

自由原子失去或获得电子后形成正离子或负离子，理想的离子键结合是由正离子和负离子之间的静电引力所造成的。金属元素电离能小，容易失去电子成为正离子，非金属元素电子亲和能大，容易得到电子成为负离子。因此，当典型的金属元素与典型的非金属元素相遇时，发生电子转移形成正离子和负离子，并且靠静电引力而相互吸引靠近，直到两个离子的电子云相互重叠，由鲍里不相容原理可知产生斥力，同时两个原子核之间也产生同性相斥。这两部分斥力与静电引力达到平衡后，两个离子保持一定的距离，形成稳定的离子键，这个距离称为平衡距离。

离子键的特点是：键力强，无方向性和饱和性。其配位数可以是 4、6 或 8，由正离子和负离子的电荷，相对尺寸和晶体结构所决定。

由离子键形成的晶体，称为离子晶体。典型的金属元素与非金属元素的化合物，如 $NaCl$、$LiF$、$SrO$、$BaO$ 等都是离子晶体。陶瓷材料中离子晶体较多，如 $Al_2O_3$、$TiO_2$、尖晶石（$MgO \cdot Al_2O_3$）等。

由于所有电子都受到各个离子的强约束作用，在离子晶体中很难产生能自由运动的电子，因此，离子晶体是良好的绝缘体，如云母、刚玉、尖晶石等。但在熔融态或溶液中，正负离子在外电场作用下可作定向移动而具有导电性，如 $NaCl$ 水溶液。

离子晶体中正负离子结合较强，故晶体强度高，熔点高，但离子晶体脆性大，这是因为离子键要求正负离子作相间排列，使异号离子之间吸引力达到最大，同号离子之间排斥力最小。因此，当离子晶体受剪力作用产生滑移时，很容易引起同号离子相斥而破碎，如图 4.24 所示。

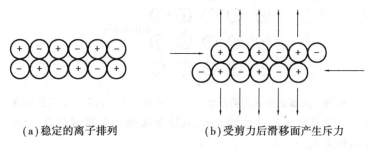

(a)稳定的离子排列　　　　(b)受剪力后滑移面产生斥力

图 4.24　受力前后离子排列示意图

2）共价键结合

两个相同的原子或性质相差不大的原子接近时，不会产生电子的转移。而靠共用电子对所产生的力结合，这种结合的例子是氢、碳、氧和氟等非金属元素分子中的结合。其基本特征是原子间共有价电子，使每个原子的最外层电子壳层都填满 8 个电子，达到稳定状态。共价键又分为极性键和非极性键。

同种原子以共价键结合时,共用电子对将均匀地围绕着两个原子核运动,即成键电子云的中心恰好在两个原子的对称中心,正负电荷的中心是重合的。这种键称为非极性共价键。例如,$H_2$、$O_2$、$Cl_2$ 及金刚石等分子中的共价键都是非极性键,如图4.25(a)所示。

电负性不同的原子形成共价键时,共用电子对偏向于电负性较大的原子。即成键电子云的中心不在两个原子的对称中心。这样,电荷的分布不对称,电负性大的原子带负电,电负性小的原子带正电。这种键称为极性共价键,如图4.25(b)所示。

两种原子的电负性相差越大,所形成的共价键极性越大。当两种原子的电负性相差很大时,成键的电子云可能完成转移到电负性大的原子上去,这就形成了离子键,如图4.25(c)所示。因此,离子键可看成共价键极性键的极限状态。

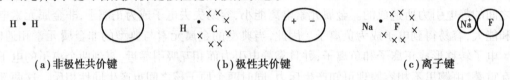

(a)非极性共价键　　　　　(b)极性共价键　　　　　(c)离子键

图4.25　共价键和离子键示意图

共价键的特点是:键力很强,有方向性和饱和性。方向性表现在共价键将在电子云重叠密度最大的方向上形成,饱和性表现在每个原子只能与一定数量的其他原子组成共价键。若某原子最外电子壳层的电子数为 $N$,则该原子只能与其他原子形成 $(8-N)$ 个共价键。

由共价键形成的晶体,称为共价晶体。其主要特点是:硬度特别大,熔点高,延展性不好。金刚石、锗、硅、碲的晶体都是共价晶体。

3)金属键结合

金属键的形成是由于金属原子具有较少的外层电子,一般不超过3个,电离能小,这些电子容易从原子中脱离出来,摆脱自身原子核的束缚,为整个金属晶体所共有。这些电子称为自由电子,它们在整个金属晶体内形成一股作无规则漂移的电子"气"。如图4.26所示,规则排列的、脱落了外层电子的金属正离子与自由电子"气"之间的相互作用,称为金属键。

金属键的特点是:键力强,无方向性和饱和性,配位数高。

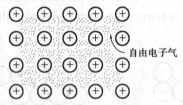

自由电子气

4.26　金属晶体的古典模型;正离子被带负电的自由电子气所包围

除 Bi、Ti、Ge、Ga 等亚金属是共价结合外,其他金属都是金属键结合。Sn 存在着金属键结合和共价键结合两种形态。

利用自由电子模型能够满意地解释金属的许多物理性质。由于自由电子"气"能自由运动,故金属具有很高的导电性和导热性。由于自由电子吸收光能,故金属不透明。当吸收光能被激发的电子回到低能状态时,又释放出光能,故金属具有较高的反射能力。

对于金属的另一些性质,尤其是与金属晶体中电子运动有关的性质,不能用古典的自由电子理论来解释,而必须把电子看成占据量子化能量状态的波,才能加以说明。

金属中的原子不是与某个特定的原子直接结合,而是通过自由电子"气"把全部原子结合在一起。每个原子中参与金属键结合的电子数较少,两个单原子之间的键力较弱,但是每个原子的配位数高(8~12),相邻原子数目很多,总键力较强。因此,金属的强度并不亚于离子晶体和共价晶体。

4)范氏力结合

范得瓦耳斯力是原子或分子间最弱的一种结合形式。这种结合不发生价电子的转移和共用,其键力实质上是分子的固有电偶极矩之间或瞬时电偶极矩之间的相互作用力。

大部分有机化合物的晶体和惰性气体元素的晶体都是以范氏力结合的分子晶体。

此外,$I_2$、$CO_2$、$N_2$、$H_2$、$O_2$ 等的晶体也是分子晶体。

由于范氏力很弱,故分子晶体的熔点和硬度都很低,很多分子晶体只有在低温下才能保持固体形态,在室温下已是气态了。

(2)固体的结合力和结合能

固体的结合力是由粒子间的相互作用力而产生的。这种粒子可以是分子、原子或离子,相互作用力的性质也各不相同。典型的粒子间相互作用力是电子的负电荷与原子核的正电荷之间的静电引力。为了一般地表示结合的类型,可分析一对原子(或者广义地为一对粒子)间的作用。这种作用力包括一个长程吸引力和一个短程排斥力,其简单的数学表达式如下:

引力

$$f_1 = Ar^{-n} \tag{4.15}$$

斥力

$$f_2 = Br^{-m} \tag{4.16}$$

式中　$r$——两原子中心间距;

　　　$A, B$——常数;

　　　$n$——引力系数;

　　　$m$——斥力系数。

$m > n$,其数值与结合类型有关。例如,离子键结合,$n = 2$,$m = 10$;分子键结合,$n = 6$,$m > 11$。

合力

$$F = Ar^{-n} - Br^{-m}$$

表示为图 4.27 中的曲线 $F$。合力曲线与横坐标轴的交点 $r_0$ 称为原子的平衡距离。当两原子处于平衡距离时,原子间作用力为零,即引力等于斥力;当原子间距小于 $r_0$ 时,即固体受压缩时,斥力超过引力,合力的绝对值随 $r$ 的减小而迅速增大;当原子间距大于 $r_0$ 时,即固体受拉伸时,引力超过斥力,合力先随 $r$ 的增加而增大,达到最大值后又随 $r$ 的增加而逐渐减小到零。曲线 $F$ 又称键力曲线。

以上讨论了两个原子间的相互作用,是最简单的情况。如果考虑周围原子的作用,力的变化仍有相似的规律,只是更复杂一些,需要引入一个与结构类型有关,反映周围原子作用总和的几何因子。

原子间的相互作用还可用互作用势能来表示。互作用势能又称结合能。

按照功能原理,互作用势能的变化量 d$v$ 与力 $F$ 有关系为

$$dv = -Fdr \tag{4.17}$$

式中　d$r$——两原子间距离变化量。

"$-$"表示从平衡点 $r_0$ 出发,$F$ 与 d$r$ 的方向总是相反。

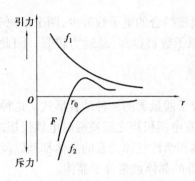

图 4.27　原子间作用力与原子间距关系示意图

设一对原子相距无穷远时互作用势能为零。这里所说的无穷远是相对原子尺寸而言,约为几百埃。当原子间距减小时,引力做正功,势能降低;斥力做负功,使势能增高。势能曲线如图 4.28 所示。

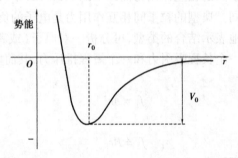

图 4.28　互作用势能与原子间距关系示意图

由式(4.17)积分可得互作用势能的数学表达式为

$$V = \int_{\infty}^{r} - F\mathrm{d}r = - \frac{A}{n-1} r^{-(n-1)} + \frac{B}{m-1} r^{-(m-1)} \tag{4.18}$$

当 $r = r_0$ 时,势能为最小值

$$V_0 = \frac{A(n-m)}{(n-1)(m-1)} r_0^{-(n-1)} \tag{4.19}$$

### 4.6.2　理论抗拉强度

由键力曲线可知,晶体受拉时,相邻两质点间的距离 $r$ 增大,键力 $F$ 也相应增大,抵抗使质点分开的外力。当 $r$ 增至一定值时,键力曲线达到峰值 $F_{max}$,即引力达到最大值。此时,若外力继续增大,键力就急剧下降,不足以与外力抗衡,$r$ 也急剧增大,晶体趋于断裂。$F_{max}$ 就称为晶体材料的最大抗拉力;所对应的应力 $\sigma_{max}$ 称为晶体材料的理论抗拉强度,又称理论断裂强度。下面介绍推导理论抗拉强度的方法。

将键力曲线简化为正弦曲线的半个波,如图 4.29(a)所示,其应力曲线也应是正弦形,如图 4.29(b)所示。横坐标 $x$ 为原子间距变化,$\lambda$ 为波长,则

$$\sigma = \sigma_{max} \cdot \sin \frac{2\pi x}{\lambda} \tag{4.20}$$

材料断裂的实质就是应力 $\sigma$ 做功产生的弹性能转换为新断面的表面能。设断裂面为一个单位面积,$r$ 为每个单位面积的表面能,则有

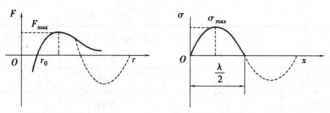

（a）简化后的键力曲线　　（b）由此而得到的应力-原子间距变化曲线

图4.29　简化后键力曲线及应力曲线

$$\int_0^{\frac{\sigma}{2}} \sigma \mathrm{d}x = 2\gamma \tag{4.21}$$

将式（4.20）代入式（4.21）左边，积分得

$$\frac{\lambda}{\pi} \sigma_{\max} = 2\gamma$$

$$\lambda = \frac{2\pi\gamma}{\sigma_{\max}} \tag{4.22}$$

又杨氏弹性模量

$$E = \frac{\mathrm{d}\sigma}{\mathrm{d}\varepsilon} \Big|_{x\to 0}$$

式中，应变 $\varepsilon = \dfrac{x}{r_0}$，代入式（4.22），得

$$E = \frac{\mathrm{d}\sigma}{\mathrm{d}\left(\dfrac{x}{r_0}\right)} \Big|_{x\to 0} = r_0 \frac{\mathrm{d}\sigma}{\mathrm{d}x} \Big|_{x\to 0} = \frac{2\pi r_0}{\lambda} \sigma_{\max} \cdot \cos\frac{2\pi x}{\lambda} \Big|_{x\to 0}$$

$$E = \sigma_{\max} \frac{2\pi r_0}{\lambda} \tag{4.23}$$

将式（4.22）代入式（4.23），得

$$E = \sigma_{\max}^2 \cdot \frac{r_0}{\lambda}$$

故理论抗拉强度为

$$\sigma_{\max} = \left(\frac{E\gamma}{r_0}\right)^{\frac{1}{2}} \tag{4.24}$$

表4.5列出某些晶体及石英玻璃的理论抗拉强度。晶体的杨氏模量是各向异性的，因此，理论强度值随外力对晶轴的取向不同而变化。

表4.5　理论抗拉强度

| 材　料 | 晶　向 | 杨氏模量 $E$/MPa ×10³ | 表面能 $\gamma$/(J·m⁻²) ×10³ | 理论抗拉强度/MPa ×10³ |
|---|---|---|---|---|
| 银 | <111> | 121 | 1.13 | 24 |
| 金 | <111> | 110 | 1.35 | 27 |
| 铜 | <111> | 192 | 1.65 | 39 |
| 钼 | <100> | 67 | 1.65 | 25 |

续表

| 材 料 | 晶 向 | 杨氏模量 $E$/MPa $\times 10^3$ | 表面能 $\gamma$/(J·m$^{-2}$) $\times 10^3$ | 理论抗拉强度/MPa $\times 10^3$ |
|---|---|---|---|---|
| 钨 | <110> | 390 | 3.00 | 86 |
| 铁 | <110> | 132 | 2.00 | 30 |
| 铁 | <111> | 260 | 2.00 | 46 |
| 锌 | <0001> | 35 | 0.1 | 3.8 |
| 石墨 | <0001> | 10 | 0.07 | 1.4 |
| 硅 | <111> | 188 | 1.2 | 32 |
| 金刚石 | <111> | 1 210 | 5.4 | 205 |
| 石英玻璃 | — | 73 | 0.56 | 16 |
| 氯化钠 | <100> | 44 | 0.115 | 4.8 |
| 氧化镁 | <100> | 245 | 1.20 | 37 |
| 三氧化二铅 | <0001> | 46 | 1.00 | 46 |

### 4.6.3　理论剪切强度

（1）方法1

考虑结合无方向性，原子成紧密排列的金属晶体。如图4.30（a）所示。

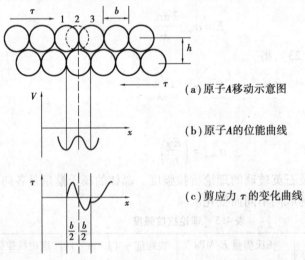

　　（a）原子A移动示意图

　　（b）原子A的位能曲线

　　（c）剪应力 $\tau$ 的变化曲线

图4.30　金属晶体受剪示意图

原子 $A$ 处于平衡位置1时，能量最低。当晶体在剪应力 $\tau$ 作用下两相邻原子面产生相对滑移时，原子 $A$ 从位置1经位置2到达3，其他原子也发生相应的移动，整个晶体仍然是稳定的，所以位置3也是稳定平衡状态，当原子 $A$ 在位置2时，其能量达到最大值，所以原子 $A$ 在位置2处于亚稳状态，此时 $\tau$ 稍加增大，立刻自动滑向位置3。其能量变化曲线为正弦波形曲线,如图 4.30(b) 所示。弗伦克尔(Frenkel)根据这个假设提出晶体的剪切应力也按正弦曲线变化,如图 4.30(c) 所示。变化周期为 $b$,则有

$$\tau = \tau_{max} \cdot \sin \frac{2\pi x}{b}$$

$$\frac{d\tau}{dx} = \tau_{max} \frac{2\pi}{b} \cdot \cos \frac{2\pi x}{b} \tag{4.25}$$

当 $x$ 很小时,剪切弹性模量

$$G = \frac{d\tau}{d\theta}$$

如图 4.31 所示,因 $\theta$ 很小,取 $\theta \approx \frac{x}{h}$,则

$$G = \frac{d\tau}{d\left(\frac{x}{h}\right)} = h \cdot \frac{d\tau}{dx} \tag{4.26}$$

将式(4.25)与式(4.26)联立,求得

$$\frac{G}{h} = \tau_{max} \frac{2\pi}{b} \cdot \cos \frac{2\pi x}{b}$$

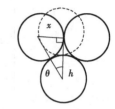

图 4.31　原子发生位移 $x$

当 $x \to 0$ 时

$$\frac{G}{h} = \tau_{max} \frac{2\pi}{b}$$

$$\tau_{max} = \frac{G \cdot b}{2\pi h} \tag{4.27}$$

式中　$G$——剪切弹模;

　　　$b$——滑移向的原子间距;

　　　$h$——滑移面的面间距;

　　　$\tau_{max}$——理论抗剪强度,也称滑移向的屈服强度,即外加剪应力超过这个数值,晶体就会沿 $b$ 的方向发生滑移。

(2)方法 2

设离子晶体质点排列如图 4.32 所示。当施加剪切力时,离子 $A$ 从平衡位置 1 开始移动,到达位置 2 时,同性离子相斥,所处能态最高,极不稳定,必须移到位置 3 才能恢复平衡稳定状态。所移动的距离为 $2b$,即剪应力 $\tau$ 的变化周期为 $2b$,则

$$\tau = \tau_{max} \cdot \sin \frac{2\pi x}{2b}$$

$$\frac{d\tau}{dx} = \tau_{max} \frac{\pi}{b} \cdot \cos \frac{\pi}{b} x$$

$$G = \frac{d\tau}{d\theta} = \frac{d\tau}{d\left(\frac{x}{h}\right)} = h \cdot \frac{d\tau}{dx}$$

$$\frac{d\tau}{dx} = \frac{G}{h} = \tau_{max} \frac{\pi}{b} \cdot \cos \frac{\pi}{b} x$$

当 $x \to 0$ 时

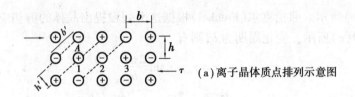

(a)离子晶体质点排列示意图

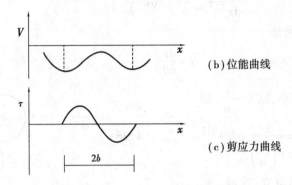

(b)位能曲线

(c)剪应力曲线

图4.32 离子晶体受剪示意图

$$\tau_{max} = \frac{G \cdot b}{\pi h} \tag{4.28}$$

用虚线将同号离子连起来,所得点阵排列与(1)一样,对于简单立方晶格

$$h' = \frac{\sqrt{2}}{2} = h$$

$$b' = \sqrt{2} b$$

代入式(4.27),虚线方向的抗剪强度

$$\tau_{max} = \frac{Gb'}{2\pi h'} = \frac{Gb}{\pi h}$$

与式(4.28)结果相同,即简单立方离子晶体各向同性。

若分子晶体质点排列如图4.32所示,因剪应力变化周期为$b$,用相同的方法可推出

$$\tau_{max} = \frac{Gb}{2\pi h} \tag{4.29}$$

与式(4.27)相比,$b$、$h$值不同,故$\tau_{max}$值不同,即分子晶体各向异性。

共价晶体中原子结合有方向性,受力变形时,键长及键角的变化较复杂,不能采用上述模型分析。

### 4.6.4 理论强度与高强材料

由前面推出的理论抗拉强度公式

$$\sigma_{max} = \left(\frac{E\gamma}{r_0}\right)^{\frac{1}{2}}$$

可知,具有最大破坏强度的材料,其杨氏模量$E$要高,表面能$\gamma$要大,原子间距$r_0$要小。离子晶体中电中性的平面表面能低,可能成为强度低的解理面。因此,离子晶体的$\sigma_{max}$值可能不如共价晶体和金属晶体高。在金属中,过渡金属比贵金属和铝有较高的$\sigma_{max}$值,因为过渡金属有较高的$E$值和较小的$\gamma_0$值。

由所推出的理论剪切强度公式

$$\tau_{max} = \frac{Gb}{2\pi h}$$

可知,若要材料的抗剪强度高,除了要求 $G$ 高之外,还要有大的 $\frac{b}{h}$ 值,故剪切滑移变形最容易在原子密度大($b$ 小),相邻原子面间距大($h$ 大)的原子面上发生。

**表 4.6　理论剪切强度($\times 10^3$)**

| 材　料 | 剪切弹性模量 $G$/MPa | 理论剪切强度 $\tau_{max}$/MPa | $\dfrac{\tau_{max}}{G}$ |
| --- | --- | --- | --- |
| 金刚石 | 505 | 121.0 | 0.24 |
| 铜 | 30.8 | 1.2 | 0.039 |
| 金 | 19 | 0.74 | 0.039 |
| 铝 | 23 | 0.9 | 0.039 |
| 硅 | 57 | 13.7 | 0.24 |
| 铁 | 60 | 6.6 | 0.11 |
| 钨 | 150 | 16.5 | 0.11 |
| 氯化钠 | 237 | 2.84 | 0.012 0 |
| 三氧化二铝 | 147 | 16.9 | 0.115 |
| 锌 | 38 | 2.3 | 0.060 5 |
| 石墨 | 2.8 | 0.115 | 0.041 1 |

比较表 4.6 和表 4.5 的数据,发现 $\tau_{max}$ 小于 $\sigma_{max}$。这一点很容易理解。因为原子沿滑移面滑移时,滑移面和相邻原子间的键合随着原子的连续到达而周期性地更新。除了在晶面端部留下台阶外,没有增加新的表面。这一过程与解理断裂相比变动小得多。因此,通常 $\tau_{max}$ 小于 $\sigma_{max}$,而许多晶体材料的最大强度主要决定于剪切强度。

$\tau_{max}/\sigma_{max}$ 称为屈强比。一般来说,若某种材料的屈强比小于 1/10,这种材料属于塑性,断裂前已出现显著的塑性流变。金属一般都能满足这个条件,故总是先发生塑性变形后断裂。共价晶体和离子晶体的剪切强度高,屈强比接近于 1,断裂前发生的变形很小,即脆性很大,如金刚石和岩盐。若屈强比约为 1/5,则还要参照其他因素再作判断。

理想高强固体的 $\tau_{max}$ 和 $\sigma_{max}$ 二者都应有大的数值。要使 $\sigma_{max}$ 和 $\tau_{max}$ 有大的数值,必须有高弹性模量,即 $E$ 值和 $G$ 值大,这就要求原子间具有定向性,键长尽量短,原子半径小,即 $\gamma_0$ 小;形成键的三维网状结构也是非常必要的,因此原子价数要高。符合这些要求的元素有 Be、B、C、N、O、Al、Si 等。最强的材料常常含有这些元素中的一种,而且通常也只含有这些元素。

## 4.7 材料的实际强度

### 4.7.1 材料的实际强度

通过对材料理论强度的分析,使我们对材料强度的实质和强度的极限有所了解。但是不能忽略一个问题,这就是在研究理论强度时,认为材料是完整的、均质的,而任何实际的材料内部不同程度地会有杂质和各种各样的缺陷。

正是由于这些杂质和缺陷的存在,造成了材料的实际强度远低于理论强度。为了说明材料的理论强度与实际强度之间的差异,格雷菲斯(Griffith)认为,材料在形成过程中,内部有微裂缝形成。这些微裂缝的存在,使材料受到外力时在裂缝附近产生应力集中现象。这个高度集中的应力使材料在所受荷载远低于$\sigma_{\max}$时发生裂缝的扩展,裂缝扩展到临界宽度后,处于不稳定状态,会自发扩展而导致断裂。对于薄板中长轴为$2C$的椭圆形裂缝,断裂应力与裂缝临界宽度的关系为

$$\sigma_f = \left(\frac{2E\gamma}{\pi C}\right)^{\frac{1}{2}} \tag{4.30}$$

式中 $\sigma_f$——材料的断裂拉应力;

$E$——杨氏弹性模量;

$\gamma$——单位面积的表面能;

$C$——裂缝临界宽度的$1/2$。

与理论抗拉强度$\sigma_{\max} = \left(\frac{E\gamma}{r_0}\right)^{\frac{1}{2}}$比较,则

$$\frac{\sigma_{\max}}{\sigma_f} = \left(\frac{\pi C}{2r_0}\right)^{\frac{1}{2}} \tag{4.31}$$

若某种材料$r_0 = 0.2$ nm,存在着一个$C = 2$ μm $= 2\,000$ nm 的裂缝,则由式(4.31)可得

$$\sigma_f = \frac{1}{125.3}\sigma_{\max}$$

若$C = 200$ μm,则

$$\sigma_f = \frac{1}{1\,000}\sigma_{\max}$$

而$1 \sim 10^2$ μm 数量级的裂缝在各种实际材料中均能发现。因此,材料的实际强度远低于理论强度。

金属材料的实际抗拉强度也可用杨氏模量$E$来估算。理论抗拉强度约为$E/6$,实测抗拉强度约为$E/1\,000$。例如,铜的杨氏模量为$1.92 \times 10^5$ MPa,理论抗拉强度为$3.9 \times 10^4$ MPa( $<111>$晶向),实测强度为$200 \sim 250$ MPa。

延性材料的剪切强度理论值与实验值之间的差异也非常大,由简单的模型计算发现,两者相差达$10^4 \sim 10^5$倍,由更精确的模型计算,两者也相差$10^3$倍,这主要是由于这些晶体材料内部存在着可动位错,这些位错在远低于理论剪切强度的非常小的剪应力作用下就可移动,造成晶

体滑移变形。其剪切强度为位错运动所控制,而不是为理论剪切强度所控制。这些材料主要是金属材料,其 $\tau_{max}/G$ 值较小。对于这类材料,只要想办法抑制位错的运动,就可提高材料的强度。这将在 4.10 节讨论。

$\tau_{max}/G$ 比值大的材料具有抵抗位错运动的能力。在室温下,当作用应力远低于理论剪切强度时,通常这些位错不能移动。具有这种位错行为的材料称为固有高强固体(本质强固体),如氧化铝、金刚石、碳化钨、氮化铝等。这些材料低温时的抗拉强度,一般受表面台阶、微裂缝和缺口的控制(造成局部应力集中),而不受理论抗拉强度的控制。如果能制备出具有光滑表面,没有任何微细裂纹的本质强固体材料,可得到与理论抗拉强度相差无几的抗拉强度。

表4.7 列出了某些材料的晶须的抗拉强度。晶须是用特殊方法制得的直径很小($10^{-6}$ m)的针状晶体,晶须中几乎无位错和裂纹,故其强度接近于理论强度。

表 4.7 室温下晶须的抗拉强度

| 材 料 | 最大抗拉强度/MPa | 杨氏模量/MPa | 熔融温度/℃ |
|---|---|---|---|
| 石墨 | $1.96 \times 10^4$ | $6.86 \times 10^5$ | 3 000(升华) |
| $Al_2O_3$ | $1.54 \times 10^4$ | $5.32 \times 10^5$ | 2 072 |
| 铁 | $1.26 \times 10^4$ | $1.96 \times 10^5$ | 1 540 |
| $Si_3N$ | $1.40 \times 10^4$ | $3.85 \times 10^5$ | 1 900(升华) |
| SiC | $2.10 \times 10^4$ | $7.0 \times 10^5$ | 2 200(升华) |
| Si | $7.0 \times 10^3$ | $1.82 \times 10^5$ | 1 450 |
| BeO | $7.0 \times 10^3$ | $3.57 \times 10^5$ | 2 520 |
| AlN | $7.0 \times 10^3$ | $3.5 \times 10^5$ | 2 000(升华) |
| NaCl | $9.8 \times 10^2$ | | |

### 4.7.2 外力作用方向与材料强度

材料的强度通常用静力破坏性试验来测定,试件破坏时的极限应力值即是强度。根据受力情况的不同,材料的强度通常又分为抗拉强度、拉压强度、抗弯强度及抗剪强度。

(1)抗拉强度

材料抗拉强度计算式为

$$R_{拉} = \frac{P}{A} \tag{4.32}$$

式中　$R_{拉}$——材料的抗拉强度,MPa;

　　　$P$——试件破坏时的最大荷载,N;

　　　$A$——试件受拉面积,$mm^2$。

金属、陶瓷、有机高分子材料测试抗拉强度时,可将试件加工成两端粗中间细的形状,便于两端固定,如图 4.33 所示。混凝土由于固定试件有困难,很少进行直接抗拉试验,现在多采用劈裂抗拉试验来测定混凝土的抗拉强度,如图 4.34 所示。劈裂抗拉强度可计算为

$$R_{劈拉} = \frac{2P}{\pi A} = 0.637 \frac{P}{A} \tag{4.33}$$

式中　$R_{劈拉}$——混凝土劈裂抗拉强度,MPa;

　　　$P$——破坏荷载,N;

　　　$A$——试件劈裂面面积,$mm^2$。

图 4.33　受拉试验示意图

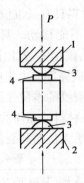

图 4.34　混凝土劈裂抗拉试验示意图

1—上压板;2—下压板;3—垫条;4—垫层

（2）抗压强度

图 4.35 是抗压试验示意图。

材料的抗压强度计算公式为

$$R_{压} = \frac{P}{A} \qquad (4.34)$$

式中　$P_{压}$——抗压强度,MPa;

　　　$P$——破坏荷载,N;

　　　$A$——试件承压面积,$mm^2$。

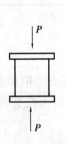

图 4.35　抗压试验示意图

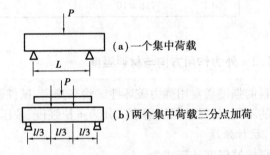

（a）一个集中荷载

（b）两个集中荷载三分点加荷

图 4.36　抗弯试验示意图

（3）抗弯强度

抗弯强度与受力情况有关。如图 4.36（a）所示,当试件中央受一个集中荷载时,计算公式为

$$R_{弯} = \frac{3PL}{2bh^2} \qquad (4.35)$$

式中　$R_{弯}$——抗弯强度,MPa;

　　　$P$——破坏荷载,N;

　　　$L$——试件跨度即两支点间的距离,mm;

　　　$b$——试件截面宽度,mm;

126

$h$——试件截面高度,mm。

当试件受力情况如图 4.36(b)所示时,计算公式为

$$R_弯 = \frac{PL}{bh^2}$$

　　　　　　　　(4.36)

式中,各个量意义同式(4.35)。

(4)抗剪强度

抗剪试验如图 4.37 所示。

材料抗剪强度的计算公式为

$$R_剪 = \frac{P}{A}$$

　　　　(4.37)

式中　$R_剪$——抗剪强度,MPa;

　　　　$P$——破坏荷载,N;

图 4.37　抗剪强度试验示意图

　　　　$A$——剪切破坏面积,$mm^2$。

材料强度的高低主要决定于材料本身的组成、结构和构造。不同品种的材料强度各不相同。同种材料也会因其孔隙率及构造特征不同而使强度有较大的差异。

另外,材料强度是在一定条件下试验所得的结果,强度值的大小与试件尺寸、形状、含水量、表面状态、温度及加荷速度等因素有关。

为了得到可供比较的强度指标,就必须严格按照相应的材料试验标准进行试验。

# 4.8　材料的脆性与脆性破坏

目前,对脆性材料与塑性材料的区分还没有明确的界限和定义。人们通常将那些抗压强度极高,抗拉强度很低(仅为抗压强度的 1/50 ~ 1/5),断裂前变形极小的材料划作脆性材料,如陶瓷、玻璃、石料、生铁等。而将抗压强度与抗拉强度接近,断裂前变形较大的材料划作塑性材料,如钢材、沥青、木材及聚氯乙烯。

## 4.8.1　材料脆性的量度

材料的断裂应力(抗拉强度 $\sigma_f$)和屈服应力 $\sigma_y$ 的相对大小决定着材料的脆-塑属性。当 $\sigma_f/\sigma_y$ 比值大时,在受力状态下,首先达到的是材料的屈服应力 $\sigma_y$,使材料发生塑性变形而松弛部分应力,趋向于塑性。当 $\sigma_f/\sigma_y$ 比值小时,在外力达到 $\sigma_f$ 前,塑性变形很小或几乎不会有塑性变形发生,一旦外力达到临界值 $\sigma_f$,材料就会发生脆性断裂。因此,$\sigma_f/\sigma_y$ 比值的大小是材料脆性程度的一种量度。

凯利(Kelly)提出根据材料的理论抗拉强度 $\sigma_{max}$ 与理论剪切强度 $\tau_{max}$ 的比值来判断材料的脆性。当 $\sigma_{max}/\tau_{max} > 10$ 时,材料属于塑性,断裂发生在显著的塑性流动之后;当 $\sigma_{max}/\tau_{max}$ 趋近 1,材料在常温下属于脆性;如果 $\sigma_{max}/\tau_{max} \approx 5$,应考虑其他因素再作判断。例如,NaCl 的 $\sigma_{max}/\tau_{max} \approx 0.94$,金刚石的 $\sigma_{max}/\tau_{max} \approx 1.16$,铜和银的 $\sigma_{max}/\tau_{max} \approx 30$,故 NaCl 和金刚石脆性很大,而铜和银是塑性材料。

弹性应变和极限应变的比值,抗压强度与抗拉强度的比值,都曾被用作衡量材料脆性的

量度。

如图 4.38 所示为某材料受拉伸时的应力-应变曲线。曲线下的面积称为断裂能。从能量平衡的观点出发,固体中裂纹扩展的临界条件是弹性应变能释放率等于裂纹扩展单位面积所需要的断裂能。断裂能是取决于固体材料的组分、结构和显微结构的特性参数,起着抵抗裂纹扩展,抑制材料断裂的作用,是材料韧性大小的一种量度。断裂能大,材料的韧性大,脆性小;反之,材料脆性大。

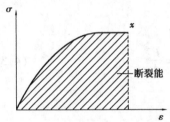

图 4.38　材料受拉的应力-应变曲线

### 4.8.2　断裂理论简述

前面提到的格雷菲斯断裂公式首先将材料的断裂强度与其内部的裂缝大小联系起来,即 $\sigma_f = \left(\dfrac{2E\gamma}{\pi c}\right)^{\frac{1}{2}}$ 为断裂力学的建立和发展奠定了基础。

但该公式只适用于完全脆性材料,即断裂时无塑性变形,弹性能全部转化为表面能。对于金属和玻璃态聚合物却不适合。例如,对于锌,应用 $\sigma_f = \left(\dfrac{2E\gamma}{\pi c}\right)^{\frac{1}{2}}$ 算出裂缝 $C = 0.55$ cm,这显然与事实不符合。

奥罗万(Orowan)提出修正。指出在裂缝扩展过程中,裂缝尖端首先发生塑性变形,然后扩展,即裂缝扩展不仅要消耗产生新表面的能量 $\gamma$,还要消耗使尖端部分发生屈服变形的能量 $\gamma_p$,$\gamma_p$ 称为塑性功,即

$$\sigma_f = \left[\frac{E(\gamma + \gamma_p)}{\pi c}\right]^{\frac{1}{2}} \tag{4.38}$$

对于不是完全脆性的材料,通常 $\gamma_p$ 比 $\gamma$ 大得多。

该公式适合于塑性材料。但判定材料是脆性还是塑性又有实际困难。

殷文(Inwin)提出修正。引入应变能释放率 $G_1$ 代替 $\gamma$ 与 $\gamma + \gamma_p$,既适用于脆性材料,又适用于塑性材料,即

$$\sigma_f = \left(\frac{E\,G_1}{\pi C}\right)^{\frac{1}{2}} \tag{4.39}$$

式中　$G_1$——应变能释放率,即裂缝扩展单位面积时弹性应变能损耗的比率。

$G_1$ 是裂缝扩展的动力,当 $G_1 \geqslant G_{1C}$(临界应变能释放率)时,就发生裂缝扩展。$G_{1C}$ 是材料抵抗裂缝扩展能力的一种量度,它与材料的结构和显微结构,甚至环境温度都有关系。对于一些除热力学表面能之外无其他能量消耗的裂缝扩展过程,$G_{1C} = 2\gamma$。但在大多数情况下,$G_{1C} \gg 2\gamma$。殷文认为,只有当应变能释放率等于或大于裂缝扩展形成新表面所需的能量,裂缝

才会扩展。与裂缝扩展同时发生的所有能量消耗机制都包含在 $G_{1C}$ 中。

与 $G_1$ 有关的一个因子是应力强度因子 $K_1$。对于平面应力状态，$K_1^2 = G_1 E$，$K_1$ 是一个用来描述裂缝尖端应力场和应变场的参量。它与裂缝宽度 $C$ 和应力 $\sigma$ 有关系为

$$K_1 = y\sqrt{C} \cdot \sigma \qquad (4.40)$$

式中 $y$——与试样及裂缝的几何形状有关的几何因子。

式(4.40)的意义为：裂缝端部的局部应力取决于名义应力 $\sigma$ 和裂缝半宽度 $C$ 的平方根。裂缝尖端附近各点的应力随着 $K_1$ 值的增大而提高。当 $K_1$ 值随着外应力增大而增大到某一临界值 $K_{1C}$ 时，裂缝尖端的局部应力足以使原子结合键分离，裂缝快速扩展并导致材料断裂。这一临界状态下所对应的应力强度因子 $K_{1C}$，称为临界应力强度因子。

$$K_{1C} = y\sqrt{C} \cdot \sigma_f \qquad (4.41)$$

此时，对应的临界应力 $\sigma_f$ 即材料的强度。

$K_{1C}$ 是材料固有的性能，也是材料的微观结构及显微结构的函数，但与裂纹的大小、形状以及外力无关。它实际上是材料抵抗裂缝扩展的阻力因素，又称断裂韧性。$K_{1C}$ 可通过断裂力学试验和计算得到。

$K_{1C}$ 除了表征材料中裂缝扩展的固有阻力外，还用来估计裂缝端部附近塑性区的尺寸。D. S. 道格代尔(Dugdale)指出，该区的长度 $R$ 为

$$R = \frac{\pi}{8}\left(\frac{K_{1C}}{\sigma_y}\right)^2 \qquad (4.42)$$

式中 $\sigma_y$——材料的屈服应力。

这一关系对大多数陶瓷的屈服应力可提供有用的评价，因为它们的屈服应力通常都大于断裂所需的应力。

### 4.8.3 陶瓷材料裂缝扩展与脆性断裂

脆性是陶瓷材料的特征，也是陶瓷的致命弱点。它表现在一旦受到临界的外加负荷，陶瓷的断裂具有暴发性的特征和灾难性的后果。陶瓷晶体结构的脆性本质在于其缺少 5 个独立的滑移系，在受力状态下难以发生由滑移引起的塑性形变而使应力松弛。其显微结构方面的脆性根源是存在裂纹，易于导致高度的应力集中。而裂缝扩展速度决定着是否能发生消除应力集中的塑性变形。因为引起塑性变形需要一定的起始时间，如果裂缝扩展得快，则会发生脆性断裂，塑性形变的作用可略去不计。因此，裂缝扩展速度也可看成脆性的一种量度。

陶瓷材料的裂缝扩展分为亚临界裂缝扩展和临界裂缝扩展。在受到低于临界应力 $\sigma_f$ 的作用状态下，脆性陶瓷可能出现取决于温度、应力和环境介质的亚临界裂缝扩展。这是由于受到如化学反应、应力腐蚀、晶界或晶体的原子或空位扩散，甚至结构变化等不可逆过程的影响。亚临界裂缝扩展速度 $v$ 和应力强度因子 $K_1$ 的一般关系表示为

$$v = A K_1^n$$

式中 $A$、$n$——随速度控制机理不同而变化的常数。

如图 4.39 所示，在发生灾难性断裂之前，有几个相应于不同机理的慢裂缝扩展区，几乎所有材料都具有一个应力强度因子低限值 $K_0$，低于此值不发生亚临界裂缝扩展，超过此值则 $K_1$ 值随着裂缝扩展速度的提高而增大，而且 $v$ 总是与 $K_1^n$ 成正比。其中，$n$ 是与各机理相关的常

数。接着是恒速裂缝扩展区，随后到达 $K_{1C}$ 之前的快速裂缝扩展区。一旦 $K_1$ 随着 $v$ 而增长至 $K_1^n$ 值，就出现断裂。不同区域由各自不同的相应机理来起速度控制作用。

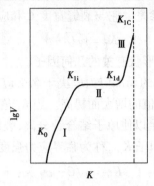

图 4.39　典型的裂缝扩展速率曲线

自 $K_0$ 到 $K_{1i}$ 的低应力强度因子区 I，环境介质与材料之间的化学反应是裂缝扩展速率的控制因素。

自 $K_{1i}$ 至 $K_{1d}$ 的中应力强度因子区 II，裂缝扩展速率不随 $K_1$ 值的提高而增大，而是取决于环境介质的作用。因此，控制裂缝扩展的机理与应力无关。腐蚀介质向裂缝尖端的扩散是控制裂缝扩展速率的机理。

自 $K_{1d}$ 至 $K_{1C}$ 之前的高应力强度因子区 III。裂缝扩展速率与应力强度因子 $K_1$ 成指数关系，而与环境介质无关。这一阶段的速率主要取于材料的组分、结构和显微结构。

R. J. 查尔斯(Charles)和 S. M. 魏德洪(Wiederhom)提出了有化学反应发生的裂缝扩展速度方程

$$V = V_0 \exp\left[ -\theta + 2\Delta V K_1 / (u\gamma^*)^{\frac{1}{2}} \right] / RT \qquad (4.43)$$

式中　$\theta$——激活能；

　　　$\Delta V$——激活体积；

　　　$u$——近裂缝尖端在 $x$ 方向的位移；

　　　$\gamma^*$——裂缝尖端曲率；

　　　$K_1$——应力强度因子；

　　　$R$——波茨曼常数；

　　　$T$——绝对温度；

　　　$V_0$——系数。

此式成功地描述了许多与环境介质有关的裂缝扩展过程。

当裂缝由亚临界扩展发展到了临界长度，裂缝尖端区域的应力强度因子 $K_1$ 也随着裂缝的扩展而增长到相当于 $K_{1C}$ 的数值。至此，裂缝的扩展就从稳态进入动态，随即出现快速断裂，即裂缝尖端屈服区附近足够大的体积内的应力大到足以撕开原子间结合键，导致固体沿着原子面发生解理断裂。

## 4.9 材料的疲劳破坏和蠕变破坏

固体材料在承载情况下的另外两种重要的破坏形式是疲劳破坏和蠕变破坏。

### 4.9.1 疲劳破坏

桥梁、飞机结构及各种机械部件都受到随时间变化的应力。尽管其应力水平通常低于材料的屈服强度,或者高于屈服强度,低于抗拉强度,但是经过许多次应力循环之后,构件(零件)发生了断裂破坏,则称这种破坏为疲劳破坏。

疲劳破坏是指材料由于受到反复的应力循环或应变循环而产生断裂的现象。

无论金属或非金属材料都可能发生疲劳破坏。疲劳是金属部件损坏的主要方式。约有80%的零部件损坏是疲劳造成的。

(1)疲劳曲线和疲劳极限

尽管材料在循环荷载下的应力-时间详细过程相当复杂,但材料在疲劳条件下固有的反应可由疲劳试验确定。

在疲劳试验中,常取循环应力按照正弦曲线随时间而变化。图4.40表示出两种典型的循环应力。循环应力的特性可用应力振幅$S$、平均应力$\sigma_m$及应力比$\gamma$等参数表示,即

$$\sigma_m = \frac{\sigma_{max} + \sigma_{min}}{2}$$

$$S = \frac{\sigma_{max} - \sigma_{min}}{2}$$

$$r = \frac{\sigma_{max}}{\sigma_{min}}$$

式中　$\sigma_{max}$——循环应力中的最大应力;

　　　$\sigma_{min}$——循环应力中的最小应力。

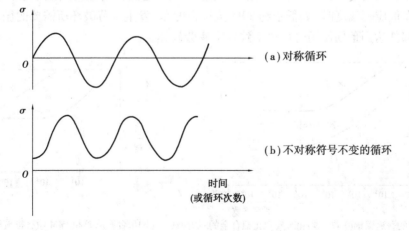

图4.40　典型循环应力示意图

以上5个循环应力参数中,只有两个是独立的参数。在疲劳试验中,常以应力振幅和平均

应力(或应力比)为试验参数。当平均应力不为零时,为不对称应力循环。

当平均应力为零时,属于对称应力循环,$r = -1$。

即使是单向应力循环,例如,应力从零变化到某个最大值的脉动载荷,也会使材料产生疲劳。而交变应力则大大加快疲劳过程的发展。在给定的最大应力或变形条件下,对称应力循环(见图4.40(a))和平均应力为正值的不对称应力循环(见图4.40(b))相比,前者具有更大的危险性。

疲劳破坏的循环次数 $N$ 取决于应力振幅和平均应力,它们之间的关系可由实验确定。通常取平均应力为零的对称循环情况,试验得到的 $S$-$N$ 关系曲线,称为疲劳曲线。疲劳曲线有两种基本类型(见图4.41),它们在较低应力水平下的疲劳行为有所不同。疲劳曲线1有明显的水平部分,也就是说,低于某一应力振幅,即使循环次数很大($10^7$次以上),也不会发生疲劳破坏。这个应力振幅称为疲劳极限。疲劳曲线2是不断降低的曲线,没有水平段,即表明,只要进行足够次数的应力循环,很低的应力也会造成疲劳破坏。

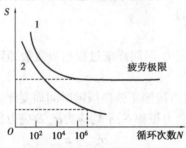

图4.41 两类疲劳曲线

显然,只有对于疲劳曲线有水平阶段的材料才能确定其疲劳极限,而对于疲劳曲线是不断降低的材料,只能确定其条件疲劳极限或规定疲劳极限。例如,通常规定以 $10^8$ 次循环所对应的应力振幅作为"条件疲劳极限"。

碳钢、低合金钢以及部分高分子材料具有第1类疲劳曲线,即有疲劳极限(见图4.42(a)),大多数有色金属合金和许多聚合物(如尼龙)具有第2类疲劳曲线(见图4.42(b))。原则上,这意味着只要受到循环荷载,无论应力幅度多小,这些材料最终会发生疲劳破坏。但实际上,往往在低应力幅度时(如低于约30%抗拉强度)。发生疲劳破坏所需的循环次数已相当多,即使部件达到预期使用寿命也不致发生疲劳破坏。

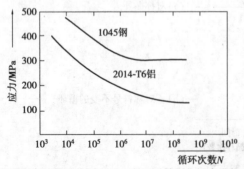

(a) 实验测定的普通碳钢(0.47%碳)和时效硬化铝合金的 $S$-$N$ 曲线　　(b) 聚合物尼龙和PMMA(有机玻璃)的 $S$-$N$ 曲线

图4.42 疲劳曲线

混凝土与大多数金属材料不同,至少超过 $10^7$ 次应力循环都不出现疲劳极限。其疲劳曲线属于第二类。在 $10^7$ 次循环时,受压、受拉或受弯疲劳强度约为静力强度的55%,考虑到混凝土疲劳试验所固有的显著离散性,图4.43中采用一组在各种破坏概率下的疲劳曲线来描述混凝土的疲劳行为。通常的 S-N 曲线是概率 $P=0.5$ 的 S-N 曲线。图中的 S 是以最大应力与静极限强度的比来表示的。

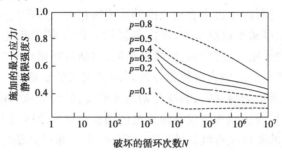

图4.43 承受反弯曲荷载的素混凝土在各种破坏概率下的一组典型的疲劳曲线

大多数结构件并非受到平均应力为零的对称应力循环。对于给定的应力幅度,如果平均应力为拉应力,则材料的疲劳寿命会缩短。古德曼(Goodman)图可提供估计材料允许应力范围的方便办法。图4.44是理想材料的古德曼图。绘制这种图形要求已知抗拉强度以及对称应力循环条件下的疲劳极限,对于没有疲劳极限的材料,要求已知平均应力为零时的允许应力幅度。

古德曼图是这样构成的:横坐标表示平均应力,定义为

$$\sigma_m = \frac{\sigma_{max} + \sigma_{min}}{2}$$

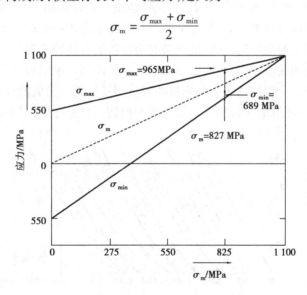

疲劳极限在 $\sigma_m = 0$ 时为 550 MPa,抗拉强度为 1 100 MPa。当 $\sigma \neq 0$ 时,允许应力范围可根据上下两条直线之间的距离来估计。如,当 $\sigma_m = 827$ MPa 时,

应力允许范围为 $(965 - 689) = 276$ MPa

图4.44 理想材料的古德曼图

纵坐标表示最高允许应力 $\sigma_{max}$ 和最低允许应力 $\sigma_{min}$。允许应力范围(即允许应力振幅的2倍)等于 $(\sigma_{max} - \sigma_{min})$。当平均应力为零时,材料可在大小等于疲劳极限应力的拉应力和压应

力之间循环。当平均应力等于抗拉强度时,允许应力范围必然为零。图 4.44 中,假定 $\sigma_{max}$ 和 $\sigma_{min}$ 在 $\sigma_m$ 等于零到抗拉强度这个区间是线性变化的,于是,允许应力范围在这区间内线性缩减,当 $\sigma_m$ 等于抗拉强度时,缩减为零。古德曼图只能对循环荷载条件下的安全允许应力极限提供一个估计值,一般来说,这个估计值偏于保守。

(2)疲劳破坏机制

通常发现疲劳破坏是起源于自由表面或内部缺陷所在处。这些地方很高的局部应力引起一些非均匀的永久流动,以致形成微裂纹,即疲劳裂纹。疲劳裂纹出现以后,并不是立刻引起破坏,而是在循环应力的作用下,缓慢地、断续地扩展,逐渐贯穿试件。裂纹在每一循环的成长量,取决于材料和应力水平。高应力促使每一循环的裂纹成长量增加。当裂纹扩展到剩下的连续面再也不足以支持所加的荷载时,裂纹开始迅速扩展,最后导致灾难性破坏。疲劳断裂的最终断口是由裂纹缓慢扩展区域和裂纹迅速推进区构成。这两个区域通常可在宏观尺度上加以分辨。如果最终所得的断口没有堆积破坏物的碎片,则可通过高倍电子显微镜观察到缓慢成长时裂纹扩展的各个台阶。

断口上的裂纹缓慢扩展区与快速扩展区的相对比例,取决于材料和应力水平。在高应力水平时,裂纹缓慢成长区较小,因为要有相当大的横截面来承担应力。在一定的应力水平下,准脆性材料和脆性材料的裂纹缓慢成长区往往只能长到很小的程度,因为此时疲劳裂纹已达到了临界尺寸。

混凝土内部含有在水化过程中形成的种种瑕疵和裂纹,经过干缩可能更为扩展。通常在水泥-集料界面上可能发现这些裂纹。混凝土受载后,当名义应力很低时,这些裂纹端部的应力可达到很大,超过水泥石(或水泥石-集料黏结)强度。在循环荷载作用下,这些裂纹将逐渐长大。从混凝土在循环荷载下应力-应变曲线产生滞后环的事实可看出这一情况(见图4.45)。环内的面积等于不可逆的变形能,这种能量是对裂纹扩展有效的能量。如图所示,滞后环的面积开始时随连续循环加载而减小,但在破坏之前又开始增加。说明裂纹开始时生长缓慢,同时也可能有某种黏性流动。裂纹的生长与集料的阻抗相互作用使形成的较大裂纹趋于稳定。然而,重复加载所提供的能量最终将加重裂纹端部的损伤,使裂纹充分扩展而引起破坏。

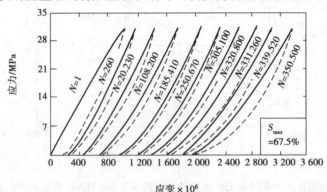

图 4.45　混凝土应力-应变曲线随循环次数的变化

(3)疲劳强度的影响因素

起源于材料表面的疲劳破坏,要比起源于内部缺陷的更为常见。构件的表面缺陷和缺口这类应力集中点特别有利于产生疲劳裂纹。

粗糙的表面加工引起疲劳极限降低。金属在腐蚀介质中疲劳极限也会降低,这是因为腐蚀使金属表面产生无数应力集中点,促进了疲劳裂纹的形成。高温下金属的疲劳强度普遍偏低,某些高分子材料的疲劳寿命也随温度升高而降低。

构件的形状、尺寸带来的影响可通过尽量减少应力集中点的适当的设计来改善。而改善表面状态对于金属特别重要。如进行喷泊和滚压等表面层冷加工强化或渗碳、氮化和高频淬火等表面热处理。这些方法能够减小甚至完全消除不良表面加工的有害影响,显著减小应力集中,改善表面的应力状态和大小,从而显著提高构件的疲劳强度,延长使用寿命。

### 4.9.2 材料的蠕变破坏

蠕变与温度和应力水平有密切的关系。当温度高于 $0.4T_m$ 时,蠕变速率随应力水平提高而增大,最终造成材料断裂破坏。这种由于蠕变变形过大引起的材料破坏,称为蠕变破坏。

不同的材料可能发生蠕变破坏的温度和应力各不相同,这主要与蠕变机理及材料的性质有关。例如,金属、陶瓷等材料在高温下才可能发生蠕变破坏,而混凝土在常温下,当作用应力超过静力强度的 75% 时,就会发生蠕变破坏。

与蠕变破坏有关的影响因素已在 4.5 节讨论,此不赘述。

## 4.10 金属材料的强化

对于用于结构方面的金属材料,在保证足够的塑性和韧性的前提下,通过各种强化方法尽可能地提高其强度。根据对材料强度与组织、结构之间关系的研究,提高金属材料强度的途径有以下两个方面:

①制造一种不含任何晶体缺陷,尤其是不含位错的金属晶体,使其强度接近或达到理论强度。晶须就是这类晶体。其直径为 $0.05 \sim 2 \ \mu m$,长为 $2 \sim 10 \ mm$,强度接近于理想强度,如铁晶须的强度可达 $1.26 \times 10^4 \ MPa$,铜晶须为 $2.96 \times 10^3 \ MPa$。目前,这类材料主要用来制造纤维增强材料。

②大大增加晶体缺陷的密度,在金属中造成尽可能多的障碍,以阻碍位错的运动。

由于工艺和造价原因,第一种强化途径受到限制,第二种途径是目前金属材料强化的主要方向。

在金属晶体中,阻碍位错运动的障碍物及相应的强化措施见表 4.8。

**表 4.8 阻碍位错运动的障碍物及强化措施**

| 晶体中缺陷及障碍物的维次 | 缺陷及障碍物的名称 | 强化的机理 |
| --- | --- | --- |
| 0 维 | 溶质原子、空位等 | 固溶强化 |
| 1 维 | 位错 | 形变强化 |
| 2 维 | 晶界、亚晶界、相界面 | 晶界及界面强化 |
| 3 维 | 第二相粒子 | 析出强化 |

### 4.10.1 形变强化

金属经过冷态下的塑性变形之后,其强度随变形程度的增加有很大提高,同时塑性随之降低。这种现象称为形变强化(加工硬化、冷作硬化)。

(1)加工硬化的原因

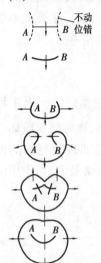

图 4.46　Frank-Read 位错源的增殖示意图

1)位错的增殖

晶体的塑性变形来自位错的运动。

当一个位错自晶体内滑出晶体时,晶体上下两部分相互之间会产生相应于柏氏矢量"b"的相对滑移量。因此,晶体的塑性变形总量大体上应同晶体中所包含的可滑动位错数目成比例,即原来晶体中的位错密度小,经过滑移产生的永久变形量也应该小。原来晶体中位错密度大,经过滑移产生的永久变形量也应该大。塑性变形后,晶体中位错应该越来越少。但实验的结果却完全相反,晶体实际的变形量要比晶体中原来存在的位错数目所能提供的变形量大得多,如金属晶体通常能够产生约 100% 的拉伸塑性应变。在变形之后,晶体中的位错数目不是减少了,而是比以前多得多。如退火状态下多晶体金属中的位错密度约为 $10^6$ mm$^{-2}$,强烈塑性变形后增加到 $10^9 \sim 10^{10}$ mm$^{-2}$(位错密度定义为单位体积晶体中的位错线总长度,也即是单位面积晶体所交割的位错线数目)。这种情况表明,晶体在变形过程中,位错一定以某种方式在增殖。以下简要介绍弗兰克-瑞德(Frank-Read)位错增殖原理。

如图 4.46 所示,设 AB 是一条以纸面为滑移面的位错线中的一段,A、B 两端被外来原子或位错交截等拴住不能动。在切应力 τ 作用下,AB 段位错受到一个垂直于它的力。使位错沿法线方向运动。由于 A、B 两端被钉住,故位错发生弯曲。由于位错本身具有线张力,要抵抗这种弯曲而使位错变直。当位错弯成半圆状时,位错所产生的恢复力达到最大值。此时若外应力 τ 增大,位错所受力也相应增大,位错环的平衡态被打破而自动向外扩张,开始绕 A、B 点蜷曲,称为 F-R 源开动。开动应力为

$$\tau_i = \frac{G \cdot b}{l} \qquad (4.44)$$

式中　$\tau_i$——使 F-R 源开动的最小切应力;

　　$l$——AB 段位错长度;

　　$G$——剪切模量;

　　$b$——位错的柏氏矢量。

当两端蜷曲部分相遇时,刚好是两段方向相反的位错,有相吸而抵消的趋势。当它们接近而抵消后,留下一个封闭的位错环及 AB 位错段。在外应力 τ 的作用下,封闭的位错环不断扩大,最后移出晶体外而造成一个"b"的滑移量。而 AB 位错段又再次出现上述过程。这样每绕一周就产生一个新的位错环,而每个环经过扩张扫过整个滑移面后,产生一个"b"的滑移。AB 位错段在没有其他障碍情况下可这样一直运动下去,造成成百上千个原子间距的滑移。这就是弗兰克等对位错增殖的解释。

2) 加工硬化

金属晶体在塑性变形过程中,使大量位错源开动,激发出大量的位错,使位错密度增大。在相交的几个滑移面上同时运动的多个位错之间发生切割、缠结,互相阻碍而难于运动。要使位错继续运动,即晶体继续变形,必须增加外加应力,即强度提高。这就是产生加工硬化现象的原因。加工硬化伴随着形成高位错密度的网络,这就是晶粒中的胞状结构。

要使产生加工硬化的晶体再发生塑性变形,所需的应力称为流变应力(对于未加工硬化的材料,称为屈服强度)。根据对大量金属的实测结果,流变应力与位错密度有关系为

$$\tau = \tau_0 + aGb\rho^{\frac{1}{2}} \tag{4.45}$$

式中　$\tau$——流变应力;

　　　　$\tau_0$——位错密度极低时的屈服强度(初始屈服强度);

　　　　$a$——常数,其值约为 0.5;

　　　　$G$——剪切模量;

　　　　$\rho$——平均位错密度;

　　　　$b$——柏氏矢量。

金属晶体中存在位错是强度降低的根源,使得材料的实际强度远远低于理想晶体的理论强度,但位错密度的增加又阻碍了位错的运动,使金属的强度得以提高,即得到了强化。由此可知,位错这一晶体缺陷对材料的强度有着双重的影响。由于位错的大量增殖是使晶体发生塑性变形而造成的,故这一强化措施又称形变强化。

对于纯金属来说,虽然加工变形度可以相同,但产生的强化效果是不一样的。一般来说,面心立方晶格金属的强化效果较体心立方晶格金属大,固溶体或含有第二相合金的强化效果比纯金属大。这同这些金属中位错的性质及位错增殖的情况等因素有关。例如,冷拔钢丝(高碳钢经淬铅处理)是冷加工后形变强化最突出的例子。由于产生了高密度的位错,使钢材强度高达 2 744 MPa 以上。这是因为钢中有碳化物存在,不仅促进了位错密度的增长,而且使位错的分布也较均匀。

(2) 回复与再结晶

金属开始变形后,晶粒内先是出现明显的滑移带。随着变形量的增大。滑移带逐渐增多。X 射线结构分析的结果指出,此时晶粒逐渐"碎化"成许多位向略有不同(位向差一般不大于 1°)的小晶块(大小为 $10^{-6} \sim 10^{-3}$ cm)。这种组织称为亚晶或亚结构。

亚晶粒的边界上聚集着大量的位错,存在着严重的晶格畸变,而在亚晶粒内部,位错密度较低,晶格相对地比较完整,如图 4.47 所示。

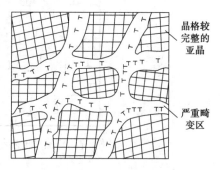

晶格较完整的亚晶

严重畸变区

图 4.47　金属冷加工变形后组织示意图

由于晶体内部的组织和结构发生了很大的变化,在晶格内部储存了较高的能量,使金属处于一种不稳定的状态。因此,凡是经过冷加工的金属,本身总有一种回复到组织较为稳定状态的倾向。在低温或室温下,由于原子扩散能力不足,因此,这种不稳定状态不会发生明显的变化。一旦对变形金属加热,使原子扩散能力提高,加工硬化的金属便会通过组织的改变使其各项性能逐渐回复到未加工前的状态。

1)回复

加热温度较低时,原子的扩散能力尚低,不能发生很大的位移,只是使晶格的弹性畸变减小,内应力明显下降,显微组织无明显的变化。此时,各种性能将有不同程度的恢复。如强度和硬度略有下降,塑性略有升高,电阻下降等。这个阶段称为"回复"。工业上常利用"回复"现象,将冷加工金属在低温加热,以减低其内应力,而将强度及硬度保持在相当高的水平。在回复过程中,晶格中的空位开始移动,或与点缺陷相遇而合并,或扩散到表面和晶界消失,或移动到位错外,使空位浓度降低,因而晶格畸变减小,如图4.48所示。同时,位错也会减少和发生迁移。例如,刃型位错可沿滑移面平移,也可沿垂直滑移面的方向攀移。结果位错在滑移面上的间距增大,在垂直方向上的距离变小,形成小角度晶界。位错的有序分布,使位错间作用力减小,因而也使晶体过渡到较稳定的状态,如图4.49所示。

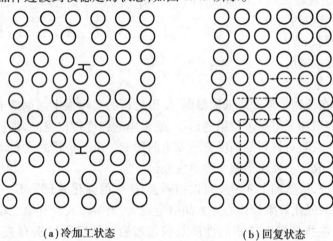

(a)冷加工状态      (b)回复状态

图4.48 空位的移动

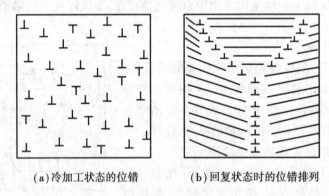

(a)冷加工状态的位错      (b)回复状态时的位错排列

图4.49 位错的移动及小角度晶界的形成

2)再结晶

当加热温度继续升高时,由于原子扩散能力的增大,变形金属的显微组织发生了显著的变化,即由破碎的、被拉长的晶粒转变成均匀细小的等轴形晶粒。这一过程是通过生核和长大方式进行结晶而完成的,并且结晶后的晶格与变形前一样,故称这一过程为"再结晶"过程,如图4.50所示。经再结晶后,变形金属基本上恢复到变形前的组织状态,因而强度硬度显著降低,塑性显著上升,所有机械性能及理化性能基本上恢复到冷加工前的数值。

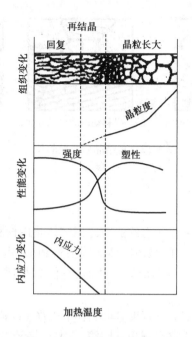

图 4.50　加工硬化的金属在加热时组织和性能的变化示意图

电子显微镜的实际观察证明,再结晶的晶核是以加工变形后的亚晶粒为基础产生的。这些亚晶粒中的位错密度低,而亚晶界上的位错密度很高。在回复过程中,亚晶界处的位错已发生重新排列而形成"小角度晶界"。在小角度晶界两侧的亚晶粒的位向差很小,故进一步加热往往会出现两相邻亚晶粒的合并,形成较大的亚晶粒。这个较大的亚晶粒成为再结晶的晶核。随即晶核稳定地长大,形成新的无畸变的等轴晶粒。在新晶粒形成的同时,不断消耗金属中的内能,位错密度降低,金属软化,变形所造成的加工硬化效应消失。图 4.51 表示了再结晶晶核的产生与成长过程。

   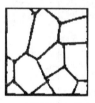

(a)冷加工状态下的位错分布　(b)再结晶晶核的产生　(c)再结晶晶粒的成长　(d)再结晶过程的完成

图 4.51　再结晶晶核的产生与成长

当金属的组织完全由缺陷少的新晶粒组成时(即变形晶粒完全消失和再结晶晶粒彼此接触之后),再结晶过程便告一段落,但并未终止。这是因为尽管晶粒的内部缺陷已经减少,但晶界处仍然是缺陷集中存在的地方,如果将再结晶完毕的金属仍保持在再结晶温度下,将会出现大晶粒合并小晶粒的现象。晶粒发生明显的长大。晶粒的长大减少了晶界面积,使金属晶体的能量进一步降低。这是一种自发过程,如图 4.52 所示。结果使晶粒越长越大,最后形成异常粗大晶粒组织,使金属机械性能显著下降。

再结晶后晶粒的这种不同一般的不均匀的急剧长大现象称为二次再结晶或聚合再结晶。它是由不正常的加热形成的(即过多地提高加热温度或过分地延长加热时间)。

  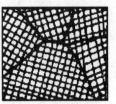

(a)晶界移动以减少晶界面积　(b)晶界移动以减少晶界面积　(c)小晶粒被吞食

图4.52　再结晶后晶粒的长大

### 4.10.2　固溶强化

(1)固溶体

金属在固态下也具有溶解某些元素的能力。固溶体是由两种或两种以上的组合在固态条件下相互溶解而形成的单一、均匀的晶态固体。同溶液相似,占主要地位的元素称为溶剂,被溶的元素称为溶质。当 $A$、$B$ 两元素形成固溶体时,它们总是保持着溶剂的晶格形式,这是固溶体的一个重要特征:

根据溶质原子在溶剂晶体中的溶解度,固溶体可分为连续固溶体和有限固溶体两类。连续固溶体是指溶质和溶剂可按任意比例相互固溶。因此,在连续固溶体中,溶剂和溶质是相对的。对二元系统,连续固溶体的相图是连续的曲线(见图4.53)。有限固溶体则表示溶质只能以一定的限量溶入溶剂,超过这一限度就会出现第二相。例如,MgO 和 CaO 形成有限固溶体(见图4.54),在2 000 ℃时,约为3%CaO 溶入 MgO 中(质量百分数)。超过这一限量,便出现第二相——氧化钙固溶体。从相图中可以看出,溶质的溶解度和温度有关,温度升高,溶解度增大。

根据溶质原子在溶剂晶体中的分布状况,固溶体可分为间隙固溶体和置换固溶体两种类型。

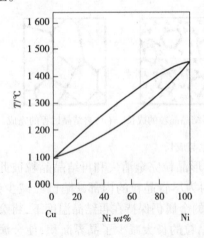 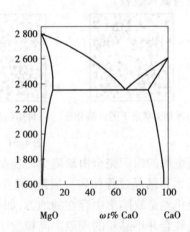

图4.53　Cu-Ni 系统相平衡图　　　　图4.54　MgO-CaO 系统相平衡图

1)间隙固溶体

晶格中原子与原子之间总有一些空隙存在。直径较大的原子所组成的晶格,其空隙的尺寸也较大。有时能容纳一些尺寸较小的原子。这种溶解方式称为间隙溶解。所形成的固溶体,称为间隙固溶体。能否形成间隙固溶体,除了同元素本身的性质有密切关系外,主要由溶质原子与溶剂原子的尺寸来决定。实验证明,二者直径比 $\dfrac{D_\text{质}}{D_\text{剂}}$ 小于 0.59,则可满足形成间隙固溶体的尺寸条件。通常过渡族元素(溶剂)与尺寸较小的元素 C、N、H、B 等易形成间隙固溶体。例如,钢就是碳在铁中形成的间隙固溶体。

图 4.55 是间隙固溶体的示意图。溶质原子存在于晶格间隙中,必然造成溶剂原子的位移,其结果是使晶格常数增大。同时,由于溶质原子在晶格间隙中是无规则地分布的,故溶剂原子的位移也是不对称的,故必然造成晶格的畸变,如图 4.56 所示。溶质原子溶入越多,晶格畸变越大,结构越不稳定。因此,间隙固溶体不可能是连续固溶体,而只能是有限固溶体,溶质原子的溶解度一般都较小。

2)置换固溶体

原子直径较接近的原子之间不能形成间隙固溶体,只能形成置换固溶体,即溶质原子占据在溶剂晶格的某些结点上,好像晶格上的某些溶剂原子被溶质原子所置换一样,所形成的固溶体称为置换固溶体,如图 4.57 所示。

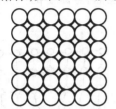

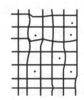

图 4.55　间隙固溶体示意图　　　　图 4.56　形成间隙固溶体时的晶格畸变

形成置换固溶体时,若溶质原子直径大于溶剂原子直径,则晶格常数要增大;反之,则要缩小,造成一定的晶格畸变(见图 4.58)。

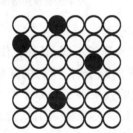

图 4.57　置换固溶体示意图　　　　图 4.58　形成置换固溶体时的晶格畸变

原子或离子的大小对形成置换固溶体有直接影响。从几何角度来看,相互替代的质点大小越相近,引起的晶格畸变越小,固溶体越稳定,溶解度(溶剂晶格中溶质原子的最高含量)越大;反之,原子直径差别越大,引起的晶格畸变越大,溶解度越小。当二者差别超过 15% 时,溶解度明显下降。

溶质原子和溶剂原子的晶格结构类型是否相同,对于形成连续固溶体(即溶解度为 0% ~ 100%)是十分重要的。从热力学观点来看,如果形成固溶体时由于不同结构类型的原子取代使结构能增加,则当原子取代浓度增大时,固溶体的内能将随之增加。因此,连续固溶体的生成必须是在内能的增加还不至于使自由能显著上升,以致引起结构的改变的条件下。这就要求溶质与溶剂具有相同的晶体结构类型。对于有限固溶体,不存在这一要求。

化学亲和力的大小对置换固溶体的形成也有影响。化学亲和力可用电负性来衡量。电负性相近的组分之间易于形成固溶体,而电负性差别大的组分之间易于形成化合物。

（2）固溶强化

所谓固溶强化，是指当溶剂晶格内溶入溶质原子而产生的一种强化现象。这种强化是由于溶质原子与位错之间的相互作用而引起的，即溶质原子阻碍了位错的运动。

当溶质原子溶入晶体中时，由于溶质原子与溶剂原子尺寸的差异，在溶质原子周围，晶格将产生较大的畸变，并产生一个应力场。该应力场与运动位错的应力场相互影响，对位错运动起到阻碍作用。晶格畸变越大，对位错运动的阻碍作用越大。一般来说，置换性溶质（如 Fe 中溶入 Mn、Si 等元素）没有间隙性溶质（如 Fe 中溶入 C、N 等）造成的晶格畸变程度的晶格畸变程度大，故间隙固溶的强化效果更大些。

溶质原子与位错之间还产生一种交互作用。当溶质原子的尺寸大于溶剂原子时，或者溶质呈间隙性溶解时，它们将优先聚集在位错线的下方，如图 4.59（a）、（b）所示。如果溶质原子尺寸小于溶剂原子，则将优先聚集在位错线上方。溶质原子的这种分布使位错能量降低，处于更稳定的状态。此时，要使位错运动，需要做更多的功，即材料的强度因溶入其他元素提高了。这种现象称为溶质原子对位错线的锚固作用。一般来说，间隙原子的锚固作用更强且由于其扩散速度大，故更容易在位错线附近集中。

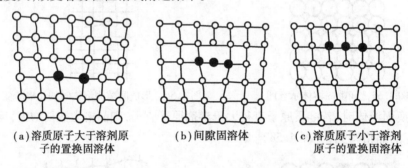

（a）溶质原子大于溶剂原子的置换固溶体　　（b）间隙固溶体　　（c）溶质原子小于溶剂原子的置换固溶体

图 4.59　溶质原子在刃位错附近的分布

对于置换型元素，根据原子尺寸的大小，元素的电化学性质等不同，其强化作用也不相同。例如，$\alpha$-Fe 为溶剂，当溶入 Mn、Ni、Cu 等面心立方晶格元素的原子时，所起的强化作用比溶入 Cr 这样的体心立方晶格元素的原子时大。总之，固溶强化的效果除了与原子尺寸差异有关还与许多因素有关。从强化效果来看，固溶强化的效果都不太令人满意。因此，要想单纯利用固溶强化使合金达到很高强度是不太现实的。

对于多晶体金属材料，溶质元素的固溶量与屈服强度的升高值之间的关系很复杂，可大略地表示为

$$\Delta \sigma_s = K_s (C_s)^n \tag{4.46}$$

式中　$\Delta \sigma_s$——固溶强化引起的屈服极限增量；

　　　$K_s$——因固溶元素的性质而异的一个常数；

　　　$C_s$——溶质浓度的百分数；

　　　$n$——指数。对于置换固溶体为 0.5 ~ 1.0；对于间隙固溶体为 0.33 ~ 2.0。其数值大小根据溶质原子与位错的相互作用的强烈程度而异。

### 4.10.3　晶界强化

晶界是晶体中的二维缺陷。在晶界两侧的晶粒或亚晶粒的位向不同，晶界上原子排列也

不规则,因此,运动着的位错一旦遇到晶界的阻碍就会在其附近堆集起来。当晶粒尺寸大时,位错在晶界上堆集的数目很多,在晶界处形成的应力集中现象严重,故只需加较小的外力便可诱发相邻晶粒内的位错运动,即容易使邻近晶粒发生滑移。晶粒尺寸小时,其晶界上堆集的位错数目少,应力集中程度轻,要使邻近晶粒中的位错启动,需要施加较大的外力。同时,晶粒粗大,则晶界面积小,位错运动的障碍少,而晶粒细小,晶界面积大,位错运动的障碍多。这些都是晶粒细小材料的屈服强度增大的原因。

晶界还起到一个位错源的作用。图4.60简单说明了晶界怎样向晶粒中释放位错。图中有两个取向不同的晶粒,晶界上有一凸台,在应力作用下,向右边的晶粒中释放出一个位错,将位错看成一个位错源,可推导出屈服强度与晶粒大小的关系。

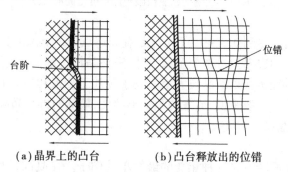

(a)晶界上的凸台　　　　　(b)凸台释放出的位错

图4.60　晶界释放位错示意图

(1)强度与晶粒尺寸的关系

设单位晶界表面上的位错线总长度为 $m$。如果晶界上全部位错都释放到晶粒中去,晶粒内部的位错密度达到 $\rho$。设晶粒近似为直径为 $d$ 的圆球形,则每个晶粒的表面积为 $4\pi\left(\dfrac{d}{2}\right)^2 = \pi d^2$,每个晶粒释放出长度为 $\pi m d^2/2$ 的位错线,因为晶界属于两个晶粒,仅有一半位错线归于一个晶粒。由此得到单位体积晶体中位错线长度为

$$\rho = \frac{\dfrac{\pi m d^2}{2}}{\dfrac{4}{3}\pi\left(\dfrac{d}{2}\right)^3} = \frac{3m}{d} \tag{4.47}$$

根据式(4.45),材料的屈服强度

$$\tau = \tau_0 + aGb\rho^{\frac{1}{2}}$$

将式(4.47)代入上式,得

$$\tau = \tau_0 + aGb\left(\frac{3m}{d}\right)^{1/2} = \tau_0 + kd^{-\frac{1}{2}} \tag{4.48}$$

这就是著名的霍尔-佩奇(Hall-Petch)公式。

对于一定的金属材料,在给定的温度和应变速率条件下,$a$、$G$、$m$ 均为常数,故 $k$ 为常数。

大多数金属材料都能很好地遵循霍尔-佩奇公式。图4.61是软钢的屈服极限与晶粒尺寸的关系。可以看出,在很宽的温度范围内,屈服强度同晶粒尺寸 $d^{-1/2}$ 之间存在着线性关系。

(2)控制晶粒尺寸的方法

控制金属中晶粒大小的基本方法有以下两种:

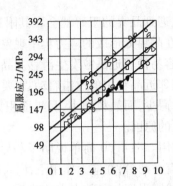

图 4.61 软钢的屈服极限与晶粒度之间的关系

1)再结晶过程

当冷作硬化的金属加热到 $0.3 \sim 0.5 T_m$（$T_m$ 是金属熔点的绝对温度）时,开始产生无应变的新晶粒核心。当新晶粒的边界扫过整个金属,新的完整晶粒代替了已变形的晶粒,冷作硬化现象就被消除。再结晶过程所获得的晶粒大小取决于预加工变形程度及再结晶的温度和时间,而温度比时间更重要些。一般来说,最大的预变形程度,最低的再结晶温度和最短的再结晶时间,就能得到最细小的晶粒。

2)金属发生相变

从液相到固相的凝固转变是这种相变的最简单的例子。在凝固过程中,细小的晶体核心长大成为晶粒。如果晶核数目很少,就可能长大成为大晶粒;如果晶核数目很多,或者有外加物质阻碍晶粒长大,就能获得细晶粒,液态金属的凝固速度对形核的影响很大,凝固越快,形成核心越多,最终的晶粒尺寸也就越小。

某些金属和合金在固态范围内也会发生相变,这种相变称为同素异构转变。例如,纯铁在1 534 ℃下凝固为固体,具有体心立方结构;在 1 390 ℃下转变成为面心立方结构,在 910 ℃下又转变成为体心立方结构,然后一直稳定到室温。对于具有这种同素异构转变的金属材料,可利用这种转变来控制晶粒大小。虽然这种方法类似于再结晶过程,但它不需要预先加工变形,只需要简单地将材料先加热到转变温度以上,然后再冷却到转变温度以下,就完成了这种过程。钢的正火就是这种过程。通常利用正火处理来细化钢的晶粒,以提高强度,达到晶界强化的目的。

### 4.10.4 第二相强化

有很大一部分金属材料的强度是由于其中存在第二相而得到提高的。要想利用第二相粒子阻碍位错运动,提高屈服强度,必须满足两个要求:一是第二相晶体本身较硬,剪切强度高,第二相晶体内原子键合较强;二是第二相晶体是均匀弥散分布的细小颗粒。

(1)沉淀强化(析出强化)

许多合金的基体都有溶解某些元素的能力,其溶解度随温度的上升而增加。按要求选择好合金的成分,使得它在高温下成为单相固体,但在冷却过程中变成对第二相过饱和的固溶体。第二相随后通过固态沉淀的方式从过饱和固溶体中析出。

冷却速度是很重要的,如不加以控制,所形成的第二相沉淀颗粒不一定是很细小的,使强化不够理想。因此,为了控制第二相颗粒的大小和分布,必须制订特殊的热处理工艺。

第一步是将合金加热到足够高的温度。成为一个单相固溶体,这种工艺称为"固溶热处理"。然后快速冷却,或者在水中淬火,使第二相来不及析出,形成不稳定的过饱和固溶体。此合金仍处于非强化状态,易于塑性冷加工变形。

下一步开始升温到一定温度并保持一定时间,使原子扩散速率加快,第二相开始形核,随后逐渐长大。这种效应称为"时效"。沉淀物的长大速率受原子扩散速率的控制。故沉淀速率也随时效温度升高而增加。时效温度越低,沉淀出的第二相颗粒尺寸越小。熔点较低的合金(如铝合金)中,即使在室温下,溶质原子也有显著的扩散速度。故只要在室温下保持时间足够长,就会在合金中形成细小沉淀物。

第二相颗粒的沉淀(析出)可能是共格状态或非共格状态,如图 4.62 所示。

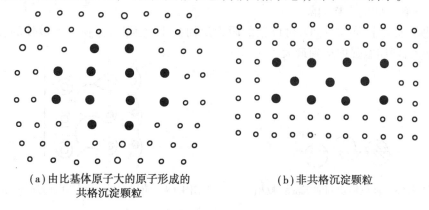

　　(a)由比基体原子大的原子形成的　　　　　(b)非共格沉淀颗粒
　　　　　共格沉淀颗粒

图 4.62　共格状态与非共格状态示意图

共格沉淀相是一个具有溶剂结构、溶质原子富集到某一程度的区域,即溶质原子达到使这一区域具有第二相的成分所需的浓度。"颗粒"与周围的基体间没有真正的界面,而是具有或多或少的浓度差别。由于溶质原子一般具有与溶剂原子不同的尺寸,因此在沉淀颗粒周围将有大量的结构上的弹性扭曲。由于基体所产生的很大的弹性畸变与位错应力场的强烈互作用,共格沉淀颗粒对位错运动有特别强的障碍作用。

非共格沉淀颗粒真正是一个不同的第二相颗粒,它具有自己的晶体结构,并以界面与周围基体分开。与共格沉淀相比,非共格沉淀颗粒周围的弹性扭曲小得多。

假如在某一温度下进行极长时间的时效,则沉淀物的颗粒将会发生聚集或粗化。细颗粒被溶解掉,粗颗粒继续长大。最后,原来许多细小弥散分布的颗粒被少数间距很大的粗颗粒所代替。这种状态的合金很软,称为过时效状态。

(2)第二相颗粒强化机制

合金中均匀弥散分布的第二相颗粒对位错的运动起着阻碍作用。当位错线与共格析出的颗粒相遇时,如果共格颗粒本身的强度不够高,则位错线将切割颗粒而过,如图 4.63 所示。切割的难易与共格颗粒周围应力场的大小,共格颗粒内部原子排列的有序度,以及第二相与基体的剪切弹性模量的差异大小有当颗粒周围应力场越强,内部原子排列的有序高,颗粒与基体的剪切弹模相差越大时,位错切割颗粒越困难,所需的外力越大,因此强化效果越好。

当颗粒是非共格析出,且本身的强度又很高时,颗粒与位错的相互作用如图 4.64 所示。当位错遇到一列第二相颗粒时(假定析出颗粒之间的距离较本身的半径大得多),在切应力作用下,位错线在颗粒之间发生弯曲,然后大量弯曲的位错线在障碍的后方会合,使异号的位错段发生反应而消失,在颗粒周围留下位错环后继续向前移动。这种作用方式称为绕越。当析出颗粒的间隔变小时,位错线弯曲的半径也要变小,所需的切应力增大,即在基体中颗粒呈细散的分布时,合金的屈服强度高,强化效果好。这种颗粒对位错线的阻力造成的屈眼强度的增加值大致为

$$\Delta\sigma_{\mathrm{p}} \propto \frac{G \cdot b}{\lambda} \tag{4.49}$$

式中　$\Delta\sigma_{\mathrm{p}}$——屈服强度增加值;

　　　$G$——剪切弹模;

　　　$b$——位错的柏氏矢量;

　　　$\lambda$——颗粒间的平均间隔。

$\lambda$ 值也不能太小,若 $\lambda$ 太小,对位错的阻力反而减小。因此,存在一个最佳的 $\lambda$ 值,它使 $\Delta\sigma_{\mathrm{p}}$ 达到最大,即屈服强度达到最大。

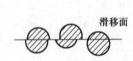

图 4.63　被位错切割的沉淀颗粒相

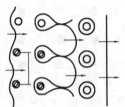

图 4.64　位错在析出颗粒间通过时的示意图

## 思考与练习题

1. (a)钢的弹性模量为 $20.7 \times 10^{10}$ N/m$^2$。问直径 2.5 mm,长 12 cm 的线材受到 450 N 的荷载时的应变是多少?

(b)铝丝的长度也是 12 cm,如果在与问题(a)相同的荷载下产生与钢相等的应变,问铝丝的直径是多少?(铝的 $E = 6.9 \times 10^{10}$ N/m$^2$)

2. 何为固溶强化? 请简述其强化机理。

3. 疲劳试验的平均应力为 100 MPa,应力振幅为 50 MPa。试计算:

(1)最大应力;

(2)最小应力,应力比。

4. 设有铸铁试样,直径 $d = 30$ mm,原始标距长度 $h_0 = 45$ mm。在压缩试验时,当荷载达到 485 kN 时发生破坏,试验后长度 $h = 40$ mm。试求其抗压强度和相对收缩率。

5. 什么是材料疲劳破坏? 材料疲劳破坏的影响因素有哪些?

# 第 **5** 章
# 无机非金属材料的热学性质和声学性质

由于材料及其制品往往要应用于不同的温度环境中,很多使用场合对其热性能有着特定的要求,因此,热学性质也是无机非金属材料重要的基本性质之一。

材料的热性能包括热容、热膨胀、热传导、热稳定性,以及材料的隔热和防热性能等。它是材料的重要物理性能。它不仅在材料科学的相变研究中有着重要的理论意义,在工程技术(包括高技术工程)中也占有重要位置。它关系到无机材料的制备,影响着无机材料在工程中的应用。在制造和使用过程中进行热处理时,热容和热导率决定了无机材料基体中温度变化的速率。这些性能是确定抗热应力的基础,同时也决定操作温度和温度梯度。对于用作隔热体的材料来说,低的热导率是必需的性能。无机材料基体或组织中的不同组分由于温度变化而产生不均匀膨胀,能够引起相当大的应力。无机材料承受温度骤变而不至于破坏的能力即抗热振性,它的高低是关系无机材料优异的高温性能能否得到充分发挥的关键。例如,航天工程中选用热性能合适的材料,可抵御高热,保护人机安全;节约能源;提高效率;延长使用寿命,等等。航天飞机在返回大气层时,可能承受高达 1 600 ℃的高温,必须要用具有良好绝热性能的材料对航天飞机加以保护,这些材料应具有以下性能:热传导率低,减慢热量的传输过程;热容量高,使其温度升高需要大量的热能;密度高,能够在相对较少的体积中储存大量的热能。在温度变化时,其膨胀或者收缩量不能过大。本章就无机非金属材料热学性质的宏观、微观本质关系进行讨论,以便在选择材料、合理使用材料、改善材料性能,以及开发研制新材料、新工艺方面打下理论基础。

无机非金属材料是由晶体和非晶体组成的。晶体内的原子并不是在各自的平衡位置上固定不动的,而是围绕其平衡位置振动,即晶格振动。晶格振动对晶体的许多性质有重要的影响,无机非金属材料的比热、热膨胀、热导等直接与晶格振动有关。因此,这里首先介绍晶格振动的基础知识。

## 5.1　晶格振动

构成晶体的质点并不是静止不动的,实际上这些质点总是在它们各自的平衡位置附近作微小的振动,这就是晶体的点阵振动或称晶格振动。晶格振动对晶体的许多性质有重要的影响。例如,固体的比热、热膨胀、热导等直接与晶格振动有关。

### 5.1.1　一维单原子晶格的线性振动

晶格振动是个很复杂的问题,这里只讨论一维单原子晶格的振动。如图5.1所示的一维单原子链,设每个原子都具有相同的质量 $m$,平衡时原子间距(晶格常数)为 $a$。由于热运动各原子离开平衡位置,而同时由于原子间的相互作用,使偏离平衡位置的原子受到恢复力的作用,有回到平衡位置的趋势,故原子就会在其平衡位置附近作微振动。用 $x_n$ 代表第 $n$ 个原子离开平衡位置的位移,第 $n$ 个原子和第 $n+1$ 个原子间的相对位移为

$$\delta = x_{n+1} - x_n \tag{5.1}$$

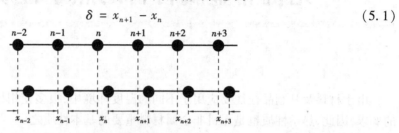

图5.1　一维单原子链的振动

设在平衡位置时,两个原子间的相互作用势能是 $U(a)$,产生相对位移后,相互作用势能变成 $U(a+\delta)$。将 $U(a+\delta)$ 在平衡位置附近用泰勒级数展开,得到

$$U(a + \delta) = U(a) + \left(\frac{\mathrm{d}U}{\mathrm{d}r}\right)_a \delta + \frac{1}{2}\left(\frac{\mathrm{d}^2 U}{\mathrm{d}r^2}\right)_a \delta^2 + \cdots \tag{5.2}$$

式中,首项为常数,第二项为零(因为在平衡位置时势能为极小值),由于 $\delta$ 很小,即振动很微弱时,势能展开式中可只保留到 $\delta^2$ 项。令 $\beta = \left(\frac{\mathrm{d}^2 U}{\mathrm{d}r^2}\right)_a$,则有

$$U(a + \delta) = U(a) + \frac{1}{2}\beta\delta^2 \tag{5.3}$$

原子间相互作用力为

$$F = -\frac{\mathrm{d}U}{\mathrm{d}r} = -\left(\frac{\mathrm{d}^2 U}{\mathrm{d}r^2}\right)_a \delta = -\beta\delta \tag{5.4}$$

$\beta$ 是和原子间作用力的性质有关的常数,称为微观弹性模数。原子间结合力越大,$\beta$ 值越大,相应的振动频率也越高。

式(5.4)说明在原子相对位移很小时,原子间的作用力可用弹性力描述,即原子间的作用力是和位移成正比但方向相反的弹性力,且两个最近邻原子间才有作用力,即原子间的作用力是短程弹性力。

如果对第 $n$ 个原子,只考虑相邻的第 $n-1$、$n+1$ 个原子对它的作用,而忽略更远的原子的影响,这样第 $n$ 个原子受到总的作用力为 $\beta(x_{n+1} - x_n) - \beta(x_n - x_{n-1})$。根据牛顿第二定律,可得到第 $n$ 个原子的运动方程式为

$$m\frac{\mathrm{d}^2 x_n}{\mathrm{d}t^2} = \beta(x_{n+1} + x_{n-1} - 2x_n) \tag{5.5}$$

该方程是一简谐振动的运动方程,所以点阵中质点的热振动是简谐振动。对于每一个原子,都有一个类似的运动方程,因此,方程的数目和原子数相同。

由于晶体中原子间有着很强的相互作用力,因此,一个原子的振动会牵连着相邻原子随之振动,因相邻原子间的振动存在着一定的位相差,这就使晶格振动以弹性波的形式在整个晶体内得到传播(见图 5.2),这种存在于晶格中的波称为"格波"。

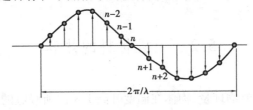

图 5.2　格波

### 5.1.2　一维双原子晶格的线性振动

在一维无限长直线链上周期性相间排列着两个质量分别为 $m_1$、$m_2$ 的原子(见图 5.3),由于两个原子各自都有独立的类似于式(5.5)的运动方程,因此,通过这两组方程的求解,在得出的解中可分别列出两支频率不同的独立格波,高频支格波可用红外光来激发,故称光学支格波(简称"光学波");低频支格波可用超声波来激发,也称声频支格波(简称"声学波"),如图 5.4 所示。

图 5.3　一维双原子点阵

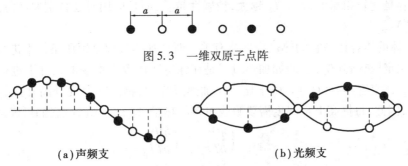

(a)声频支　　　　　　　　　　　(b)光频支

图 5.4　一维双原子点阵中的格波

双原子点阵中,因为一个元胞中包含了两种不同的原子,不仅是它们各自会有独立的振动频率,而且即使频率都与元胞振动频率相同,由于两种原子的质量不同,振幅也不同,故两原子间会有相对运动。对于声频支可看成相邻原子具有相同的振动方向,因此,表示了元胞的质量中心的振动。对于光频支可看成相邻的两原子振动方向相反,表示了元胞的质量中心维持不动,而元胞中两个原子的相对振动,由于元胞中质点相互作用力大,质点质量小,故引起了一个范围很小、频率很高的振动,对离子晶体来说,就是正负离子间的相对振动,当异号离子间有反向位移时,便构成了一个偶极子,在振动过程中这个偶极子的极矩是周期性变化的,根据电动力学可知道它会发出电磁波(相当于红外光波),其强度决定于振幅的大小(即温度的高低),通常在室温条件下,这种电磁波强度是很微弱的,如果从外界辐射进一个属于这一频率范围的红外光波,则会立即被吸收(被吸收的光波能量激发了这种点阵振动),这就表现为离子晶体具有很强烈的红外光的吸收特性,这也就是该支格波被称为光频支的原因。

由于光频支是不同原子间相对振动所引起的,故假如一个分子中有 $n$ 个不同原子则会有 $(n-1)$ 个不同频率的光频支;假如晶格有 $N$ 个分子则有 $N(n-1)$ 个光频波。

以上讨论的是一维点阵的情况,对于实际晶体的三维点阵,推导过程比较复杂,但其结果是类似的。另外,在上述的讨论过程中,假设原子间相互作用力是准弹性力。因此,原子振动是简谐振动,这是因为对式(5.3)的 $\delta^3$ 以上的高次项简略了,而实际上晶格的振动不是严格的简谐振动,这在热膨胀、热传导的解释中还会提到。

## 5.2 无机材料的热容

热容是材料的一个重要物理量,物体在温度升高 1 K 时所吸收的热量称作该物体的热容,因此,在温度 $t$ 时物体的热容[J/K]可表达为

$$C_t = \left(\frac{\partial Q}{\partial T}\right)_T \tag{5.6}$$

显然物体的质量不同,热容值不同,1 g 物质的热容又称"比热容",单位是 J/(g·K),1 mol 物质的热容即称为"摩尔热容"。同一物质在不同温度时的热容也往往不同,通常工程上所用的平均热容是指物体从温度 $T_1$ 到 $T_2$ 所吸收的热量的平均值为

$$C_{均} = \frac{Q}{T_2 - T_1} \tag{5.7}$$

平均热容是比较粗略的,$T_1 \sim T_2$ 越大,精确性越差,而且应用时还特别要注意到它的适用范围($T_1 \sim T_2$)。

另外,物体的热容还与它的热过程性质有关。假如加热过程是恒压条件下进行的,所测定的热容称为比定压热容($C_p$)。假如加热过程是在保持物体容积不变的条件下进行的,则所测定的热容称为比定容热容($C_V$)。由于比定压加热过程中,物体除温度升高外,还要对外界做功(膨胀功),因此,每提高 1 K 温度需要吸收更多的热量,即 $C_p > C_V$,故它们可表达为

$$C_p = \left(\frac{\partial Q}{\partial T}\right)_p = \left(\frac{\partial H}{\partial T}\right)_p$$

$$C_V = \left(\frac{\partial Q}{\partial T}\right)_V = \left(\frac{\partial E}{\partial T}\right)_V$$

式中　$Q$——热量;

　　　$E$——内能;

　　　$H$——焓。

从实验的观点来看,$C_p$ 的测定要方便得多,但从理论上讲,$C_V$ 更有意义,因为它可直接从系统的能量增加来计算,根据热力学第二定律还可导出 $C_p$ 和 $C_V$ 的关系为

$$C_p - C_V = \frac{\alpha^2 V_0 T}{\beta} \tag{5.8}$$

式中　$\alpha = \frac{dV}{VdT}$——容积热膨胀系数;

　　　$\beta = \frac{-dV}{VdP}$——压缩系数;

　　　$V_0$——摩尔容积。

对于物质的凝聚态,实际上 $C_p$ 和 $C_V$ 的差异可忽略,但在高温时差别就增大了(见图 5.5)。

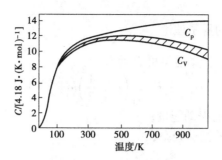

图 5.5　NaCl 的热容-温度曲线

### 5.2.1　晶态固体热容的经验定律和经典理论

晶体的热容有两个经验定律:一是元素的热容定律——杜隆-珀替定律:"恒压下元素的原子热容等于 25 J/(K·mol)"。实际上,大部分元素的原子热容都接近 25 J/(K·mol),特别在高温时符合得更好。二是化合物热容定律——柯普定律:"化合物分子热容等于构成此化合物各元素原子热容之和"。但轻元素的原子热容不能用 25 J/(K·mol),需改用表 5.1 中的值。

**表 5.1　轻元素的原子热容/[J·(K·mol)$^{-1}$]**

| 元素 | H | B | C | O | F | Si | P | S | Cl |
|------|-----|------|-----|------|------|------|------|------|------|
| $C_p$ | 9.6 | 11.3 | 7.5 | 16.7 | 20.9 | 15.9 | 22.5 | 22.6 | 20.4 |

经典的热容理论可对此经验定律作出以下解释:

根据晶格振动理论,在固体中可用谐振子来代表每个原子在一个自由度的振动,按照经典理论能量按自由度的平均动能和平均位能都为 $kT/2$,一个原子有 3 个振动自由度,平均动能和位能的总和就等于 $3kT$,一摩尔固体中有 $N$ 个原子,总能量为

$$E = 3NkT = 3RT \tag{5.9}$$

式中　$N$——阿伏伽德罗常数;

　　　$T$——热力学温度,K;

　　　$k$——玻尔兹曼常数;

　　　$R = 8.314[\text{J}/(\text{K·mol})]$——气体普适常数。

按热容定义

$$C_V = \left(\frac{\partial E}{\partial T}\right)_V = \left[\frac{\partial(3NkT)}{\partial T}\right]_V = 3Nk = 3R \approx 25 \text{ J}/(\text{K·mol}) \tag{5.10}$$

由式(5.10)中可知,热容是与温度无关的常数,这就是杜隆-珀替定律。对于双原子的固态化合物,一个摩尔中的原子数为 $2N$,故摩尔热容为 $C_V = 2 \times 25$ J/(K·mol)。三原子的固态化合物的摩尔热容 $C_V = 3 \times 25$ J/(K·mol),余类推。杜隆-珀替定律在高温时与实验结果是很符合的,但在低温时,热容的实验值并不是一个恒值,随温度降低而减小,在接近绝对零度时,热容值按 $T^3$ 的规律趋于零,对于低温下热容减小的现象使经典理论遇到了困难,而需要用量子理论来解释。

151

### 5.2.2 晶态固体热容的量子理论

根据量子理论,谐振子的振动能量可表示为

$$E_i = \left(n + \frac{1}{2}\right)h\nu_i \tag{5.11}$$

式中 $E_i$——第 $i$ 个谐振子的振动能量;

$\nu_i$——第 $i$ 个谐振子的振动频率;

$h$——普朗克常数;

$n = 0, 1, 2, \cdots$。

按照玻尔兹曼统计理论,晶体内振动能量为 $E_i$ 的谐振子的数目 $N_{E_i}$ 与 $e^{\frac{-E_i}{kT}}$ 成正比, $N_{E_i} = C'e^{\frac{-E_i}{kT}}$($C'$ 为比例常数, $e^{\frac{-E_i}{kT}}$ 为玻尔兹曼因子,可用来表征谐振子具有能量为 $E_i$ 的概率)。

因此,谐振子的平均能量为

$$\varepsilon_i = \frac{\sum_{n=0}^{\infty} \left(n + \frac{1}{2}\right)h\nu_i \cdot C'e^{\frac{-\left(n+\frac{1}{2}\right)h\nu_i}{kT}}}{\sum_{n=0}^{\infty} C'e^{\frac{-\left(n+\frac{1}{2}\right)h\nu_i}{kT}}} \tag{5.12}$$

经过化简

$$\overline{\varepsilon}_i = \frac{h\nu_i}{e^{\frac{h\nu_i}{kT}} - 1} + \frac{1}{2}h\nu_i \tag{5.13}$$

一摩尔晶体中有 $N$ 个原子,每个原子的振动自由度是 3,所以晶体的振动可看成 $3N$ 个谐振子振动,振动的总能量 $E$ 为

$$E = \sum_{i=1}^{3N} \overline{\varepsilon}_i = \sum_{i=1}^{3N} \left(\frac{h\nu_i}{e^{\frac{h\nu_i}{kT}} - 1} + \frac{1}{2}h\nu_i\right) \tag{5.14}$$

这样,就可按量子理论得到的振动能量来导出热容

$$C_V = \left(\frac{\partial E}{\partial T}\right)_V = \sum_{i=1}^{3N} k\left(\frac{h\nu_i}{kT}\right)^2 \frac{e^{\frac{h\nu_i}{kT}}}{\left(e^{\frac{h\nu_i}{kT}} - 1\right)^2} \tag{5.15}$$

但是由式(5.15)来计算 $C_V$ 值,就必须知道谐振子系统的频谱,严格地寻求该频谱却是非常困难的,因此,一般讨论就常采用简化的爱因斯坦模型和德拜模型。

(1)爱因斯坦的比热模型

爱因斯坦提出的假设是:晶体中所有的原子都以相同的频率振动,这样式(5.15)就可写为

$$C_V = 3Nk\left(\frac{h\nu_i}{kT}\right)^2 \frac{e^{\frac{h\nu_i}{kT}}}{\left(e^{\frac{h\nu_i}{kT}} - 1\right)^2} \tag{5.16}$$

适当选取频率 $\nu$,可使理论与实验吻合,又因为 $R = Nk$。令 $\theta_E = \frac{h\nu}{k}$,则式(5.16)可改写为

$$C_V = 3R\left(\frac{\theta_E}{T}\right)^2 \frac{e^{\frac{\theta_E}{T}}}{\left(e^{\frac{\theta_E}{T}} - 1\right)^2} = 3Rf_E\left(\frac{\theta_E}{T}\right) \tag{5.17}$$

式中　$\theta_E$——爱因斯坦特征温度；

$$f_E\left(\frac{\theta_E}{T}\right) = \left(\frac{\theta_E}{T}\right)^2 \frac{e^{\frac{\theta_E}{T}}}{\left(e^{\frac{\theta_E}{T}} - 1\right)^2} \text{——爱因斯坦比热函数。}$$

当温度较高时，$T \gg \theta_E$，则可将 $e^{\frac{\theta_E}{T}}$ 展开为

$e^{\frac{\theta_E}{T}} = 1 + \frac{\theta_E}{T} + \frac{1}{2!}\left(\frac{\theta_E}{T}\right)^2 + \frac{1}{3!}\left(\frac{\theta_E}{T}\right)^3 + \cdots$，略去 $e^{\frac{\theta_E}{T}}$ 的高次项，式(5.17)可化为

$$C_V = 3R\left(\frac{\theta_E}{T}\right)^2 \frac{e^{\frac{\theta_E}{T}}}{\left(e^{\frac{\theta_E}{T}} - 1\right)^2} = 3\,Re^{\frac{\theta_E}{T}} \approx 3R \tag{5.18}$$

这就是杜隆-珀替定律的形式。

式(5.17)中，当 $T$ 趋于零时，$C_V$ 逐渐减小；当 $T = 0$ 时，$C_V = 0$，这就是爱因斯坦模型与实验相符之处，但是在低温下，$T \ll \theta_E$，$e^{\frac{\theta_E}{T}} \gg 1$，故由式(5.17)得到

$$C_V = 3R\left(\frac{\theta_E}{T}\right)^2 e^{\frac{-\theta_E}{T}} \tag{5.19}$$

这样 $C_V$ 依指数规律随温度而变化，这比实验测定的曲线下降得更快些，导致差异的原因是爱因斯坦采用了过于简化的假设，实际晶体中原子的振动不是彼此独立地以单一的频率振动着的，原子振动间有着耦合作用，而当温度很低时，这一效应尤其显著。因此，忽略振动之间频率的差别也就给理论结果带来缺陷。德拜模型在这一方面作了改进，故得到更好的结果。

（2）德拜的比热模型

德拜考虑到了晶体中原子的相互作用，由于晶体中对热容的主要贡献是弹性波的振动，也就是波长较长的声频支，低温下尤其如此。由于声频波的波长远大于晶体的晶格常数，就可把晶体近似视为连续介质，因此，声频支的振动也近似地看成连续的，具有频率从 0 到截止频率 $\nu_{max}$ 的谱带，高于 $\nu_{max}$ 的不在声频支范围而在光频支范围，对热容贡献很小，可忽略不计。$\nu_{max}$ 可由分子密度及声速所决定，由这样的假设导出了热容的表达式为

$$C_V = 3Rf_D\left(\frac{\theta_D}{T}\right) \tag{5.20}$$

式中　$\theta_D = \dfrac{h\nu_{max}}{k} \approx 4.8 \times 10^{-11}\nu_{max}$——德拜特征温度；

$$f_D\left(\frac{\theta_D}{T}\right) = 3\left(\frac{T}{\theta_D}\right)^3 \int_0^{\frac{\theta_D}{T}} \frac{e^x x^4}{(e^x - 1)^2}\mathrm{d}x \text{——德拜比热函数，其中，} x = \frac{h\nu}{kT}\text{。}$$

根据式(5.20)还可得到如下结论：

①当温度较高时，$T \gg \theta_D$，$C_V \approx 3R$，即杜隆-珀替定律。

②当温度很低时，$T \ll \theta_D$，则经计算得

$$C_V = \frac{12\pi^4 R}{5}\left(\frac{T}{\theta_D}\right)^3 \tag{5.21}$$

这表明了当 $T$ 趋于 0 K 时，$C_V$ 与 $T$ 成比例地趋于零，这也就是著名的德拜 $T$ 立方定律，它与实验的结果十分符合，温度越低德拜近似越好，因为在极低温度下只有长波的激发是主要的，对于长波，晶体是可看成连续介质的。

随着科学的发展,实验技术和测量仪器的不断完善,人们发现了德拜理论在低温下还不能完全符合事实,这显然还是由于晶体毕竟不是一个连续体,但是在一般的场合下,德拜模型已是足够精确了。

最后要说明的是,上面仅讨论了晶格振动能的变化与热容的关系,实际上电子运动能量的变化对热容也有贡献,只是在温度不太低时,这一部分的影响,远小于晶格振动能量的影响,一般可略去。只有当温度极低时,才成为不可忽略的部分。

(3)无机材料的热容

根据德拜热容理论可知,在高于德拜温度 $\theta_D$ 时,热容趋于常数 $25\ J/(K\cdot mol)$,而低于 $\theta_D$ 时与 $T^3$ 成正比,不同材料的 $\theta_D$ 是不同的,例如石墨约为 1 970 K,$Al_2O_3$ 约为 920 K 等,它与键的强度、材料的弹性模量、熔点等有关。图 5.6 是几种无机材料的热容-温度曲线,这些材料的 $\theta_D$ 约为熔点(热力学温度)的 0.2～0.5 倍,对于绝大多数氧化物、碳化物的热容都是从低温时由一个低的数值,增加到 1 300 K 左右趋近于 $25\ J/(K\cdot mol)$ 的数值。温度进一步增加,热容基本上没有什么变化,而且这几条曲线不仅形状、趋向相同,数值也很接近。无机材料的热容与材料结构的关系不大,如图 5.7 所示 CaO 和 $SiO_2$(石英)1:1 的混合物与 $CaSiO_3$(硅灰石)的热容-温度曲线基本重合。

相变时,由于热量的不连续变化,故热容也出现了突变,如图 5.7 中石英 α 型转化为 β 型时所出现的明显变化,其他所有晶体在多晶转化、铁电转变、铁磁转变、有序-无序转变等相变情况下都会发生类似的情况。

虽然固体材料的摩尔热容不是结构敏感的,但是单位体积的热容却与气孔率有关。多孔材料因质量轻,故热容小,因此,提高轻质隔热砖的温度所需要的热量远低于致密的耐火砖。

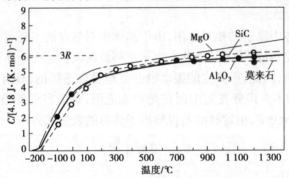

图 5.6　几种无机材料的热容-温度曲线

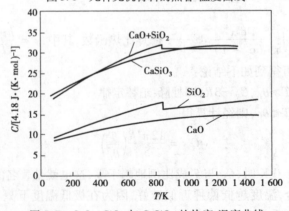

图 5.7　$CaO + SiO_2$ 与 $CaSiO_3$ 的热容-温度曲线

材料热容与温度关系应由实验来精确测定,根据某些实验结果加以整理可得经验公式[单位:$J/(kg \cdot K)$]为

$$C_p = a + bT + cT^{-2} + \cdots \tag{5.22}$$

表 5.2 列出了部分无机材料的 $a$、$b$、$c$ 系数以及它们的应用温度范围。

**表 5.2　部分无机材料的热容-温度关系经验方程式系数**

| 名　　称 | $a \times 10^{-3}$ | $b$ | $c \times 10^{-8}$ | 适用的温度范围/K |
|---|---|---|---|---|
| 氮化铝 AlN | 22.87 | 32.6 | — | 293 ~ 900 |
| 刚玉 $\alpha\text{-Al}_2O_3$ | 114.66 | 12.79 | -35.41 | 298 ~ 1 800 |
| 莫来石 $3Al_2O_3 \cdot 2SiO_2$ | 365.96 | 62.53 | -111.52 | 298 ~ 1 100 |
| 碳化硼 $B_4C$ | 96.10 | 22.57 | -44.81 | 298 ~ 1 373 |
| 氧化铍 BeO | 35.32 | 16.72 | -13.25 | 298 ~ 1 200 |
| 氧化铋 $Bi_2O_3$ | 103.41 | 33.44 | — | 298 ~ 800 |
| 氮化硼 $\alpha\text{-BN}$ | 7.61 | 15.13 | — | 273 ~ 1 173 |
| 硅灰石 $CaSiO_3$ | 111.36 | 15.05 | -27.26 | 298 ~ 1 450 |
| 氧化铬 $Cr_2O_3$ | 119.26 | 9.20 | -15.63 | 298 ~ 1 800 |
| 钾长石 $K_2O \cdot Al_2O_3 \cdot 6SiO_2$ | 266.81 | 53.92 | -71.27 | 298 ~ 1 400 |
| 碳化硅 SiC | 37.33 | 12.92 | -12.83 | 298 ~ 1 700 |
| $\alpha$-石英 $SiO_2$ | 46.82 | 34.28 | -11.29 | 298 ~ 848 |
| $\beta$-石英 $SiO_2$ | 60.23 | 8.11 | — | 848 ~ 2 000 |
| 石英玻璃 $SiO_2$ | 55.93 | 15.38 | -14.42 | 298 ~ 2 000 |
| 碳化钛 TiC | 49.45 | 3.34 | -14.96 | 298 ~ 1 800 |
| 金红石 $TiO_2$ | 75.11 | 1.17 | -18.18 | 298 ~ 1 800 |
| 氧化镁 MgO | 42.55 | 7.27 | -6.19 | 298 ~ 2 100 |

实验证明,在较高温度下固体的热容具有加和性,即物质的摩尔热容等于构成该化合物各元素原子热容的总和(见柯普定律),即

$$C = \sum n_i C_i \tag{5.23}$$

式中　$n_i$——化合物中元素 $i$ 的原子数;

　　　$C_i$——化合物中元素 $i$ 的摩尔热容。

这一公式对于计算大多数氧化物和硅酸盐化合物,在 573 K 以上的热容时能有较好的结果。同样,对于多相复合材料可计算为

$$C = \sum g_i C_i \tag{5.24}$$

式中　$g_i$——材料中第 $i$ 种组成的质量分数;

　　　$C_i$——材料中第 $i$ 种组成的热容。

## 5.3 无机非金属材料的热膨胀

### 5.3.1 热膨胀系数

物体的体积或长度随着温度的升高而增大的现象称为热膨胀。假设物体原来的长度为 $l_0$，温度升高 $\Delta t$ 后长度增量为 $\Delta l$，实验指出它们之间存在的关系为

$$\frac{\Delta l}{l} = \alpha \Delta t \tag{5.25}$$

式中，$\alpha$ 称为线膨胀系数，也就是温度升高 1 K 时物体的相对伸长。因此，物体在 $t$ K 时的长度 $l_t$ 为

$$l_t = l_0 + \Delta l = l_0(1 + \alpha \Delta t) \tag{5.26}$$

实际上固体材料的 $\alpha$ 值并不是一个常数，而是随温度的不同稍有变化，通常随温度升高而加大，无机材料的线膨胀系数一般不大的，数量级为 $10^{-6} \sim 10^{-5}$ $K^{-1}$。

类似上述的情况，物体体积随温度的增长可表示为

$$V_t = V_0(1 + \beta \Delta t) \tag{5.27}$$

式中，$\beta$ 称为体膨胀系数，相当于温度升高 1 K 时物体体积相对增大。

假设物体是立方体则可得

$$V_t = l_t^3 = l_0^3(1 + \alpha \Delta t)^3 = V_0(1 + \alpha \Delta t)^3$$

由于 $\alpha$ 值很小，可略去 $\alpha^2$ 以上的高次项，则

$$V_t = V_0(1 + 3\alpha \Delta t) \tag{5.28}$$

与式(5.27)比较，即有 $\beta = 3\alpha$ 的近似关系。

对于各向异性的晶体，各晶轴方向的线膨胀系数不同，假如分别设为 $\alpha_a$、$\alpha_b$、$\alpha_c$，则

$$V_t = l_{at}l_{bt}l_{ct} = l_{a0}l_{b0}l_{c0}(1 + \alpha_a \Delta t)(1 + \alpha_b \Delta t)(1 + \alpha_c \Delta t)$$

同样，忽略 $\alpha$ 二次方以上的高次项，得

$$V_t = V_0[1 + (\alpha_a + \alpha_b + \alpha_c)\Delta t]$$

所以

$$\beta = \alpha_a + \alpha_b + \alpha_c \tag{5.29}$$

必须指出，由于膨胀系数实际上并不是一个恒定值，而是随温度而变化的（见图 5.8），故上述的 $\alpha$、$\beta$ 都是具有在指定的温度范围 $\Delta t$ 内的平均值概念。因此，与平均热容一样，应用时，还要注意它适用的温度范围。它们的精确值应表达为

$$\alpha = \frac{\partial l}{l \partial t} \tag{5.30}$$

$$\beta = \frac{\partial V}{V \partial t} \tag{5.31}$$

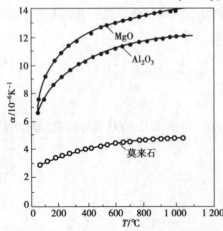

图 5.8 固体材料的膨胀系数与温度的关系

一般耐火材料的线膨胀系数，常指 20 ~ 1 000

℃的 $\alpha$ 的平均数。

热膨胀系数在无机材料中是个重要的性能参数。例如,在玻璃陶瓷与金属之间的封接工艺上,由于电真空的要求,需要在低温和高温下两种材料的 $\alpha$ 值相近。因此,高温钠蒸灯所用的透明 $Al_2O_3$ 灯管的 $\alpha = 8 \times 10^{-6}/K$,选用的封接导电金属铌的 $\alpha = 7.8 \times 10^{-6}/K$,两者相近。

材料的热膨胀系数大小直接与热稳定性有关。一般 $\alpha$ 小的材料,热稳定性就好。$Si_3N_4$ 的 $\alpha = 2.7 \times 10^{-6}/K$,在陶瓷材料中是偏低的,故热稳定性好。

### 5.3.2　固体材料热膨胀机理

固体材料热膨胀的本质是点阵结构中的质点间平均距离随温度升高而增大,在晶格振动中曾近似地认为质点的热振动是简谐振动。对于简谐振动,温度的升高只能增大振幅,并不会改变平衡位置。因此,质点间的平均距离不会因温度升高而改变,热量变化不能改变晶体的大小和形状,也就不会有热膨胀。这样的结论显然是不正确的,造成这一错误的原因是,在晶格振动中相邻质点间的作用力,实际上是非线性的,即作用力并不简单地与位移成正比。由图5.9 可看到,质点平衡位置两侧时受力的情况并不对称,在质点平衡位置 $r_0$ 的两侧,合力曲线的斜率是不等的。当 $r < r_0$ 时,曲线的斜率较大;$r > r_0$ 时,斜率较小。因此,$r < r_0$ 时,斥力随位移增大得很快;$r > r_0$ 时,引力随位移的增大要慢些。在这样的受力情况下,质点振动时的平均位置就不在 $r_0$ 处而要向右移。因此,相邻质点间平均距离增加,温度越高,振幅越大,质点在 $r_0$ 两侧受力不对称情况越显著,平衡位置向右移动得越多,相邻质点间平均距离也就增加得越多,以致晶胞参数增大,晶体膨胀。

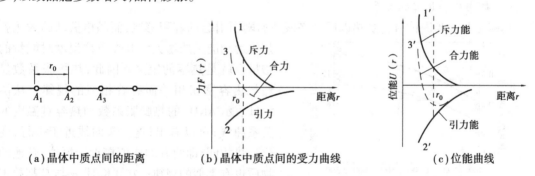

（a）晶体中质点间的距离　　　　（b）晶体中质点间的受力曲线　　　　（c）位能曲线

图5.9　晶体中质点间引力-斥力曲线和位能曲线

从位能曲线的非对称性同样可得到较具体的解释,由图 5.10 作平行横轴的平行线 $E_1$、$E_2\cdots$则它们与横轴间距离分别代表了在温度 $T_1$、$T_2$ $\cdots$下质点振动的总能量。当温度为 $T_1$ 时,质点的振动位置相当于在 $E_1$ 线的 $ab$ 间变化,相应的位能变化是按复线 $aAb$ 的曲线变化,位置在 $A$ 时,即 $r = r_0$ 位能最小,动能最大。在 $r = r_0$ 和 $r = r_b$ 时,动能为零,位能等于总能量,而弧线 $aA$ 和弧线 $Ab$ 的非对称性,使平均位置不在 $r_0$ 处,而是 $r = r_1$。当温度升高到 $T_2$ 时,同理,平均位置移到了 $r = r_2$ 处,结果平均位置随温度的不同沿 $AB$ 曲线变化,所以温度

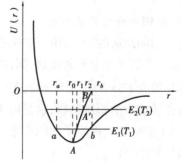

图 5.10　晶体中质点振动非对称性的示意图

越高,平均位置移得越远,晶体就会越膨胀。

振动质点的位能公式已由式(5.2)给出,在略去$\delta^3$等高次项后,可认为质点间作用力为弹性力,假如保留$\delta^3$次项,就可计算出平均位置偏离的平均值$\bar{\delta}$,并可证明膨胀系数$\alpha = \dfrac{1}{r_0} \cdot \dfrac{\mathrm{d}\bar{\delta}}{\mathrm{d}T}$是一个常数,如计入$\delta$的更高次项,就可得到$\alpha$将随温度而稍有变化。

以上讨论的是导致热膨胀的主要原因,此外,晶体中各种热缺陷的形式将造成局部晶格的畸变和膨胀,这虽然是次要的因素,但随温度升高热缺陷浓度按指数关系增加,因此,在高温时这方面的影响对某些晶体来讲也就变得重要了。

### 5.3.3 热膨胀和其他性能的关系

(1)热膨胀和结合能、熔点的关系

由于固体材料的热膨胀与晶体点阵中质点的位能性质有关,而质点的位能性质是由质点间的结合力特性所决定的。质点间结合力越强,则如图5.10所示位能曲线的位阱就会深而狭,升高同样的温度差$\Delta t$,质点振幅增加得较少,故平均位置的位移量增加得较少,因此热膨胀系数较小。

一般晶体的结构类型相同时,结合能大的熔点也较高,所以通常熔点高的膨胀系数也小,根据实验还得出某些晶体热膨胀系数$\alpha$与熔点$T_{熔}$间的经验关系为

$$\alpha = \frac{0.038}{T_{熔}} - 7.0 \times 10^{-6} \tag{5.32}$$

(2)热膨胀和热容的关系

热膨胀是因为固体材料受热以后晶格振动加剧而引起的容积膨胀,而晶格振动的激化就是热运动能量的增大。升高单位温度时能量的增量也就是热容的定义。因此,热膨胀系数显然与热容密切相关而有着相似的规律。从图5.11表示$Al_2O_3$的热膨胀系数和热容对温度的关系曲线,可以看出,这两条曲线近于平行、变化趋势相同,即两者的比值接近于恒值,其他的物质也有类似的规律。在0 K时,$\alpha$与$C$都趋于零。通常由于高温时,有显著的热缺陷等原因,使$\alpha$仍可看到有一个连续的增加。

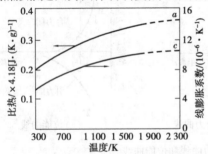

图5.11 $Al_2O_3$的热容、热膨胀系数与温度的关系

(3)热膨胀和结构的关系

对于相同组成的物质,由于结构不同,膨胀系数也不同。通常结构紧密的晶体,膨胀系数都较大,而类似于无定形的玻璃,则往往有较小的膨胀系数。最明显的例子是$SiO_2$,多晶石英的膨胀系数为$12 \times 10^{-6}\ \mathrm{K}^{-1}$,而石英玻璃则只有$0.5 \times 10^{-6}\ \mathrm{K}^{-1}$,结构紧密的多晶二元化合物都具有比玻璃大的膨胀系数,这是由于玻璃的结构较松弛,结构内部的空隙较多,所以当温度升高,原子振幅加大而原子间距离增加时,部分地被结构内部的空隙所容纳,整个物体宏观的膨胀量就会小些。

氧离子紧密堆积的结构有高的原子堆积密度,其热膨胀系数的典型数据是从室温附近的$(6 \sim 8) \times 10^{-6}\ \mathrm{K}^{-1}$增加到德拜温度附近的$(10 \sim 15) \times 10^{-6}\ \mathrm{K}^{-1}$。一些硅酸盐物质,因为它们

的网状结构常具有较低的密度,故热膨胀系数也出现低得多的数值。表 5.3 列出了一些硅酸盐材料的平均线膨胀系数。

表 5.3　几种硅酸盐材料的平均线膨胀系数

| 材料名称 | $\alpha(273 \sim 1\,273\text{ K})/(\times 10^{-6}\text{ K}^{-1})$ | 材料名称 | $\alpha(273 \sim 1\,273\text{ K})/(\times 10^{-6}\text{ K}^{-1})$ |
|---|---|---|---|
| $Al_2O_3$ | 8.8 | 石英玻璃 | 0.5 |
| BeO | 9.0 | 钠钙硅玻璃 | 9.0 |
| MgO | 13.5 | 电瓷 | 3.5 ~ 4.0 |
| 莫来石 | 5.3 | 刚玉瓷 | 5 ~ 5.5 |
| 尖晶石 | 7.6 | 硬玉瓷 | 6 |
| SiC | 4.7 | 滑石瓷 | 7 ~ 9 |
| $ZrO_2$ | 10.0 | 金红石瓷 | 7 ~ 8 |
| TiC | 7.4 | 钛酸钡瓷 | 10 |
| $B_4C$ | 4.5 | 董青石瓷 | 1.1 ~ 2.0 |
| TiC 金属陶瓷 | 9.0 | 黏土质耐火砖 | 5.5 |

对于非等轴晶系的晶体,晶轴方向的膨胀系数不等。最显著的是层状结构的物质,如石墨,因为层内有牢固的联系,而层间的联系要弱得多,故垂直 $c$ 轴的层间膨胀系数为 $1 \times 10^{-6}\text{ K}^{-1}$,而平行 $c$ 轴垂直层的膨胀系数达 $27 \times 10^{-6}\text{ K}^{-1}$。对于 $\beta$-锂霞石甚至出现负的容积膨胀系数,这些都是由于存在着很大的各向异性结构的缘故,因此,这些材料往往存在着高的内应力。某些各向异性晶体的主膨胀系数见表 5.4。

表 5.4　某些各向异性晶体的主膨胀系数

| 晶　体 | 主膨胀系数 $\alpha/(10^{-6} \cdot \text{K}^{-1})$ | | 晶　体 | 主膨胀系数 $\alpha/(10^{-6} \cdot \text{K}^{-1})$ | |
|---|---|---|---|---|---|
| | 垂直 $c$ 轴 | 平行 $c$ 轴 | | 垂直 $c$ 轴 | 平行 $c$ 轴 |
| $Al_2O_3$(刚玉) | 8.3 | 9.0 | $CaCO_3$(方解石) | −6 | 25 |
| $Al_2TiO_5$ | −2.6 | 11.5 | $SiO_2$(石英) | 14 | 9 |
| $3Al_2O_3 \cdot 2SiO_2$(莫来石) | 4.5 | 5.7 | $NaAlSi_3O_8$(钠长石) | 4 | 13 |
| $TiO_2$(金红石) | 6.8 | 8.3 | ZnO(红锌矿) | 6 | 5 |
| $ZrSiO_4$(锆英石) | 3.7 | 6.2 | C(石墨) | 1 | 27 |

### 5.3.4　多晶体和复合材料的热膨胀

无机非金属材料中,陶瓷材料都是一些多晶体或由几种晶体和玻璃相组成的复合体。对于各向同性晶体组成的多晶体(致密且无液相),它的热膨胀系数与单晶体相同,假如晶体是各向异性的,或复合材料中各相的膨胀系数是不相同的,则它们在烧成后的冷却过程中会产生内应力,微观内应力的存在牵制了热膨胀。

假如有一复合材料,它的所有组成部分都是各向同性的,而且都是均匀分布的。但是,由于各组成的膨胀系数不同,因此,各组成部分都存在着内应力

$$\sigma_i = K(\bar{\beta} - \beta_i)\Delta T \tag{5.33}$$

式中　$\sigma_i$——第 $i$ 部分的应力;

$\overline{\beta}$——复合体的平均体积膨胀系数；

$\beta_i$——第 $i$ 部分组成的体膨胀系数；

$K = \dfrac{E}{3(1-2\mu)}$（$E$ 是弹性模量，$\mu$ 是泊松比）；

$\Delta T$——从应力松弛状态算起的温度变化。

由于整体的内应力之和为零，故

$$\sum \sigma_i = \sum K_i(\overline{\beta} - \beta_i)V_i\Delta T = 0 \tag{5.34}$$

式中　$V_i$——第 $i$ 部分的体积分数，即

$$V_i = \frac{W_i\overline{\rho}V}{\rho_i}$$

$$\overline{\beta} = \frac{\dfrac{\sum \beta_iK_iW_i}{\rho_i}}{\dfrac{\sum K_iW_i}{\rho_i}} \tag{5.35}$$

式中　$W_i$——第 $i$ 部分的质量分数；

$\overline{\rho}$——复合体的平均密度；

$V$——复合体的体积，$V = \sum V_i$；

$\rho_i$——第 $i$ 部分的密度。

以上是把微观的内应力都看成纯的张应力和压应力，对交界面上的剪应力略而不计。假如要计入剪应力的影响，情况就要复杂得多，对于仅为二相材料的情况有近似式为

$$\overline{\beta} = \beta_1 + V_2(\beta_2 - \beta_1)\frac{K_1(3K_2 + 4G_1)^2 + (K_2 - K_1)(16G_1^2 + 12G_1K_2)}{(4G_1 + 3K_2)[4V_2G_1(K_2 - K_1) + 3K_1K_2 + 4G_1K_1]} \tag{5.36}$$

式中　$G_i(i=1,2)$——相 $i$ 的剪切模量。

图 5.12 中，曲线 1 是按式（5.36）绘出的，曲线 2 是按式（5.35）绘出的。很多情况下，式（5.36）和式（5.35）与实验结果是比较符合的，然而有时也会有相差较大的情况。

对于复合体中有多晶转变的组分时，因多晶转化有体积的不均匀变化而导致膨胀系数的不均匀变化。图 5.13 中，含有方石英的坯体 A 和含有 β-石英的坯体 B 的两种曲线，坯体 A 在 473 K 附近因有方石英的多晶转化（453~543 K），故膨胀系数出现不均匀的变化，坯体 B 因 β-石英在 846 K 的晶型转化，故在 773~873 K 还有一个膨胀系数较大的变化。

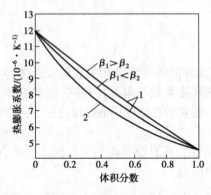

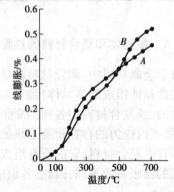

图 5.12　复合材料膨胀系数的计算值的比较　　图 5.13　含不同晶型石英的两种瓷坯的热膨胀曲线

对于复合体中不同相间或晶粒的不同方向上膨胀系数差别很大时,则内应力甚至会发展到使坯体产生微裂纹,因此,有时会测得一个多晶聚集体或复合体出现热膨胀的滞后现象。例如,某些含有 $TiO_2$ 的复合体和多晶氧化钛,因烧成后的冷却过程中,坯体内存在了微裂纹。这样在再加热时,这些裂纹又趋于密合,故在不太高的温度时,可观察到反常的低的膨胀系数,只有到达高温时(1 300 K 以上),由于微裂纹已基本闭合,因此,膨胀系数与单晶时的数值又一致了。微裂纹带来的影响,突出的例子是石墨,它垂直于 $c$ 轴的膨胀系数约是 $1 \times 10^{-6} K^{-1}$,平行于 $c$ 轴的膨胀系数约为 $27 \times 10^{-6} K^{-1}$,而对于多晶样品在较低温度下,观察到的线膨胀系数只有 $(1 \sim 3) \times 10^{-6} K^{-1}$。

晶体内的微裂纹可发生在晶粒内和晶界上,但最常见的还是在晶界上,晶界上应力的发展是与晶粒大小有关的,因而晶界裂纹和热膨胀系数滞后主要是发生在大晶粒样品中。

材料中均匀分布的气孔也可看成复合体中的一个相,由于空气体积模数 $K$ 非常小,它对膨胀系数的影响可以忽略。

# 5.4　无机非金属材料的热传导

热量的传递有 3 种基本方式。根据传热机理的不同,传热的基本方式分为导热、对流和辐射 3 种。对流传热在整个过程中,热传递是由系统的一部分向另一部分的传质引起的,只发生在流体之中。辐射传热是以电磁波传递热能的,凡温度高于绝对零度(0 K)的物体,都能发射辐射热。在这里主要研究热传导。为什么有的材料导热性能良好,而有的材料是良好的绝热材料,我们将解释材料导热的机理及其规律。

### 5.4.1　固体材料热传导的宏观规律

当固体材料一端的温度比另一端高时,热量就会从热端自动地传向冷端,这个现象就称为热传导。假如固体材料垂直于 $x$ 轴方向的截面积为 $\Delta S$,沿 $x$ 轴方向材料内的温度变化率为 $\dfrac{dT}{dx}$,在 $\Delta t$ 时间内沿 $x$ 轴正方向传过 $\Delta S$ 截面上的热量为 $\Delta Q$,则实验指出,对于各向同性的物质具有关系式

$$\Delta Q = - \lambda \frac{dT}{dx} \Delta S \Delta t \tag{5.37}$$

式中,比例常数 $\lambda$ 称为热导率(或导热系数),$\dfrac{dT}{dx}$ 也称 $x$ 方向上的温度梯度;负号是表示传递的热量 $\Delta Q$ 与温度梯度 $\dfrac{dT}{dx}$ 具有相反的符号,即 $\dfrac{dT}{dx} < 0$ 时,$\Delta Q > 0$,热量沿 $x$ 轴正方向传递;$\dfrac{dT}{dx} > 0$ 时,$\Delta Q < 0$,热量沿 $x$ 轴负方向进行传递。

热导率 $\lambda$ 的物理意义是指单位温度梯度下,单位时间内通过单位垂直面积的热量,其单位为 $W/(m \cdot K)$ 或 $J/(m \cdot s \cdot K)$。

式(5.37)也称傅立叶定律,它只适用于稳定传热的条件下,即传热过程中,材料在 $x$ 方向上各处的温度 $T$ 是恒定的,与时间无关,即 $\dfrac{\Delta Q}{\Delta t}$ 是一个常数。

假如是不稳定传热过程,即物体内各处的温度随时间有改变的。例如,一个与外界无热交换、本身存在温度梯度的物体,当随着时间的改变,温度梯度趋于零的过程,就存在热端处温度的不断降低和冷端处温度的不断升高,以致最终达到一致的平衡温度,此时物体内单位面积上温度随时间的变化率为

$$\frac{\partial T}{\partial t} = \frac{\lambda}{\rho C_{p}} \cdot \frac{\partial^{2} T}{\partial x^{2}} \tag{5.38}$$

式中　$\rho$——密度;

　　　$C_p$——比定压热容。

### 5.4.2　固体材料热传导的微观机理

众所周知,气体的传热是依靠分子的碰撞来实现的,在固体中组成晶体的质点都处在一定的位置上,相互间有着一恒定的距离,质点只能在平衡位置附近作微振动,而不能像气体分子那样杂乱地自由运动,故也不能像气体那样依靠质点间的直接碰撞来传递热能。固体中的导热主要是由晶格振动的格波和自由电子的运动来实现,在金属中由于有大量的自由电子,而且电子的质量很轻,故能迅速地实现热量的传递。因此,金属一般都具有较大的热导率(格波振动对金属导热也有贡献,只是相比起来是次要的)。但在非金属晶体如一般离子晶体的晶格中,自由电子极少,故晶格振动是它们的主要导热机制。

现假设晶格中一质点处于较高温度状态下,它的热振动较强烈,而它的邻近质点所处的温度较低,热振动较弱。由于质点间存在互作用力,振动较弱的质点在振动较强的质点的影响下,振动就会加剧,热振动能量也就增加,所以热量就能转移和传递,使在整个晶体中热量会从温度较高处传向温度较低处,产生热传导现象。假如系统是绝缘的,当然振动较强的质点,也要受到邻近振动较弱的质点的牵制,振动会减弱下来,使整个晶体最终趋于一平衡状态。

在上述过程中可看到热量是依晶格振动的格波来传递的,已知格波可分为声频支和光频支两类。下面就这两类格波影响分别进行讨论。

(1)声子和声子热导

对于光频支格波前面已提及,在温度不太高时,光频支的能量是很微弱的。因此,在讨论热容时就忽略了它的影响。同样,在导热过程中温度不太高时,主要也只是声频支格波有贡献。另外,还要引入一个"声子"的概念。

根据量子理论,一个谐振子的能量是不连续的,能量的变化不能取任意值,而只能是一个最小能量单元——量子的整数倍,这也就是能量的量子化。一个量子所具有的能量为$h\nu$($\nu$是振动频率;$h$为普朗克常数)。而晶格振动中的能量同样也应该是量子化的。对于声频支格波来讲,可把它看成一种弹性波,类似在固体中传播的声波,因此,就把声频波的"量子"称为"声子",它所具有的能量仍然应该是$h\nu$。

声子概念的引入,对下面的讨论就带来了很大的方便。当把格波的传播看成质点-声子的运动以后,就可把格波与物质的相互作用理解为声子和物质的碰撞,把格波在晶体中传播时遇到的散射,看成声子同晶体中质点的碰撞,把理想晶体中热阻的来源,看成声子同声子的碰撞。也正因为如此,可设想能用气体中热传导的概念来处理声子热传导问题,因为气体热传导是气体分子(质点)碰撞的结果,晶体热传导是声子碰撞的结果,它们的热导率也就应该具有相同形式的数学表达式。

根据气体分子运动理论,理想气体的导热公式为

$$\lambda = \frac{1}{3} Cvl \tag{5.39}$$

式中　$C$——气体容积热容;

　　　$v$——气体分子平均速度;

　　　$l$——气体分子平均自由程。

对于晶体,$C$ 是声子的热容;$v$ 是声子的速度;$l$ 是声子的平均自由程。

对于声频支来讲,声子的速度可看成仅与晶体密度 $\rho$ 和弹性力学性质有关,有 $v = \sqrt{\dfrac{E}{\rho}}$,$E$ 为弹性模量,它与角频率 $v$ 无关。但是,热容 $C$ 和自由程 $l$ 都是声子振动频率 $v$ 的函数。因此,固体热导率的普遍形式可写为

$$\lambda = \frac{1}{3} \int C(v) vl(v) \mathrm{d}v \tag{5.40}$$

对于热容 $C$,在 5.2 节中已作了讨论,而对于声子的平均自由程 $l$ 还要作些说明:如果把晶格振动看成严格的线性振动,则晶格上各质点是按各自频率独立地作简谐振动,也就是说格波没有相互作用,各种频率的声子间不相干扰,没有声子同声子碰撞,没有能量转移,声子在晶格中是畅通无阻的,晶体中的热阻也应该为零(仅在到达晶体表面时受边界效应的影响),这样热量就以声子的速度(声波的速度)在晶体中得到传递,然而这与实验结果是不符合的。实际上在很多晶体中热量传递速度是很迟缓的,这就是因为晶格热振动并非是线性的,格波间有着一定的耦合作用,声子间会产生碰撞,这样使声子的平均自由程 $l$ 减小。格波间相互作用越大,也就是声子间碰撞概率越大,相应的平均自由程越小,热导率也就越低。因此,这种声子间碰撞引起的散射是晶体中热阻的主要来源。

另外,晶体中的各种缺陷、杂质以及晶粒界面都会引起格波的散射,也等效于声子平均自由程的减小而降低热导率。

(2)光子热导

固体中除了声子热传导外还有光子的热传导作用。这是因为固体中分子、原子和电子的振动、转动等运动状态的改变,会辐射出频率较高的电磁波。这类电磁波覆盖了较宽的频谱,但是其中具有较强热效应的是波长在 $0.4 \sim 40 \ \mu\mathrm{m}$ 可见光与部分红外光的区域,这部分辐射线也称热射线,热射线的传递过程也称热辐射。由于它们都在光频范围内,故在讨论它们的导热过程时,可看成光子的导热过程。

在温度不太高时,固体中电磁波辐射很微弱,但是在高温时,它的效应就明显了,因为它们的辐射能量与温度的 4 次方成比例。例如,在温度 $T$ 时黑体单位容积的辐射能 $E_T$ 为

$$E_T = \frac{4\sigma n^3 T^4}{C} \tag{5.41}$$

式中　$\sigma$——斯蒂芬-玻尔兹曼常数;

　　　$n$——折射率;

　　　$C$——光速。

由于辐射传热中容积热容 $C_R$ 相当于提高辐射温度所需的能量,即

$$C_R = \left( \frac{\partial E}{\partial T} \right) = \frac{16\sigma n^3 T^3}{C} \tag{5.42}$$

同时,辐射射线在介质中的速度 $v_\gamma = \dfrac{C}{n}$,以此及式(5.42)代入式(5.39)可得到辐射能的传导率 $\lambda_\gamma$ 为

$$\lambda_\gamma = \frac{16}{3}\sigma n^2 T^3 l_\gamma \tag{5.43}$$

此处,$l_\gamma$ 是辐射线光子的平均自由程。

实际上对于光子传导的 $C_R$ 和平均自由程 $l_\gamma$ 都依赖于频率,故更一般的形式仍应是式(5.40)的形式。

对于介质中辐射传热过程可定性地解释为:任何温度下的物体既能辐射出一定频率范围的射线,同样也能吸收由外界而来的类似射线,在热的稳定状态(平衡状态)时,介质中任一体积元平均辐射的能量与平均吸收的能量是相等的。而当介质中存在温度梯度时,在两相邻体积间温度高的体积元辐射的能量大,而吸收到的能量较小。温度较低的体积元情况正相反,吸收的能量大于辐射的能量。因此,产生能量的转移,以致整个介质中热量会从高温处向低温处传递。$\lambda_\gamma$ 就是描述介质中这种辐射能的传递能力,它极关键地取决于辐射能传播过程中光子的平均自由程 $l_\gamma$。对于辐射线是透明的介质,热阻很小,$l_\gamma$ 较大。对于辐射线不透明的介质,$l_\gamma$ 就很小。对于完全不透明的介质,$l_\gamma = 0$,在这种介质中,辐射传热可忽略。一般单晶和玻璃,对于热射线是比较透明的,故在 800 ~ 1 300 K 辐射传热已很明显。而大多数烧结陶瓷材料是半透明或透明度很差,$l_\gamma$ 要比单晶、玻璃小得多。因此,对于一些耐火氧化物在 1 800 K 高温下,辐射传热才明显作用。

### 5.4.3  影响热导率的因素

由于在无机材料中热传导机构和过程是很复杂的,对于热导率的定量分析显得十分困难,因此,下面是对影响热导率的一些主要因素进行定性的讨论。

(1)温度的影响

在温度不太高的范围内主要是声子传导,热导率由式(5.38)给出。其中,$v$ 通常可看成常数,只有在温度较高时,介质结构的松弛和蠕变,使介质的弹性模量迅速下降,以致 $v$ 减小,如对一些多晶氧化物测得在温度高于 1 000 ~ 1 300 K 时就出现这一效应。

热容 $C$ 与温度的关系是已知的,在低温下它与 $T^3$ 成比例,在超过德拜温度以后的较高温度下趋于一恒定值。

声子平均自由程 $l$ 随温度的变化,有类似气体分子运动中的情况,随着温度升高 $l$ 值降低。实验指出,$l$ 值随温度的变化规律是:低温下 $l$ 值的上限为晶粒的线度,高温下 $l$ 值的下限为晶格间距。不同组成的材料,具体的变化速率不一,但随温度升高而 $l$ 减小的规律是一致的。图 5.14 是几种氧化物晶体的 $\dfrac{1}{l}$ 与 $T$ 的关系曲线,对于 $Al_2O_3$、$BeO$ 和 $MgO$ 在低于德拜温度下,$\dfrac{1}{l}$ 随温度变化比线性关系更强烈。对于 $TiO_2$、$ThO_2$、$MgO$ 等在接近和超过德拜温度的一个较宽的温度范围内,$\dfrac{1}{l}$ 随温度有线性的变化。对于 $TiO_2$、莫来石可以看到,在高温时,$l$ 值趋于恒定,与温度无关。而图中 $Al_2O_3$、$MgO$ 在 1 600 K 以上出现的 $\dfrac{1}{l}$ 的减小,这是由于光子传导效应,使得综合的实际平均自由程增大了(假如不是多晶而是在单晶的情况下,超过 500 K 就能观察到这一效应)。

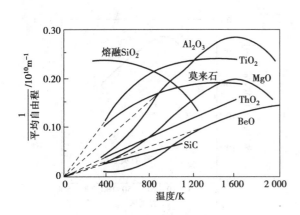

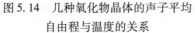

图 5.14　几种氧化物晶体的声子平均
自由程与温度的关系

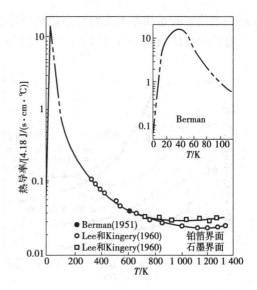

图 5.15　$Al_2O_3$ 单晶的热导率与温度的关系

图 5.15 是氧化铝的热导率与温度的关系曲线,在很低温度下声子的平均自由程 $l$ 增大到晶粒的大小(此时边界效应是主要的),达到了上限,因此 $l$ 值基本上无多大变化,而热容 $C_V$ 在低温下是与温度的 3 次方成正比的,故 $\lambda$ 也近似与 $T^3$ 成比例变化。随着温度的升高,$\lambda$ 迅速增大,然而随着温度继续升高,$l$ 值要减小,$C_V$ 随 $T^3$ 的变化也不再与 $T^3$ 成比例,而要逐渐缓和,并在德拜温度以后,$C_V$ 趋于一恒定值,而 $l$ 值因温度升高而减小,成了主要影响因素,因此 $\lambda$ 值随温度升高而迅速减小,这样在某个低温处(约 40 K)$\lambda$ 值出现了极大值。更高温度后,由于 $C_V$ 已基本上无变化,$l$ 值也逐渐趋于它的下限-晶格的线度,故温度变化又变得缓和了。在达到 1 600 K 的高温后 $\lambda$ 值又有少许回升,这就是高温时辐射传热带来的影响。

(2)晶体结构的影响

声子传导是与晶格振动的非谐性有关的,晶体结构越复杂,晶格振动的非谐性程度越大,格波受到的散射越大,因此声子平均自由程 $l$ 较小,热导率较低。例如,镁铝尖晶石的热导率比 $Al_2O_3$ 和 MgO 的热导率都低。莫来石的结构更复杂,故热导率比尖晶石低得多。

对于非等轴晶系的晶体,热导率也存在着各向异性的性质。例如,石英、金红石、石墨等都是在膨胀系数低的方向热导率最大。温度升高时,不同方向的热导率差异趋于减小,这是因为当温度升高时,晶体的结构总是趋于更高的对称性。

对于同一种物质,多晶体的热导率总是比单晶小,图 5.16 表示了几种单晶和多晶热导率与温度的关系。由于多晶中晶粒尺寸小、晶界多、缺陷多、晶界处杂质也多,声子更易受到散射,它的平均自由程就要小得多,所以热导率就小。另外还可以看到低温时多晶的热导率是与单晶的平均热导率相一致的,而随温度升高,差异就迅速变大,这也说明了晶界、缺陷、杂质等在较高温度时对声子传导有更大的障碍作用,同时也是单晶在温度升高后比多晶在光子传导方面有更明显的效应。

通常玻璃的热导率较小,而随着温度的升高,热导率稍有增大,这是因为玻璃仅存在近程有序性,可近似地把它看成晶粒很小(接近晶格间距)的晶体来讨论,因此,它的声子平均自由程就近似为一常数,即等于晶格间距,而这个数值是晶体中数值平均自由程的下限(晶体和玻璃态的热容值是相差不大的),所以热导率就较小。图 5.17 表示石英和石英玻璃的热导率对于温度的变化,石英玻璃的热导率可比石英晶体低 3 个数量级。

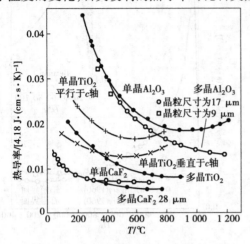
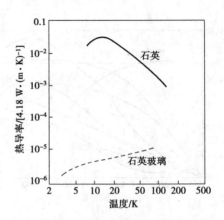

图 5.16　几种材料热导率与温度的关系　　　图 5.17　石英和石英玻璃的热导率与温度的关系

(3)化学组成的影响

不同组成的晶体,热导率往往有很大的差异。这是因为构成晶体质点的大小、性质不同,它们的晶格振动状态不同,传导热量的能力也就不同。一般来说,质点的原子量越小、晶体的密度越小、弹性模量越大、德拜温度越高的热导率就越大,这样凡是轻的元素的固体或有大的结合能的固体热导率较大。例如,金刚石的 $\lambda = 1.7 \times 10^{-2}$ W/(m·K),而较重的硅、锗的热导率分别为 $1.0 \times 10^{-2}$ W/(m·K) 和 $0.5 \times 10^{-2}$ W/(m·K)。

晶体中存在的各种缺陷和杂质,会导致声子的散射,降低声子的平均自由程,使热导率变小。固溶体的形式同样也降低热导率,同时取代原子的质量、大小,与原来基质原子相差越大,以及取代后结合力方面改变越大,则对热导率的影响越大,这种影响在低温时出现"固溶体降低热导率"的现象,并随着温度的升高而加剧,但当温度大约比德拜温度的一半更高时,开始与温度无关。这是因为极低温度下声子传导的平均波长远大于点缺陷的线度,所以并不引起散射。随着温度升高平均波长减小,散射增加,在接近点缺陷线度后散射达到了最大值,此后温度再升高,散射效应已无多变化,而变成与温度无关了。

图 5.18 表示了 MgO-NiO 固溶体和 $Cr_2O_3$-$Al_2O_3$ 固溶体在不同温度下,$1/\lambda$ 随组成的变化,在取代元素浓度较低时,$1/\lambda$ 与取代元素的体积分数呈直线关系,即杂质对 $\lambda$ 的影响很显著。而图中各条不同的温度下的直线是平行的,这说明了在这样的较高温度下,杂质效应已与温度无关。

图 5.19 表示了 MgO-NiO 固溶体在不同温度下与组成的关系。可以看到,在杂质浓度很低时,杂质效应是十分显著的,所以在接近纯 MgO 或 NiO 处,杂质含量稍有增加,$\lambda$ 值迅速下降,随着杂质含量的不断增加,这种效应也不断缓和。另外,从图中可以看到,杂质效应在 473 K 的情况下比 1 273 K 要强,如果是在低于室温的温度下,杂质效应会强烈得多。

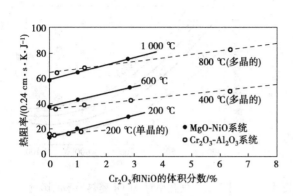

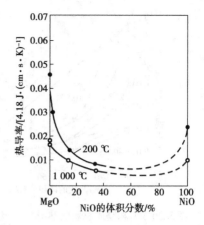

图 5.18　MgO-NiO 固溶体和 Cr$_2$O$_3$-Al$_2$O$_3$　　　　图 5.19　MgO-NiO 系固溶体的热导率
固溶体组成与热阻的关系

（4）复相材料的热导率

无机材料常见的典型微观结构类型是一个分散相均匀地分散在一个连续相中。例如，晶相分散在连续的玻璃相中，对于这些类型的无机材料的热导率可计算为

$$\lambda = \lambda_0 \frac{1 + 2v_d\left(1 - \frac{\lambda_c}{\lambda_d}\right)\left(\frac{2\lambda_c}{\lambda_d} + 1\right)}{1 - v_d\left(1 - \frac{\lambda_c}{\lambda_d}\right)\left(\frac{\lambda_c}{\lambda_d} + 1\right)} \tag{5.44}$$

式中　$\lambda_c$、$\lambda_d$——连续相和分散相物质的热导率；

　　　$v_d$——分散相的体积分数。

图 5.20 表示了 MgO-Mg$_2$SiO$_4$ 系统实测的热导率曲线（粗实线）。其中，细实线是按式（5.44）的计算值，可看到在含 MgO 含量高于 80% 或 Mg$_2$SiO$_4$ 含量高于 60% 时，它们都成为连续相，而在这两者的中间组成时，连续相和分散相的区别就不明确了。这种结构上的过渡状态，反映到热导率的变化曲线上也是过渡状态，故实际曲线呈 S 形。

在无机材料中，一般玻璃相是连续相。因此，普通的瓷和黏土制品的热导率与其中所含的晶相和玻璃相的热导率相比较更接近于其中的玻璃相的热导率。

（5）气孔的影响

通常的无机材料常含有一定量的气孔，气孔对热导率的影响是较复杂的。一般在温度不是很高，而且气孔率也不大，气孔尺寸很小，又均匀地分散在材料介质中时，这样的气孔就可看成一分散相。无机材料的热导率仍然可按式（5.43）计算，只是因为气孔的热导率很小，与固体的热导率相比，可近似看成零，因此可得

$$\lambda = \lambda_s(1 - P) \tag{5.45}$$

式中　$\lambda_s$——固相的热导率；

　　　$P$——气孔的体积分数。

图 5.21 表示了不同气孔率（孔径相似）时 Al$_2$O$_3$ 的热导率对温度的关系曲线。可以看到，随着气孔率的增大，热导率按比例减小。

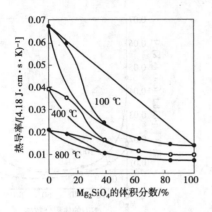

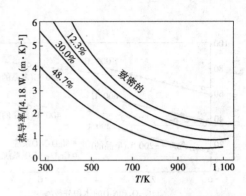

图 5.20　两相镁质材料的热导率与组成的关系　　图 5.21　气孔率对 $Al_2O_3$ 瓷热导率的影响

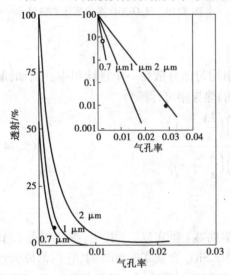

图 5.22　气孔率对 $Al_2O_3$ 透射率的影响

对于热射线高度透明的材料,它们的光子传导效应是较大的。但是,在有微小气孔存在时,气孔与固体间折射率有很大的差异,使这些微气孔形成了散射中心,导致透明度强烈降低,往往仅有 0.5% 气孔率的微气孔存在时就会显著地降低射线的传播(见图 5.22)。这样,光子自由程显著减小,故大多数烧结陶瓷材料的光子传导率要比单晶和玻璃小 1~3 个数量级。因此,烧结材料的光子传导效应,只有在很高温度下( >1 800 K)才是重要的。但少量的大的气孔对透明度影响小,而且当气孔尺寸增大时,气孔内气体会因对流而加强了传热,当温度升高时,热辐射的作用也增强,且与气孔的大小和温度的 3 次方成比例。而这一效应在温度较高时,随温度的升高迅速加剧,这样气孔对热导率的贡献就不可忽略,式(5.44)也就不再适用。

对于粉末和纤维材料,其热导率比烧结状态时又低得多,这是因为在其间气孔形成了连续相。因此,材料的热导率就在很大程度上受气孔相的热导率影响。这也是通常粉末、多孔和纤维类材料能有良好的热绝缘性能的原因。

对于在一些具有显著的各向异性的材料和膨胀系数相差较大的多相复合物中,由于存在大的内应力,以致会形成微裂纹,气孔以扁平微裂纹出现沿着晶界发展,使热流受到严重的阻碍,这样即使是在总气孔率很小的情况下,也使材料的热导率有明显的减小。对于复合材料实验测定值也就比按式(5.44)的计算值要小。

### 5.4.4　无机材料的热导率

根据以上的讨论可以看到,影响无机材料热导率的因素还是比较复杂的。因此,实际材料的热导率一般还得依靠实验测定。图 5.23 表示了几种硅酸盐材料的热导率。其中,石墨和 BeO 具有最高的热导率,低温时接近金属铂的热导率。良好的高温耐火材料之一的致密稳定化 $ZrO_2$,它的热导率相当低,气孔率大的保温砖就具有更低的热导率,而粉状材料的热导率则极低,具有最好的保温性能。

通常在低温时有较高热导率的材料,随着温度升高热导率降低,而低热导率的材料正相反。其中,如 $Al_2O_3$、$BeO$ 和 $MgO$ 等热导率随温度变化的规律相似,根据实验结果,可整理出经验公式为

$$\lambda = \frac{A}{T - 125} + 8.5 \times 10^{-36} T^{10} \quad (5.46)$$

式中　$T$——热力学温度;

　　　$A$——常数,对于 $Al_2O_3$、$BeO$、$MgO$ 分别为 16.2、55.4、18.8。

式(5.46)适用范围对 $Al_2O_3$ 和 $MgO$ 是室温到 2 000 K,对于 $BeO$ 是 1 300 ~ 2 000 K。

玻璃体的热导率如前所述,是随温度的升高而缓慢增大的,800 K 以后由于辐射传热的效应使热导率有较快的上升。它们常见的经验方程式为

$$\lambda = cT + d \quad (5.47)$$

式中　$c$、$d$——常数。

一些建筑材料、黏土质耐火砖以及保温砖等的热导率随温度升高有线性的增大,因此,一般的经验方程式为

$$\lambda = \lambda_0(1 + bt) \quad (5.48)$$

式中　$\lambda_0$—— 0 ℃时材料的热导率;

　　　$b$——与材料性质有关的常数。

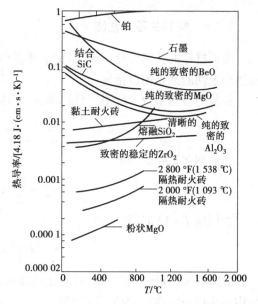

图 5.23　几种硅酸盐材料的热导率

### 5.4.5　材料的导温性

前面讲到材料导热率的物理意义是指单位温度梯度下,单位时间内通过单位垂直面积的热量。它是一个衡量热量传递的多少的物理量。然而,传递热量的快慢程度,导热率是反映不出来的,而要用材料的另一物理量——导温系数来衡量。

导温系数表示在冷却或加热过程中各点达到同样温度的速度。导温系数越大,则各点达到同样温度的速度就越快。

材料的导温系数与材料的导热率成正比,与材料的比热容和容重成反比,即

$$\alpha = \frac{\lambda}{c\rho} \quad (5.49)$$

式中　$\alpha$——材料的导温系数,$m^2/h$;

　　　$\lambda$——导热率,$W/(m \cdot K)$;

　　　$c$——材料的比热容,$kJ/(K \cdot kg)$;

　　　$\rho$——材料的容重,$kg/m^3$。

### 5.4.6　材料的蓄热性能

所谓材料的蓄热性能,即材料储蓄热量的能力,用蓄热系数表示。蓄热系数是设计维护结构热稳定性的重要物理指标。

材料的蓄热系数 $S$ 取决于导热率 $\lambda$、比热容 $c$、容重 $\rho$ 以及热流波动的周期 $T$,即

$$S = \frac{2\pi}{T}\lambda c\rho \tag{5.50}$$

当周期 $T = 24$ 时,则

$$S_{24} = \frac{2\pi}{24}\lambda c\rho = 0.51\lambda c\rho$$

当周期 $T = 12$ 时,则

$$S_{12} = \frac{2\pi}{12}\lambda c\rho = 0.72\lambda c\rho$$

公式说明,容重大的材料,其蓄热性能好;容重小的材料,蓄热性能就差。因此,轻型围护结构往往热稳定性差,原因就在于此。

材料具有储蓄热流这一事实,使人们能够更合理地利用热量,而且使太阳能的大规模利用具有真正的现实性。例如,选用热容尽可能大的材料用于蓄热,以及利用化学反应进行蓄热等。利用化学反应蓄热必须选用可逆反应,当这类蓄热物质被加热时,它吸收大量的热并分解为两部分,然后将这两部分分开储存,当需要热量时,将其放在一起即相互反应产生热量,这种蓄热方法的优点是能量密度高,可长期储存和进行远距离输送,还可用于发电。

## 5.5　无机非金属材料的抗热振性

所谓抗热振性,是指材料承受温度的急剧变化而抵抗破坏的能力,故称耐温急变抵抗性和热稳定性等。由于许多无机材料在加工和使用过程中经常会受到环境温度起伏的热冲击,有时这样的温度变化还是十分急剧的,因此,抗热振性也是无机材料一个重要的性能。

一般来说,无机材料的抗热振性是比较差的,它们在热冲击下损坏有两种类型:一种是材料发生瞬时断裂,对这类破坏的抵抗称为抗热振断裂性;另一种是在热冲击循环作用下,材料表面开裂、剥落,并不断发展,以致最终碎裂或变质而损坏,对这类破坏的抵抗称为抗热振损伤性。

### 5.5.1　抗热振性的表示方法

由于应用的场合的不同,往往对材料抗热振性的要求也很不相同。例如,对于一般日用瓷器,通常只要求能承受温度差为 100 K 左右热冲击,而火箭喷嘴就要求瞬时能承受高达 3 000 ~ 4 000 K的热冲击,而且还要经受高速气流的机械和化学作用,故对材料的抗热振性要求显然就有很大的差别。而目前对于抗热振性虽已能作出一定的理论解释,但尚不完善。因此,实际上对材料或制品的抗热振性评定,一般还是采用比较直观的测定方法。例如,日用瓷通常是以一定规格的试样,加热到一定温度,然后立即置于室温的流动水中急冷,并逐次提高温度和重

复到水中急冷,直至试样被观察到发生龟裂,则以开始产生龟裂的前一次加热温度来表征瓷的抗热振性。对于一般普通耐火材料则常是将试样的一端加热到 1 373 K 并保温 20 min,然后置于 283～303 K 的流动水中 3 min,并重复这样的操作,直至试样受热端面破损一半为止,而以这样操作的次数来表征材料的抗热振性。某些高温陶瓷材料是以加热到一定温度再用水急冷,然后测其抗折强度的损失率来评定它的抗热振性。若制品具有较复杂的形状,则在可能的情况下,可直接用制品来进行测定,这样就免除了形状和尺寸因素带来的影响。总之,对于无机材料尤其是制品的抗热振性,在工业应用中目前一般还是根据使用情况进行模拟测定为主。因此,如何更科学、更本质地反映材料的抗热振性,是当前技术和理论工作中一个重要任务。

### 5.5.2　热应力

材料在不受其他外力的作用下,仅因热冲击而损坏,造成开裂和断裂,这是材料在温度作用下产生了很大的内应力,并超过材料的机械强度极限所导致的。对于这种内应力的产生和计算,可先用下述的一个简单情况来讨论。假如有一各向同性的均质的长为 $l$ 的杆件,当它的温度 $T_0$ 升到 $T'$ 后,杆件会有 $\Delta l$ 的膨胀,倘若杆件能够完全自由膨胀,则杆件内不会因热膨胀而产生应力,若杆件的两端是完全刚性约束的(见图 5.24),这样杆件的热膨胀不能实现,而杆件与支撑体之间就会产生很大的应力,杆件所受到的抑制力,就相当于把样品允许自由膨胀后的长度 $(l+\Delta l)$ 仍压缩为 $l$ 时所需要的压缩力。因此,杆件所承受的压应力正比于材料的弹性模量 $E$ 和相应的弹性应变 $-\Delta l$,故材料中的应力 $\sigma$ 可计算为

$$\sigma = E\left(-\frac{\Delta l}{l}\right) = -E\alpha(T' - T_0) \tag{5.51}$$

式中,负号是因为习惯上常把这一类张应力定为正值,压应力定为负值。

若上述情况是发生在冷却状态下,即 $T_0 > T'$,则材料中内应力为张应力。

这种由于材料热膨胀或收缩引起的内应力,称为热应力。

热应力不一定要在有机械约束的情况下才产生。对于在具有不同膨胀系数的多相复合材料中,可由结构中各相间膨胀收缩的相互牵制而产生热应力。例如,上釉陶瓷制品中坯、釉间产生的应力。另外,即使对于各向同性的材料,当材料中存在温度梯度时也会产生热应力。例如,一块玻璃平板从 373 K 的沸水中掉入 273 K 的冰水浴中,假如最表面层在瞬间就降到 273 K,则表面层要趋于 $\alpha\Delta T = 100\alpha$ 的收缩,然而,此时内层还保留在原来的温度 $T_0 = 373$ K,故并无收缩,显然在表面层就发展了一张应力,而内层有一相当的压应力,其后由于内层温度也不断下降,因此,材料中热应力也逐渐减小。若一厚度为 $x$、侧面为无限大的平板,在两侧均匀加热(或冷却)时,平板内任意点的温度 $T$ 是时间 $t$ 和距离 $x$ 的函数 $T = f(t, x)$。而在某一时刻任意点处的应力则决定于该点温度 $T$ 和制品在该时刻的平均温度 $T_a$ 之间的差别,根据广义虎克定律得到

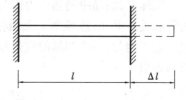

图 5.24　两端固定杆示意图

$$\sigma_y = \sigma_z = \frac{E\alpha}{1-\mu}(T_a - T) \tag{5.52}$$

式中 $\mu$——材料的泊松比。

除了表面温度的突然改变外,当表面温度平稳改变时,也能导致温度梯度和热应力的变化(见图5.25)。

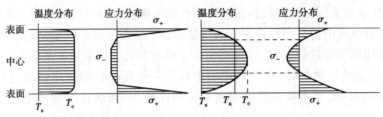

图5.25　平板玻璃冷却时温度和应力分布示意图

当平板表面以恒定速率冷却时,温度分布是抛物线,表面温度 $T_s$ 比平均温度 $T_a$ 低,表面产生张应力 $\sigma_+$,中心温度 $T_c$ 比 $T_a$ 高,所以中心是压应力 $\sigma'_-$。假如样品是被加热,则这些情况显然正好相反。

### 5.5.3　抗热振断裂性

根据上述的分析,只要材料中最大热应力值 $\sigma_{max}$(一般在表面及中心部位)不超过材料的强度极限 $\sigma_b$(对于脆性材料显然应取其抗张强度极限),则材料不致损坏。因此,再根据式(5.51),可得到材料中允许存在最大温差 $\Delta T_{max}$ 为

$$\Delta T_{max} = \frac{\sigma(1 - \mu)}{\alpha E} \tag{5.53}$$

显然 $\Delta T_{max}$ 值越大,说明材料能承受的温度变化越大,即抗热振性越好,故定义 $R = \frac{\sigma(1 - \mu)}{\alpha E}$ 为表征材料抗热振性的因子,也称第一热应力因子。

然而实际的情况又要复杂得多,材料是否出现热应力断裂,固然与热应力 $\sigma_{max}$ 的大小有着密切的关系,还与材料中应力的分布、应力产生的速率和持续时间、材料的特性(如延性、均匀性等)以及原先存在的裂纹、缺陷等情况有关。因此,$R$ 虽能在一定程度上反映材料抗热冲击性的优劣,但并不能简单地认为这就是材料允许承受的最大温度差,而只能看成 $\Delta T_{max}$ 与 $R$ 有一定的关系,即

$$\Delta T = f(R) \tag{5.54}$$

实际上,制品中的热应力尚与材料的热导率、形状大小、材料表面对环境进行热传递的能力等有关。例如,热导率 $\lambda$ 大,制品厚度小、表面对环境的传热系数 $h$ 小等,都有利于制品中温度趋于均匀,而使制品的抗热振性改善。因此,式(5.53)是不完整的。根据实验的结果可以整理出

$$\Delta T_{max} = f(R) + f'\left[\frac{\sigma(1 - \mu)}{E\alpha} \cdot \frac{\lambda}{bh}\right] \tag{5.55}$$

我们定义 $R' = \frac{\sigma(1 - \mu)}{E\alpha}$ 为第二热应力因子。由于 $b$ 和 $h$ 不属于材料本身的特性,故不计入 $R'$ 中。

对于制品的厚度 $b$(或半径 $r$)和 $h$ 很大而 $\lambda$ 很小时,式中 $f'\left(\frac{R'}{bh}\right)$ 项就很小,可略去,这时材

料的抗热冲击断裂性,可由 $R$ 来评定。相反的情况如 $b$(或 $r$)和 $h$ 都很小,而 $\lambda$ 很大时,则相比较的结果 $f(R)$ 项可忽略,而由 $R'$ 来评定。只有在适中的情况下,必须同时结合 $R'$ 和 $R$ 来考虑。

部分材料的 $R'$、$R$ 可见表5.5,由于不同作者提供的数据不尽相同,因此,表5.5 中所列数据也仅供参考。

另外,表面传热系数 $h[\mathrm{W}/(\mathrm{m}^2 \cdot \mathrm{K})]$ 是表示材料表面与环境介质间,在单位温度差下,其单位面积上、单位时间里能传递给环境介质的热量或从环境介质所吸收的热量,显然 $h$ 和环境介质的性质及状态有关。例如,在平静的空气中 $h$ 值就小,而材料表面如接触的是高速气流,则气体能迅速地带走材料表面热量,$h$ 值就大,表面层温差就大,材料被损坏的危险性就增大。

表 5.5　部分材料的 $R'$、$R$ 值

| 材料 | $\sigma$ /(10⁻¹kg·m⁻³) | $E$ /(10²kg·m⁻²) | $\alpha$ /(10⁻⁶K⁻¹) | $R$ /K | $\lambda/[10^{-2}\mathrm{W}\cdot(\mathrm{m}\cdot\mathrm{K})^{-1}]$ 373 K | 673 K | 1 273 K | $R'/(10^{-2}\mathrm{W}\cdot\mathrm{m}^{-1})$ 373 K | 673 K | 1 273 K |
|---|---|---|---|---|---|---|---|---|---|---|
| $Al_2O_3$ | 1.47 | 3.58 | 8.8 | 47 | 0.31 | 0.13 | 0.63 | 14.2 | 6.27 | 2.93 |
| BeO | 1.47 | 3.09 | 9.0 | 53 | 2.2 | 0.93 | 0.21 | 121 | 50.2 | 10.9 |
| MgO | 0.98 | 2.11 | 13.6 | 34 | 0.36 | 0.16 | 0.07 | 12.1 | 5.4 | 2.4 |
| $MgAl_2O_4$ | 0.84 | 2.39 | 7.6 | 47 | 0.15 | 0.10 | 0.06 | 6.3 | 4.6 | 2.2 |
| $ThO_2$ | 0.84 | 1.48 | 9.2 | 62 | 0.10 | 0.06 | 0.03 | 6.3 | 3.9 | 2.1 |
| $ZrO_2$ | 1.40 | 1.48 | 10.0 | 10.6 | 0.02 | 0.021 | 0.023 | 1.8 | 1.9 | 2.1 |
| 莫来石 | 0.84 | 1.48 | 5.3 | 107 | 0.06 | 0.046 | 0.042 | 6.7 | 5.0 | 4.6 |
| 瓷器 | 0.70 | 0.70 | 6.0 | 167 | 0.017 | 0.018 | 0.019 | 2.8 | 2.9 | 3.1 |
| 堇青石 | 0.35 | 1.48 | 2.6 | 90 | 0.022 | 0.021 | 0.021 | 1.97 | 1.88 | 1.88 |
| 锂辉石 | 0.31 | 1.05 | 1.6 | 208 | 0.011 | 0.012 | 0.014 | — | — | 2.93 |
| 钠钙玻璃 | 0.70 | 0.67 | 9.0 | 117 | 0.017 | 0.019 | — | 1.97 | 2.16 | — |
| 石英玻璃 | 1.09 | 0.74 | 0.5 | 3 000 | 0.016 | 0.019 | — | 47.7 | 56.5 | — |
| $Si_3N_4$ | 1.105 | 2.5 | 2.25 | 157 | — | 0.184 | — | — | 29.9 | — |
| $B_4C$ | 1.573 | 4.56 | 5.5 | 498 | — | 0.829 | — | — | 41.2 | — |
| $MoSi_2$ | 2.80 | 3.53 | 8.51 | 77.8 | — | 0.192 | — | — | 14.9 | — |
| $Al_2O_3$-Cr | 3.86 | 3.66 | 8.65 | 27 | 0.09 | — | — | 2.8 | — | — |
| 石墨 | 0.24 | 0.11 | 3.0 | 735 | 1.79 | 1.12 | 0.62 | 1 300 | 825 | 456 |

对于尺寸因素 $b$ 的影响是容易理解的。图 5.26 表示了几种材料在 673 K,$\Delta T_{\max} - bh$ 的计算值曲线。由图 5.26 可知,一般材料在 $bh$ 值较小时,$\Delta T_{\max}$ 与 $bh$ 成反比;当 $bh$ 值较大时,$\Delta T_{\max}$ 趋于一恒定值。另外,要特别注意的是图中几种材料的曲线是交叉的。其中,BeO 就很突出,它在 $bh$ 很小时具有很大的 $\Delta T_{\max}$,即抗热振性很好,仅次于石英玻璃和 TiC 金属陶瓷,而在 $bh$ 很大时(如 $bh > 1$),抗热振性就显得很差(由于强度低,热膨胀系数大),而仅优于 MgO。因此,实际上并不能简单地排列出各种材料的抗热冲击断裂性能的顺序。

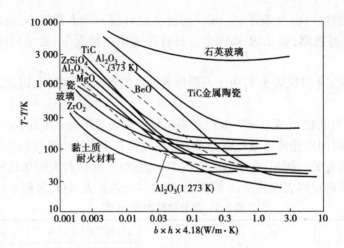

图 5.26　几种材料的 $\Delta T_{max} - bh$

以上主要是从材料中允许存在的最大温度差的角度来讨论的,在一些实际场合中往往关心的是材料所允许的最大冷却(或加热)速率 $\dfrac{dT}{dt}$。对于厚度为 $2b$ 的平板,$\left(\dfrac{dT}{dt}\right)_{max}$ 表达式为

$$\left(\frac{dT}{dt}\right)_{max} = \frac{\sigma(1-\mu)}{E\alpha} \cdot \frac{\lambda}{\rho c} \cdot \frac{3}{b^2} \tag{5.56}$$

式中　$\rho$——材料的密度($g/cm^3$);

　　　$c$——热容。

通常定义 $\alpha = \dfrac{\lambda}{\rho c}$ 为导温系数。它表征了材料在温度变化时内部各部分温度趋于均匀的能力,$\lambda$ 越大,$\rho$、$c$ 越小,即热量在材料内部传递得越快,材料内部温差越小,这显然对抗热振性有利。因此,有定义 $R'' = \dfrac{\sigma(1-\mu)}{E\alpha} \cdot \dfrac{\lambda}{\rho c} = \dfrac{R'}{c\rho} = R\alpha$ 为第三热应力因子。这样,式(5.54)则具有形式为

$$\left(\frac{dT}{dt}\right)_{max} = R'' \frac{3}{b^2} \tag{5.57}$$

计算 $ZrO_2$ 的 $R'' = 0.4 \times 10^{-4} \ m^2 \cdot K/s$。当平板厚 10 cm 时,只能承受 $\left(\dfrac{dT}{dt}\right)_{max} = 0.048 \ 3 \ K/s$。

### 5.5.4　抗热振损伤性

在上面所讨论的抗热应力断裂性中,实际上是从热弹性力学的观点出发,以强度-应力为判据,认为材料中热应力达到抗张强度极限后,材料就产生开裂,而一旦有裂纹产生就会导致材料完全破坏。所导出的结果对于一般的玻璃、瓷器和电子陶瓷等都能较好适用。但是,对于一些含有微孔的材料(如黏土质耐火制品等)和非均质的金属陶瓷等都不适用。在这些材料中发现,热冲击下材料中产生裂纹时,即使裂纹是从表面开始,在裂纹的瞬时扩张过程中也可能被微孔、晶界或金属相所终止,而不致引起材料的完全破坏。明显的例子是在一些筑炉用的耐火砖中,往往在含有一定的气孔率时(如 10% ~ 20%)反而有较好的抗热冲击损伤性。而气孔的存在降到材料的强度和热导率,使 $R'$ 和 $R$ 值都要减小,故这一现象按强度-应力理论就

不能得到解释。实际上,凡是热振破坏是以热冲击损伤为主的情况都是如此。因此,对抗热振性问题就发展了第二种处理方式,这就是从断裂力学观点出发以应变-断裂能为判据的理论。

在强度-应力理论中,对热应力的计算假设了材料的外形是完全刚性约束的,所以整个坯体中各处的内应力都处在最大热应力值的状态,这实际上只是一个条件最恶劣的力学模型。它假设了材料是完全刚性的,而任何应力释放(松弛)。例如,位错运动和黏滞流动等都是不存在的,裂纹产生和扩展过程中的应力释放也不予考虑,因此,按此计算的热应力破坏会比实际情况更严重。按照断裂力学的观点,对于材料的损坏,不仅要考虑材料中裂纹的产生情况(包括材料中原先就已有的裂纹状况),还要考虑在应力作用下裂纹的扩展、蔓延情况。如果裂纹的扩展、蔓延能抑制在一个小的范围内,也可能不至于使材料完全破坏。

通常,在实际材料中都存在一定大小、数量的微裂纹,在热冲击情况下,这些裂纹产生、扩展以及蔓延的程度,与材料积存的弹性应变能和裂纹扩展的断裂表面能有关。当材料中可能积存的弹性应变能较小,则原先裂纹的扩展可能性就小,裂纹蔓延时断裂表面能大,则裂纹能蔓延的程度就小,材料抗热振性就好。因此,抗热应力损伤性正比于断裂表面能、反比于应变能。这样,就提出了两个抗热应力损伤因子 $R'''$ 和 $R''''$,定义为

$$R''' = \frac{E}{\sigma^2(1-\mu)} \tag{5.58}$$

$$R'''' = \frac{EG}{\alpha^2(1-\mu)} \tag{5.59}$$

式中　$G$——断裂表面能,$J/m^2$;

　　　$R'''$——实际上就是材料中储存的弹性应变能的倒数,它可用来比较具有相同断裂表面能材料的抗热振损伤性;

　　　$R''''$——用来比较具有不同断裂表面能材料的抗热振损伤性。

$R'''$ 或 $R''''$ 值高的材料抗热应力损伤好。从 $R'''$ 和 $R''''$ 可看到抗热振性好的材料应有低的 $\sigma$ 和高的 $E$,这与 $R'$ 和 $R$ 的考虑正好相反。原因就是在于二者判断的依据不同,在抗热应力损伤性中,认为强度高的材料,原先裂纹在热应力作用下,容易产生过度的扩展蔓延,对抗热振性不利,尤其是在一些晶粒较大的样品中经常会遇到这样的情况。

海塞曼(D. P. H. Hasselman)曾从断裂力学的观点出发,认为材料中原先存在的裂纹产生破裂扩展的驱动力,应该是材料中裂纹处积存的应变能。当这些裂纹一旦开始扩展,则由于断裂表面增大,所以要吸收能量而转化为断裂表面能,在此过程中应变能就不断得到释放而降低,直到全部应变能转化为新增加的总的断裂表面能,裂纹扩展也就终止。

对于原先裂纹抗破裂的能力,他结合了 W. D. Kingery 的工作,提出"热应力裂纹安定性因子($R_{st}$)"

$$R_{st} = \left(\frac{\lambda^2 G}{\alpha^2 E_0}\right)^{\frac{1}{2}} \tag{5.60}$$

式中　$E_0$——材料无裂纹时的弹性模量。

$R_{st}$ 值大裂纹不易扩展,抗热振性就好,这实际上与 $R'$ 和 $R$ 的考虑是一致的,只是把强度 $\sigma$ 的因素改由断裂能 $G$ 来考虑。

而一定长度的原先裂纹,在热应力作用下,刚开始扩展时材料中的温度差称为该长度裂纹

不稳定的临界温度差。在临界温度差下,该长度的裂纹扩展到不再蔓延时的长度,称为裂纹的最终长度。他提出了一定长度裂纹 $l$ 成为不稳定所需的临界温度差 $\Delta T_C$ 为

$$\Delta T_C = \left[\frac{\pi G(1 - 2\mu^2)}{2E_0\alpha^2(1 - \mu^2)}\right]^{\frac{1}{2}} \cdot \left[1 + \frac{16(1 - \mu^2)Nl^3}{9(1 - 2\mu)}\right]l^{-\frac{1}{2}} \tag{5.61}$$

式中,$N$ 为单位容积中的裂纹数,假设 $N$ 条裂纹是同时扩展的,并对相邻裂纹间应力场的相互作用给予忽略(在 $l$ 和 $N$ 较小的情况是允许的)。对于 $\mu = 0.25$ 的材料,以 $f(\Delta T_C) = \Delta T\left(\frac{7.5\alpha^2 E_0}{\pi G}\right)^{\frac{1}{2}}$ 为纵坐标,以 $\frac{1}{2}l$ 为横坐标,按式(5.59)得到如图5.27所示粗实线的曲线。对于同一材料考虑其 $\Delta T$ 的变化,则 $l$ 从很小值增长时,所对应的 $\Delta T_C$ 不断减小,经过一个 $\Delta T_C$ 的最小值后,随 $l$ 的增长 $\Delta T_C$ 又增大。因此,对应于一定的 $\Delta T_C$ 有两个裂纹不稳定的临界长度,在此两个长度之间的裂纹对应于该 $\Delta T_C$ 都是不稳定的。

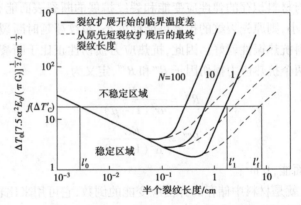

图 5.27　裂纹开始扩展的最小温度差和裂纹长度及密度 $N$ 的关系(泊松比)

假设 $N = 1$,图中 $l_0'$ 和 $l_1'$ 对应的临界温度差为 $\Delta T_C'$,若裂纹长度 $l < l_0'$,在材料中 $\Delta T = \Delta T_C'$ 时,该裂纹是稳定的。而当裂纹长 $l_0' < l < l_1'$,则会破裂而扩展。开始扩展时应变能的释放超过了断裂表面能,超过的能量成为裂纹扩展所需的动能。当 $l$ 扩展到 $l = l_1'$ 时,因裂纹仍具有动能,故仍将继续扩展,直至全部积存的应变能都完全得到释放。此时,$l$ 就达到最终裂纹长度 $l_1'$。

因此,$l_1'$ 对应于 $\Delta T_C'$,只是静态时的临界状态,而 $l_1'$ 对应于 $\Delta T_C'$ 是亚临界的,只有 $\Delta T_C'$ 增大后,裂纹才会超过 $l_1'$ 而继续扩展。对于最终裂纹长度 $l_f$ 的关系式为

$$\frac{3(\alpha\Delta T_C)^2 E_0}{2(1 - 2\mu)}\left\{\left[1 + \frac{16(1 - \mu^2)Nl_0^3}{9(1 - 2\mu)}\right]^{-1} - \left[1 + \frac{16(1 - \mu^2)Nl_f^3}{9(1 - 2\mu)}\right]^{-1}\right\} = 2\pi NG(l_f^2 - l_0^2) \tag{5.62}$$

式中　$l_0$——原先裂纹长度;

　　　　$l_f$——最终裂纹长度。

式(5.62)在图5.27中为虚线所示的曲线。

按此理论预期原先存在的微小裂纹,一旦略高于临界温度差时,开始发生扩展,且瞬时扩展到最终裂纹长度,只有继续提高 $\Delta T$,裂纹才会再扩展,它是随 $\Delta T$ 的增大连续地准静态地扩展。图5.28就是理论上预期的裂纹长度以及材料强度随 $\Delta T$ 的变化。假如原先裂纹长度为 $l_0$,相应的强度为 $\sigma_0$,在 $\Delta T < \Delta T_C$ 范围内裂纹是稳定的。当 $\Delta T = \Delta T_C$ 时,裂纹迅速地从 $l_0$ 扩展到 $l_f$ 值。这时,在强度关系上相应也出现从 $\sigma_0$ 迅速降到 $\sigma_f$。由于 $l_f$ 对 $\Delta T_C$ 是亚临界的,只有 $\Delta T$ 增长到一个新值 $\Delta T_C'$ 后,裂纹才准静态地连续扩展,因此在 $\Delta T_C < \Delta T < \Delta T_C'$ 区间裂纹长

度无变化,相应的强度也不变。在 $\Delta T > \Delta T'_{\mathrm{C}}$ 以后,强度则出现连续的下降,这一结论已为一些实验证实。

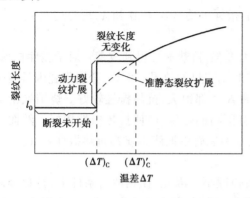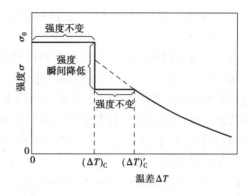

图 5.28　裂纹长度及强度与温度差的关系

图 5.29 是直径 5 mm 的氧化铝杆,在加热到不同温度时又投入水中急冷后,在室温下测得的强度曲线,可以看到与理论预期结果是符合的。

对于一些多孔的低强度材料,如保温耐火砖,由于原先裂纹尺寸较大,预期有图 5.30 的形式,并不显示出裂纹的动力扩展过程,而只有准静态的扩展过程,这同样也得到了一些实验的证实。

然而还必须说明,由于材料中微小裂纹及其分布和陶瓷材料中裂纹扩展过程的精确测定,目前在技术上还遇到不少困难。因此,还不能对此理论作出直接的验证。另外,材料中原先裂纹大小远非是一致的,实际情况要复杂得多,而且影响抗热振性因素是多方面的,还关系到热冲击的方式、条件,以及材料中热应力的分布等。而材料的一些物理性能在不同的条件下也是有变化的。因此,强度 $\sigma$ 与 $\Delta T$ 的关系也完全不同于如图 5.29 和图 5.30 所示的形式,故这些理论还有待于进一步的发展。

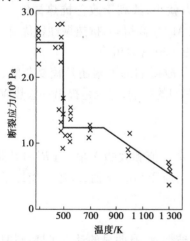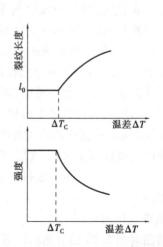

图 5.29　5 mm 直径氧化铝杆在不同温度
下到水中急冷的强度

图 5.30　裂纹长度及强度与温度差的关系

### 5.5.5　影响抗热振的因素

通过以上对各个抗热应力因子的介绍,实际上已经提到了影响抗热振性的各种因素,现在

177

扼要地总结一下各种因素影响的实质,以便进一步了解各个因子的物理意义。

(1)影响抗热振断裂性的主要因素

从 $R'$ 和 $R$ 因子可知,它们所包含的材料性能指标主要是 $\sigma$、$E$、$\alpha$ 和 $\lambda$,现分述如下:

1)强度 $\sigma$

高的强度使材料抗热应力而不致破坏的能力增强,抗热振性得到改善。对于脆性材料,由于抗张强度小于抗压强度,因此提高抗张强度能起到明显的效果。例如,金属陶瓷因具有较高的抗张强度(同时又有较高的热导率),所以 $R'$ 和 $R$ 值都很大,抗热振性较好。烧结致密的细晶粒状态一般比缺陷裂纹较多的粗晶粒状态要有更高的强度,而使抗热振性较好。然而一般陶瓷材料提高 $\sigma$ 时,往往对应了提高的 $E$ 值,故并不能简单地认为 $\sigma$ 高抗热振性就好。

2)弹性模量 $E$

$E$ 值的大小是表征材料弹性的大小,其值大弹性小。因此,在热冲击条件下,材料难以通过变形来部分抵消热应力,使得材料的热应力较大,而对抗热振性不利。例如,石墨强度很低,但因 $E$ 值极小,同时膨胀系数也不大,故有很高的 $R$ 值。又因热导率高而 $R'$ 也仍很高,故抗热振性良好。气孔会降低 $E$ 值而使抗热振性有所改进。

3)膨胀系数 $\alpha$

热膨胀现象是材料中产生热应力的本质。同样条件下 $\alpha$ 值小,材料中热应力也小,因此,对抗热振性来讲,总是希望 $\alpha$ 值越小越好。石英玻璃具有极优良的抗热振性,突出的一点就是它具有很小的 $\alpha$ 值。通常,陶瓷工厂在匣钵料中添加一些滑石就是为了能得到一些 $\alpha$ 很小的堇青石以改善抗热振性。而材料的热膨胀性能可以看以前的介绍,特别要提出的是具有多晶转化的材料,由于在转化稳定下有膨胀系数的突然变化,故在选用材料或控制条件时,都必须注意。

4)热导率 $\lambda$

热导率 $\lambda$ 值大,材料中温度易于均匀,温差应力就小,故利于改善抗热振性。例如,BeO 与 $Al_2O_3$ 的 $R$ 值相近,但 BeO 因 $\lambda$ 值大所以 $R'$ 值比 $Al_2O_3$ 高得多,抗热振性就优良。石墨、碳化硼、氮化硼等有良好的抗热振性都与它们有着高的 $\lambda$ 值密切相关。

其他如 $\mu$、$\rho$、$C$ 等的影响也已在前面给予了介绍,故影响的因素还是较复杂的,并且还不能对各因素片面地单一地来考虑,而必须综合考虑它们的影响,这也是提出一些热应力因子来进行评定材料抗热振性的基本思想。

(2)影响抗热振损伤性的主要因素

抗热应力损伤因子 $R''''$ 和 $R'''''$。它们都要求有小的 $\sigma$ 值和大的 $E$ 值,与 $R'$ 和 $R$ 是相反的,实际上 $R'''''$ 还正比于 $G$,而一般材料高的 $G$ 值也往往对应于高的 $\sigma$ 值,故还不能过于片面地看待它的影响。

1)微观结构的影响

由前面对图 5.23 的分析可以看到,微小的裂纹破裂时,有明显的动力扩展,瞬时裂纹长度变化很大,容易引起严重的损坏。假如原先裂纹长度能控制在图 5.23V 形曲线的最低值附近,则可以有最小的动力扩展,使材料的抗热振性得到改善。因此,对多晶质材料往往因具有一定数量、大小的裂纹会使抗热振性改善。同时,任何不均匀微观结构的引入,形成了局部的应力集中,这样在材料中虽然局部范围内可能产生破裂,但整个材料中的平均应力是不大的,故严重的损坏反而可以避免。近来的工作更确认了微观结构在热冲击损伤方面的重要性。特别是晶粒间开裂引起的钝裂纹,显著地提供了抵抗严重损坏的能力,而原先的尖锐裂纹,会在不太严重的热应力条件下,就导致损坏。在 $Al_2O_3$-$TiO_2$ 瓷中晶粒间收缩的开裂,会使原先的尖裂纹钝化和阻止裂纹的扩展,在 $Al_2O_3$ 瓷中添加 $ZrO_2$ 以抑制微裂纹,也明显地改进抗热振性。对于利用各向异性的热膨胀所引起的裂纹,也为改善抗热冲击性损坏提供了一个有益的途径。

2)热膨胀系数 $\alpha$ 和热导率 $\lambda$

通常的影响与抗应力断裂性中的情况一致。但是正如前述,各向异性的热膨胀在此有可能得以利用。在短时间的热冲击情况下,可以有小的 $\lambda$ 值,它使热应力主要分布在表层,对整个制品来讲还是安全的。

最后还必须指出,制品的形状、尺寸因素虽非材料的本质属性,但对制品的抗热振性有着重要影响,不良的结构会导致制品中严重的温度不均匀和应力集中,恶化抗热振性。而良好的结构设计又能有效地弥补材料性能的不足。因此,在实际工作中,这是必须注意的。

由于抗热振性问题的复杂性,至今还未能建立起一个十分完整的理论。因此,任何试图改进材料抗热振性的措施,必须结合具体的使用要求和条件,综合考虑各种因素的影响,同时必须和实际经验相结合。

## 5.6　材料的隔热与防热

热的问题,几乎是每个现代技术领域都遇到的一个重要课题。热,有必要热和不必要热。能保持必要热,防止不必要或有害热侵袭的这类材料就是隔热材料,这种系统则称为隔热系统。隔热材料最根本的特点是具有很高的热阻,因此,它能有效地阻碍热运动。

隔热材料的使用不仅能经济地利用能源,而且还能有效地保证某些设计在苛刻的热环境下正常工作,也能有效地保证在某些情况下,使技术上无法回避的低发火点物质与高热物相邻,而不致起火。

目前,隔热材料在工业上不但已广泛地用于各种高温炉、锅炉、原子工业、海洋开发、宇宙航行、热电动力等方面,同时,还用于冶金装置、石油精炼装置、过热蒸汽装置、化学反应装置、酿造装置、蒸馏装置、空气调节装置、液化气体装置、冷冻冷藏装置,以及运输等。此外,近年来,建筑业也越来越多地使用隔热材料,对其要求也不断提高。

### 5.6.1　低温和超低温隔热

由于低温物理,特别是超导研究的迅速发展,对低温或超低温技术的发展起了巨大的推动作用。人们已可以获得 $10^{-4}$ K 或更低温。很明显,取得如此接近绝对零度的低温,没有良好的隔热措施是很难实现的。因此,关于低温和超低温隔热系统的研究颇为兴旺。

宇宙航行和空间技术需要效率较高的低温隔热系统。现代航空事业要求超音速、二音速、三音速甚至更高音速的飞机。高马赫飞机需要液氢(沸点 −252.7 ℃)作燃料,其储藏和运输离开有效的隔热措施是不行的。

运输液化天然气的远洋巨轮,近年来与日俱增。液化天然气的长途运输必须使其保持在 −120 ℃ 以下的低温。各式各样的冷冻、冷藏设施以及诸如上述低温隔热要求不断提出,推动着低温和超低温隔热技术的发展。

在低温和超低温隔热系统中,大量使用纤维隔热材料、多孔隔热材料和空气层式隔热材料。在隔热方式中,辐射"隔热"(特别是真空反射"隔热")占很重要地位。近年来,泡沫高分子隔热材料大量使用,但由于有机物质的固有特点,其使用温度一般在 -240 ℃ 以上。 -240 ℃以下的低温隔热几乎全部采用以无机材料为主的隔热系统。

### 5.6.2　高温和超高温隔热

飞船和洲际导弹的翼前沿和头部锥体,一般要经受 4 000 ~ 5 500 ℃ 的高温;导弹、核动力火箭和固体火箭发动机往往也要承受 2 000 ~ 3 300 ℃ 的高温。在如此高温环境下,必须对飞行器采取特别的"防热"措施。这就需要一大类特殊的"隔热"材料——高温隔热材料和热防护材料。解决这一类"防热"的问题,涉及一系列较为复杂的防热方式,它包括吸热防热、辐射防热、发汗防热及烧蚀防热等。

烧蚀防热是一种十分有趣的防热方式。它是利用材料的分解、解聚、熔化、蒸发、气化乃至离子化等化学和物理过程移走大量的热,来达到防热目的。这是一种以消耗物质来换取"隔热"效果的积极"隔热"方式。

辐射热防护是一种利用材料表面物理性能的特殊"隔热"方式。与低温辐射防热相反,在这里选用的是红外波段内高反射率的物质(如磷化硅、氧化等),在使用中辐射大量的热,以得到尽量低的温度。加涂热辐射涂层的难熔金属,可用于辐射热防护目的。陶瓷辐射防护层广泛用于 1 400 ℃ 以上的高温。一般设计时,材料有效使用的辐射系数最低值应为 0.6。显而易见,辐射系数越大,其有效性越高。

"发汗"防热,是利用"发汗"物质,通过耐高温多孔表面材料的毛细孔进行发汗,来实现隔热目的。它最吸引人的地方在于,借助于发汗物质的发汗作用,控制表面具有恒定不变的指定温度,而又能保持材料表面严格的外形尺寸。发汗材料可以是气体,也可以是液体。使用时,从多孔基材渗至表面的液膜迅速气化,气体迅速逸散,带走大量的热。发汗在理论上可以应付无限大的热通量,只要气液量足够,并且发汗物的渗透速度与热量速率相合。因此,在长时间十分巨大的热通量和很高的剪切力作用下,并要求外形尺寸不能变化时,使用发汗防热极为合适。用作发汗的东西很多,如用普通的水就是一例。用水作发汗材料对于热流量 1 250 kJ/m$^2$ 的体系,是一种不错的热防护。当然发汗防热也有很多缺点,如结构复杂而笨重,特别是包括发汗物的储存和排出等辅助系统较为庞大。提高可靠性也是发汗防热中的一个重要问题。吸收防热是利用本身具有较大的热容和热导,而将热量吸收或导出。因此,它要求材料比热大、热导高、熔点高。吸收防热通常只用在热通量低和时间短的情况下。

### 5.6.3　建筑物隔热

为了能常年保持室内有适宜于人们生活、工作的气温,房屋的外围结构所采用的材料必须具有一定的保温隔热性能。建筑材料都有一定保温作用。材料的保温性能好坏是由材料的导热系数大小来决定的,导热系数越小,保温性能越好。通常所称的保温材料,就是指导热系数 λ 小于 0.2 W/(m·K)的材料,这种材料的特点是孔隙小而多,容重轻,保温效果好。选用 λ 小的材料作建筑外围护结构的材料,可有效降低冬季采暖与夏季降温的能耗。

在建筑工程中,保温隔热材料主要用于墙,屋盖保温以及冷藏室、热工设备、热力管道保温的冬季施工保温。建筑保温隔热材料主要有纤维隔热材料、多孔隔热材料和复合型隔热材料等。

## 5.7　材料的声学性质

声学材料通常包括吸声和隔声两大类别。无论是噪声控制还是音质设计,均需要使用吸声材料,吸声材料(或结构)的形式虽多种多样,但如果从形式的特性分类,基本上可分为多孔吸声材料、共振吸声材料和特殊吸声材料 3 大类。其中,多孔吸声材料是最传统、应用最广的吸声材料。材料的隔声性能关乎着广大普通百姓的日常生活,房屋的围护结构的隔声性能不佳,会使人经常受到周围环境噪声的干扰,不能有一个良好的生活品质。

### 5.7.1　声学的基本概念

任何物体发生振动时,都会迫使其周围的介质随之振动,而介质中产生的疏密相间的弹性波(声波)作用到听觉器官上,便使人感觉到声音。振动的物体称为声源;振动在介质中的传播称为声波。声波是一种机械振动。振动的周期量是一个物理量,每当独立变数改变相等的增量后,它的数值就重复一次。周期是周期量重复一次所需的时间,频率则是单位时间内重复的次数,在非正弦周期波的情况下可分解为基波和谐波,基波是周期波的最低频率分解;而谐波则是其频率等于基频整数倍的周期波分量,假如其分量频率为基频的 2 倍,便称为二次谐波。

声学传播通常涉及三维空间,若 $x$、$y$、$z$ 为质点在介质里的坐标,$\mu$、$v$、$\omega$ 为介质里质点的速度分量,$\rho$ 为介质的密度,$t$ 为时间,则声波振动的连续方程表达为

$$\frac{\partial \rho}{\partial t} + \frac{\partial(\rho_x)}{\partial x} + \frac{\partial(\rho_y)}{\partial y} + \frac{\partial(\rho_z)}{\partial z} = 0 \tag{5.63}$$

其运动方程表达为

$$\frac{dV_{\mu v \omega}}{dt} + \frac{1}{\rho}\text{Grad}P_0' = 0 \tag{5.64}$$

式中　$P_0'$——介质中的压力,对于绝热过程,有

$$\frac{p_0'}{p_0} = \left(\frac{\rho'}{\rho}\right)r \tag{5.65}$$

式中　$p_0$——静压力;

　　　$\rho$——初始密度;

　　　$\rho'$——瞬时密度;

　　　$r$——常压比热与常容比热的比值。

声音的发生和传播涉及能量传递过程,声能密度是单位体积的声能,有表达式

$$E = \frac{p^2}{\rho c^2} \tag{5.66}$$

式中　$p$——声压;

$\rho$——密度;

$c$——声速。

声音传播过程还涉及声强的概念。在声场中任一点上一定方向的声强,就是单位时间内在该点给定方向通过垂直于此方向的单位面积上的能量。例如,一个平面波的声强为

$$I = \frac{P^2}{\rho c} = PV = \rho c V^2 \tag{5.67}$$

式中  $P$——压力;

$V$——质点的速度;

$c$——声速;

$\rho$——介质密度。

式(5.67)中,$\rho c$ 通常称为声阻率,是声学重要材料的性能之一。

在声学中,声强和声压变化范围很大。能引起人耳正常听觉的声波频率范围为 20 ~ 20 000 Hz。对频率为 1 000 Hz 的声音,人耳刚能听见的下限声强为 $10^{-12}$ W/m²,相应的声压为 $2 \times 10^{-5}$ Pa;使人产生疼痛感的上限声强为 1 W/m²,相应的声压为 20 Pa。由此可见,声强的上下限可相差 1 万亿倍,声压的上下限相差也可达 100 万倍。显然,用声强和声压来度量很不方便。此外,人耳对声音大小的感觉,并不与声强或声压成正比,而是近似的与它们的对数值成正比。因此,采用按对数方式分等级的方法作声音大小的常用单位,就是声强级或声压级。

如果以 10 倍(即相对比值为 10)为一"级"进行划分,可把声强级定义为声音的强度 $I$ 与基准声强 $I_0$ 之比的常用对数值,单位是贝尔(BL)。

声强级表示为

$$L_I = \lg \frac{I}{I_0} \tag{5.68}$$

在工程上,通常是用它的 1/10 作单位,称为"分贝尔",简称"分贝"(dB),即

$$L_I = 10 \lg \frac{I}{I_0} \tag{5.69}$$

在声工程中,经常使用与电气工程相类比的方法定义声学参数。例如,声阻抗就是施加于该系统的交变压力对于由此得到的体积流的复数比,单位为声欧姆。声抗是声阻抗的虚数部分,声阻则为声阻抗的实数部分,单位均为声欧姆。实际上,声阻是流体阻力(或辐射阻力),它导致能量耗散。当流体流经声阻时,声能转为热能。阻力是由于黏滞性引起的。例如,当一定体积的液体或气体受压力 $p$ 的策动而经过声阻时,系统中的能量便有损失。因此,声阻 $r_A$ 定义为

$$r_A = \frac{p}{V} \tag{5.70}$$

式中  $p$——压力;

$V$——体积流。

式(5.70)表明施加于声阻的策动压力与声阻和体积流成正比。

### 5.7.2  吸声材料的作用原理

声波在传播过程中遇到材料时,一部分因为介质的密度变化就会产生声波的反射;另一部

分由于振动的质点之间的摩擦而使一小部分声能转化为热能或产生黏滞阻力被吸收,称为声吸收;还有一部分声波能透过材料传播到另一侧去,称为声透射。材料对声波的反射的声能、吸收的声能、透射的声能分别与入射的总声能之比为材料的反射系数 $\gamma$、吸收系数 $\alpha$、透射系数 $\tau$,故有

$$\gamma + \alpha + \tau = 1 \tag{5.71}$$

吸声系数 $\alpha$ 是用来评定材料吸声性能好坏的主要指标。如果声音全部被吸收,$\alpha = 1$;部分被吸收,则 $\alpha < 1$。材料的吸声系数与声音的入射方向、频率有关。因此,吸声系数为声音从各方向入射的吸收平均值,同时必须指出是对哪一频率的吸收。通常采用 6 个频率 125、250、500、1 000、2 000、4 000 Hz。任何材料都能吸声,只是吸收程度有很大不同。通常对上述 6 个频率的平均吸声系数 $\alpha$ 大于 0.2 的材料列为吸声材料。但在评价吸声材料时,应从 3 个方面加以考虑,单靠吸声层隔声通常达不到目的,大多数具有高透射损失($\tau$ 很小)的材料,几乎是完全反射的($\gamma \approx 1$)。因此,要得到低的透射应该大大增加反射,而增加吸收一般总是减小反射。

吸声材料根据其吸声机理的不同,可分为不同的形式,而多孔吸声材料是在实际工程中最常见、用途最广泛的吸声材料。

一般来说,多孔吸声材料以吸收中、高频声能为主。

多孔吸声材料其主要构造特征是材料从表面到内部均有相互连通的微孔。吸声材料主要的吸声机理是当声波入射到多孔材料的表面时激发其微孔内部的空气振动,使空气与固体筋络间产生相对运动,由空气的黏滞性在微孔内产生相应的黏滞阻力,使振动空气的动能不断转化为热能,从而声能被衰减。从上述的吸声机理可以看出,多孔吸声材料必须具备以下 3 个条件:

①材料内部应有大量的微孔或间歇,而且孔隙应尽量细小且分布均匀。

②材料内部的微孔必须是向外敞开的,也就是说必须通到材料的表面,使得声波能够从材料表面容易地进入材料内部。

③材料内部微孔一般是相互连通的,而不是封闭的。

从多孔性吸声材料本身的结构来说,主要有以下 3 个因素影响其吸声特性:

①流阻。流阻的定义是空气质点通过材料空隙时的阻力。流阻低的材料,低频吸声性能较差,而高频吸声性能较好;流阻较高的材料中低频吸声性能有所提高,但高频吸声性能将明显下降。对于一定厚度的多孔性材料,应有一个合理的流阻值,流阻过高或过低都不利于吸声性能的提高。

②孔隙率。孔隙率的定义是材料内部空气体积与材料总体积的比。对于吸声材料来说,应有较大的孔隙率,一般应在 70% 以上,多数达到 90% 左右。

③厚度。材料的厚度对其吸声性能有关的影响:

a. 当材料较薄时,增加厚度,材料的低频吸声性能将有较大的提高,但对于高频的吸声性能则影响较小。

b. 当厚度增加到一定程度时,再增加材料的厚度,吸声系数的增加将逐步减小,见图 5.31。

c. 多孔性材料的第一共振频率近似与吸声材料的厚度成正比,即

$$f_0 d = 常数 \tag{5.72}$$

式中　$f_0$——多孔性吸声材料的第一共振频率,Hz;

　　　　$d$——材料厚度,cm。

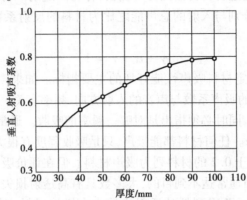

图 5.31　玻璃棉板平均吸声系数与厚度的关系

厚度增加,低频的吸声性能提高,吸声系数的峰值将向低频移动一个倍频程。

d. 密度。定义是单位体积材料的质量,一般用 K 来表示。例如,40 K 玻璃棉表示 1 m³ 的玻璃棉板质量为 40 kg。密度对材料吸声性能的影响比较复杂,对于不同的材料,密度对其吸声性能的影响不尽相同,一般对于同一种材料来说,当厚度不变时,增大密度可提高中低频的吸声性能,但比增加厚度所引起的变化要小。对于每种不同的多孔性吸声材料,一般都存在一个理想的密度范围,在这个范围内材料的吸声性能较好,密度过低或过高都不利于提高材料的吸声性能。在常用的多孔性吸声材料中,超细棉的密度一般为 10 ~ 20 K,玻璃棉板的密度为 40 ~ 60 K,而岩棉的密度则在 150 ~ 200 K。

根据多孔材料性材料的不同构造,可分成几种基本类型,见表 5.6。

表 5.6　多孔材料性吸声材料的基本类型

| 材料种类 | | 常用材料 |
|---|---|---|
| 纤维材料 | 有机纤维材料 | 毛毡、纯毛地毯、木绒吸声板 |
| | 无机纤维材料 | 超细玻璃棉、玻璃棉板、岩棉、矿棉吸声板、无纺布、化纤地毯、纤维喷涂材料 |
| 颗粒材料 | | 膨胀珍珠岩吸声砖、陶土吸声砖、珍珠岩吸声装饰板 |
| 泡沫材料 | | 聚氨酯泡沫塑料、尿醛泡沫塑料、泡沫玻璃、泡沫陶瓷 |
| 金属材料 | | 卡罗姆吸声板、发泡纤维铝板 |

### 5.7.3　材料的隔声

当一个声源发出的噪声声波影响到其周围的区域时,可在声音的传播途径上设置一些固体材料,如果声音不能透过这些材料继续传播,或在透过这些材料时声能有很大的损失,则称这些材料为隔声材料。声音在通过隔声材料时产生的能量损失,称为透射损失。其大小用透射系数 $\tau$ 来衡量。

一般门、窗、墙体材料的透射系数的值在 $10^{-1}$ 到 $10^{-5}$,数值越小,表示所能透射过去的声能越少,隔声性能也就越好。透射系数的值很小,使用起来不方便。为此,通常用隔声量来衡量材料或结构的隔声性能,隔声量的定义可表示为

$$R = \lg \frac{1}{\tau} \tag{5.73}$$

隔声量的实际意义就是隔声材料或结构两侧声压级的差值,用其表示材料或结构的隔声性能比较直观,使用起来也比较方便。与透射系数相反,材料或结构的隔声量越大,其隔声性能越好。

如果不考虑墙体的边界条件,同时还假设墙体各个部分的作用是相互独立的,墙体和楼板对空气的隔声量,主要取决于它们单位面积的质量(即面密度 kg/m²)和声音的频率,墙体和楼板的面密度越大,透射的声能越少,这就是通常所说的"质量定律",其简化算式为

$$R = 20 \lg(mf) + k \tag{5.74}$$

式中　$R$——墙体、楼板的空气隔声量,dB;

　　　$m$——墙体、楼板的面密度,kg/m²;

　　　$f$——入射声波的频率,Hz;

　　　$k$——为常数,当声波为无规则入射时,$k = -48$。

式(5.74)就是公式质量定律的表述。该式说明,当面密度增加 1 倍(或者说对于已知材料,其厚度加倍),隔声量提高 6 dB;同时频率加倍(即对于每一倍频带),隔声量增加 6 dB。但是这个简单的质量定律并不完全正确,因为墙体出现的吻合效应、共振等现象将会改变其隔声特性。

吻合效应就是当入射到墙体的声波的波长与墙体本身固有的弯曲波的波长相吻合时,材料与声波将产生共振,此时墙体的隔声量急剧下降,并且不满足式(5.74)所表示的质量定律,这种现象就称为"吻合效应",出现吻合效应的最低频率称为吻合临界频率。

一种墙体材料的临界频率主要取决于该种材料的弹性模量和密度。在评价墙体材料的隔声性能时,通常只考虑人耳比较敏感的频带范围,一般是从 100 ~ 3 150 Hz,如果墙体材料的临界频率正好位于这个频段之内,则对隔声性能的影响较小。表 5.7 是几种常用墙体材料的密度和吻合临界频率。由表 5.7 可知,质量较大的墙体,如黏土砖墙、钢筋混凝土墙等的临界频率位于频段的下端;质量很轻的薄板墙体,如 12 mm 厚纸面石膏板和玻璃幕墙等的临界频率位于频段上端;而目前比较常用的轻质隔墙,如 60 mm 厚石膏条板、100 mm 厚加气混凝土等的临界频率正好位于频段的中段,这就是轻质隔墙通常隔声性能不好的原因之一。

表 5.7　常用墙体材料的密度和临界吻合临界频率

| 材料种类 | 厚度/cm | 密度/(kg·m⁻³) | 临界频率/Hz | 材料种类 | 厚度/cm | 密度/(kg·m⁻³) | 临界频率/Hz |
|---|---|---|---|---|---|---|---|
| 砖砌体 | 25 | 2 000 | 70 ~ 120 | 钢板 | 0.3 | 8 300 | 4 000 |
| 混凝土 | 10.0 | 2 300 | 190 | 玻璃 | 0.5 | 2 500 | 3 000 |
| 木板 | 1.0 | 750 | 1 300 | 有机玻璃 | 1.0 | 1 150 | 3 100 |
| 铝板 | 0.5 | 2 700 | 2 600 | 加气混凝土 | 0.2 | — | 206 |

目前,大部分建筑均采用框架的结构形式,为了减少结构的自重,建筑中不承重的墙多采

用轻质隔墙。轻质隔墙的质量比较轻,根据质量定律,其隔声性能不会太理想。另外,轻质隔墙的面密度一般为 $40 \sim 80 \text{ kg/m}^2$,其临界频率多位于 $400 \sim 1\,250 \text{ Hz}$,故受吻合效应的影响较大。因此,大多数轻质隔墙的隔声量都不太高,但由于轻质隔墙具有质量轻、荷载小、安装简便等其他优点,在各类建筑中被广泛应用,所以需要提高轻质隔墙的隔声量。其方法主要是采用复合墙体结构,通过不同材料的组合和隔声构造,可有效地提高轻质隔墙的隔声效果。

现在建筑中经常使用的轻质隔墙材料有纸面石膏板、石膏条板和砌块、加气混凝土、陶粒混凝土、纤维增强水泥板、钢丝网架夹心复合板及彩色钢板夹心复合板等。

特别注意吸声材料与隔声材料的区别。吸声材料因其多孔、疏松、质轻而隔声性能不好,根据质量定律,材料单位面积的质量越大,越不易振动,则隔声效果就好。例如,密实沉重的黏土砖和钢筋混凝土等材料的隔声效果比较好,但其吸声效果不佳。

# 思考与练习题

1. 试解释为什么玻璃的导热率常常低于晶态固体的热导率几个数量级。

2. 金刚石的爱因斯坦温度 $= 1\,320 \text{ K}$,德拜温度 $= 1\,860 \text{ K}$。试分别用爱因斯坦比热公式,计算在温度 $T = 2\,000 \text{ K}$ 和 $T = 0.2 \text{ K}$ 时金刚石的摩尔比热数值,以及用德拜比热公式计算在温度 $T = 0.2 \text{ K}$ 时金刚石的摩尔比热数值。

3. 试证明固体材料的热膨胀系数不因内含均匀分散的气孔而改变。

4. 掺杂固溶体瓷和两相陶瓷的热导率随成分体积分数而变化的规律有何不同。

5. 多孔吸声材料具有怎样的吸声特性? 随着材料容重、厚度的增加,其吸声特性有何变化? 试以玻璃棉为例予以说明。

6. 何谓质量定律与吻合效应? 在隔声构件中如何避免吻合效应?

# 第 **6** 章
# 材料的光泽与颜色

现代建筑对于材料除了有结构上的要求外,对其装饰性也有越来越高的要求,如材料的颜色、表面光泽、透明性能等。因此,材料工作者有必要了解和掌握材料的光学性质及其有关的知识。

## 6.1 有关的基础理论

### 6.1.1 能带理论简述

材料的光学性质与其内部电子的能量状态及电子跃迁有密切的关系。本节简要介绍了能带结构和定域能级等问题,以帮助了解和讨论材料的光学性质,而对涉及量子力学固体物理等理论性问题不予深究。

固体是由大量原子组成,每个原子又由原子核和电子组成。对于晶体,电子是在晶体中所格点上的离子和其他电子所产生的合成势场中运动。因此,不能把电子的势能看成一个常量而应看成位置的函数。要了解固体中的电子能量状态,在量子力学中,必须首先写出晶体所有相互作用着的离子和电子系统多体问题的薛定谔方程,并求出它的解。由于问题十分复杂,通常不可能求得严格的解,因此,一般采用经多次简化的近似理论——单电子理论来处理。

首先假定研究的对象是理想晶体,因为原子核的质量比电子大许多,运动速度慢,故在讨论电子问题时,可认为原子核是固定在某个瞬时位置上(或近似看作固定不动)。这样,多粒子体的多体问题就简化为多电子的问题。接着又假定每个电子是在固定的原子核的势场以及其他电子的平均势场中运动。这样又把多电子问题简化为单电子问题,最后还认为按周期排列的原子核所产生的势场和其他电子的平均场是一种周期性势场。这样才最后把一个复杂的多体问题简化为周期性势场中的单电子运动。用这种方法求出的电子在晶体中的能量状态不再是那些分立的能级,而是"能带"。能带理论虽然是一个近似的理论,但在实用中用处很大,是目前研究固体中电子运动的一个主要理论基础。

(1)能带的形成

假定有 $N$ 个原子,每个原子的相应能级完全一样(如有 $N$ 个 1s 能级,$N$ 个 2s 能级等)。

当它们组成晶体后,由于原子间足够靠近,每个原子与相邻原子间产生相互作用和干扰,即内外各层电子能级有不同程度的重叠,而最外层电子能级重叠的可能性最大。这样,晶体中的电子显然不再肯定地属于某一原子,而是可很方便地从一个原子的能级转移到相邻的原子能级上去,即电子可在整个晶体中运动。晶体中电子的这个特性,称为"电子的共有化"。但根据鲍里不相容原理,每一能级上能够容纳的电子数目有限,故这些原来的能级彼此间不得不产生细小的能级差。例如原来的 $N$ 个相同的 1 s 能级,现在分裂成 $N$ 个能量差别极微小的能级,构成一个能带,即电子的共有化运动使电子能级分裂为能带,如图 6.1 所示。

图 6.1 电子共有化运动使电子能级变为能带示意图

内层电子所受其他原子的作用较小,所以能级分裂小,能带较窄,而外层电子(高能级)受到其他原子作用较大,能级最易分裂,能带宽。同时,能带的形成还与晶体原子间距有关。原子间距大,相互作用小,分裂小而原子间距小,分裂就大。因此,当原子间距较小时,原来能态高的两个能级在分裂成能带时,可能发生能带的交叠,如图 6.2 所示,金属晶体常有这种能带交叠的情况。

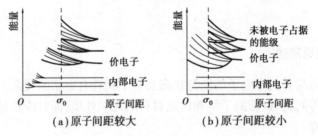

(a)原子间距较大  (b)原子间距较小

图 6.2 能带形成与原子间距的关系示意图

(2)导带和价带

0 K 时,所有电子均处于最低能量状态。此时,全部充满电子的能带称为满带,能量值最高的满带称为价带,通常被价电子所占据;全空的能带称为空带,能量值最低的空带称为导带。导带与价带之间的电子能级不存在的区段,称为禁带。随着温度升高或受到电磁辐射时,电子受到激发可能从价带越过禁带进入导带,同时在价带中留下一个带正电的空穴,即吸收能量从低能态跃迁到高能态,也可能从不稳定的高能态自发地回到稳定的低能态,从而以光或热的形式放出能量。

大多数金属的价带没有被电子占满,而且常有价带与导带重叠的情况。绝缘体的价带刚好被电子占满,导带与价带之间的禁带很宽,电子不容易依靠热激发跃迁到导带。半导体的能带结构与绝缘体相似,只是禁带较窄,电子容易受激发而跃迁到导带。图 6.3 是绝缘体和半导体的能带结构示意图。

在研究固体的各种性质时,最感兴趣的常常是价带极大值附近和导带极小值附近的情况。

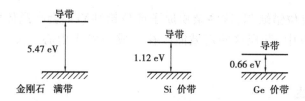

图 6.3　绝缘体和半导体的能带结构及室温下的禁带宽度

（3）定域能级

实际晶体中,不可避免地存在着各种杂质原子和晶体缺陷。往往正是这些缺陷和杂质原子,使晶体获得某种物理性能。

杂质原子和缺陷的存在破坏了原来完整的晶格周期性。在这些晶格周期性遭到破坏的地方,有可能在禁带中产生一些特殊的能量状态,称为"束缚态"。即当部分电子（或空穴）被束缚在这些地区附近时,它们的能量值可能落在禁带中,形成一些新的特殊能级,故称这些被束缚的电子（或空穴）的特殊状态的能级为定域能级,或局部能级。

下面以晶体中具有杂质原子的情况为例,说明定域能级的形成。

如果不同族的外来杂质原子取代了基质原子,并且杂质原子的价电子数比基质原子的价电子数多,如 ZnS 材料中用 Cl 原子（外层电子构型为 $3s^2 3p^5$）取代 S 原子（外层电子构型 $3s^2 3p^4$）,由于 Cl 原子外层比 S 原子多一个价电子,这样替位的结果,在杂质原子 Cl 周围就有未成键的多余电子,可以看成一个正电中心束缚了一个电子。与处于价带之中已成键的电子相比,其能量要高些,故更容易进入导带。成为能在晶体中自由移动的自由电子。因此,这个价电子的能量状态显然处于导带之下,禁带之中。这个新出现的能级就是定域能级。像这种由多余价电子引起的定域能级又称施主能级,这种杂质称为施主杂质,如图 6.4（a）所示。

同样,如果外来杂质原子的价电子数少于基质原子的价电子数,如在 ZnS 中以 Cu 原子（外层电子构型 $3d^{10} 4s^1$）替换 Zn（外层电子构型 $3d^{10} 4s^2$）,由于 Cu 原子少一个价电子,其周围的价电子没能全部成键,犹如形成了负电中心,束缚住一个空穴,在杂质原子周围能俘获价带电子。即在禁带中出现了一个空穴能级,价带中的电子很容易填充到这个空穴能级中去,而在价带留下一个空穴,或者说空穴很容易离化到价带。这种能接受价带中价电子的定域能级称为受主能级,如图 6.4（b）所示。

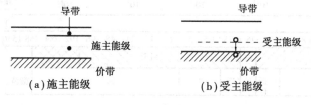

图 6.4　定域能级示意图

晶体缺陷也能形成定域能级。处在位错线上的原子,往往具有一个不成对的电子。也就是说,与正常原子相比,其共价键中有一个键被破坏了,称为悬键,这个不成对的电子称为悬键电子。这个悬键电子不是自由的,其能量低于导带底部。但与成对的价电子相比,悬键电子更容易被离化而进入导带。故其能量状态又高于价带顶部。因此,悬键电子的能级必定位于禁带之中,故位错也能产生位于禁带之中的定域能级。

定域能级与材料的发光性能有十分密切的关系。因为在发光材料掺入某些杂质原子,或者基体材料本身具有位错缺陷,这些杂质原子或位错缺陷都会在晶体内部造成定域能级。在研究发光物理过程中,发现这些定域能级往往成为发光中心。关于这个问题的讨论见6.2节。

### 6.1.2 光谱简述

根据频率由低到高的顺序,电磁波谱包括无线电波、微波、红外光、可见光、紫外光、X射线、$\gamma$射线及宇宙射线。所有这些电磁波都具有以下特点:它们都作为横向电磁波在空间传播,它们在真空中的传播速度(即频率和波长的乘积)都是相同的,都等于光在真空中的传播速度,即

$$\lambda v = c \tag{6.1}$$

式中   $\lambda$——波长;

   $v$——频率;

   $c$——光在真空中的传播速度,约为 $3 \times 10^8$ m/s。

电磁波谱的不同部分,其波长和频率是不同的,这对于各种电磁波的产生以及它们与物质的相互作用将引起极大的差别。波谱区按照产生或观测其波长的方法划分为以下3个主要部分:

(1)高频端

高能(粒子型)发射在原子核和轰击过程中产生。

(2)长波端

无线电波和雷达波在扩展电路结构中产生。

(3)光学区

光辐射产生于原子和分子,显示出波和粒子两重特性。这部分包括红外、可见和紫外波长区,组成广义的光谱,统称为光谱,不仅由于它们的发射过程密切相关,还由于它们有共同的实验技术。光谱的波长范围从大约 $10^{-1}$ cm(习惯上规定的远红外界限)到大约 $10^{-6}$ cm(紫外短波末端)。可见光谱只占很小部分,即 $0.4 \sim 0.7$ μm。光学区及其附近的电磁波谱示意图如图6.5所示。图6.6标出了可见光谱中相应于各种原色的大致波长范围。

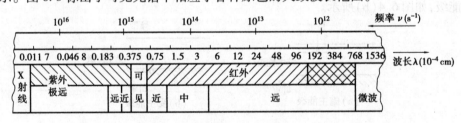

图6.5   光学区及其附近的电磁波谱

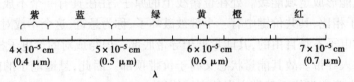

图6.6   电磁波谱的可见光部分

## 6.2　材料与光的相互作用

对于给定波长的光辐射,可认为是由一些光子构成的。光子的重要特性是其能量、波长和频率之间有关系为

$$E = hv = \frac{hc}{\lambda} \tag{6.2}$$

式中　$E$——光子所具有的能量;

　　　$h$——普朗克常数;

　　　$v$——频率;

　　　$c$——光速;

　　　$\lambda$——波长。

根据式(6.2),既可把光子看成能量等于 $E$ 的粒子,也可看成具有特征波长和频率的波,即光辐射具有波粒二象性。

在光的传播过程中,光子与材料的电子结构或晶体结构发生相互作用,产生了各种光学现象,如吸收、反射、透射、折射等,从而使材料表现出如颜色、光泽、透明性等各种相应的光学性质。

### 6.2.1　光的折射和色散

当光从真空进入较致密的材料时,其速度降低,引起光的偏折,这种现象称为光的折射。光在真空中的速度和光在材料中的速度之比决定了折射率

$$n = \frac{V_{真空}}{V_{材料}} \tag{6.3}$$

引起光速变慢的原因是光波中的电场引起介质极化。在电场的作用下,电子云位移引起介质中的原子(离子)正电荷中心和负电荷中心发生偏离,如图6.7所示。

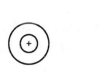

(a)无电场时介质正负　　　　(b)有电场时正负电荷
电荷的中心重合　　　　　　中心发生偏移

图6.7　电场对介质中原子电荷中心的影响

单个原子的电偶极矩为

$$u = Q \cdot d \tag{6.4}$$

式中　$u$——电偶极矩;

　　　$Q$——原子的正电荷;

　　　$d$——正负电荷中心的位移。

如果单位体积介质中有 $N$ 个原子,则极化强度为

$$P = N \cdot \bar{u} = N \cdot \alpha \cdot E \tag{6.5}$$

式中　　$P$——极化强度；

　　　　$\alpha$——极化率；

　　　　$E$——局部电场强度。

一般来说，极化率越大，折射率越大。而极化率与原子(离子)半径大小有关，故折射率与原子(离子)大小有关。若材料是由大离子或原子构成，折射率就大；反之，则小。例如，$n_{PbS} = 3.912$，$n_{SiC_{14}} = 1.412$。除此因素外，折射率还与近邻环境和离子排列有关。只有在各向同性介质中，折射率不变(环境相同)，在各向异性晶体中，结构密堆方向上的折射率高。

光在真空中的传播速度 $c$ 是一个与光的波长、光源和观察状态都无关的常数。但是，光在介质中的传播速度则随波长的不同而不同，这就是色散现象。

由于光在介质中的传播速度可以用介质的折射率来表征

$$V = \frac{c}{n} \tag{6.6}$$

式中　　$V$——光在折射率为 $n$ 的介质中的传播速度；

　　　　$c$——光速；

　　　　$n$——折射率。

在光学中，色散也可定义为折射率随波长的变化，即

$$色散率 = \frac{dn}{d\lambda} \tag{6.7}$$

光透过介质的界面时所发生的偏折与介质的折射率有关。而折射率是波长的函数，不同波长的光经过界面折射后将有不同的折射角，因此经界面出射的光波将按波长的顺序而展开，在可见光范围内，可将太阳光分解成按人的感觉所能辨识的红、橙、黄、绿、青、蓝、紫的彩色带，这也就是色散这一名称的来由。

使一细束太阳光投射到一块玻璃做成的三棱镜的一个面上，太阳光从另一个面上出射并投射到白墙上，在白墙上可看到被分解成七色的光谱。进一步分析经过棱镜后不同的颜色的光的偏折角度可知，紫光的偏折最大，红光偏折最小，即波长短的光偏折大，相应的折射率也大，波长长的光偏折小，相应的折射率也小。对于玻璃等常见介质来说，折射率随波长的减小而增加，这称为正常色散。

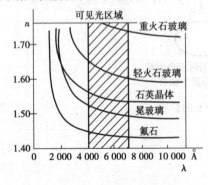

图 6.8　几种材料的色散曲线

图 6.8 中的色散曲线可表示为

图 6.8 给出了从紫外到近红外这一波段范围内的一些材料的折射率随波长的变化规律，即材料的色散曲线。

由图 6.8，可归结出以下 3 点：

①折射率随波长的增加而变小。

②折射率随波长的变化率 $\frac{dn}{d\lambda}$（即色散率）在短波部分比长波部分大。色散率越大，光谱展得越宽。

③不同的材料，其色散曲线形状类似，但又不完全相同。

$$n = A + \frac{B}{\lambda^2} + \frac{C}{\lambda^4} \tag{6.8}$$

这一经验公式称为柯奇(Cau Chy)公式。其中,$A$、$B$、$C$ 均为正的常数,均由材料的性质所决定。实验上可利用 3 种不同波长的光,测出对应于 3 个波长的 3 个折射率的数值,再利用式(6.8)解出 $A$、$B$、$C$。

在精度要求不高,波长变化不大的范围内,只要取柯奇公式的前两项就已经足够,即

$$n = A + \frac{B}{\lambda^2} \tag{6.9}$$

对式(6.9)求导,得到材料的色散关系为

$$\frac{dn}{d\lambda} = -\frac{2B}{\lambda^3} \tag{6.10}$$

式(6.10)表明色散率与波长的 3 次方成反比,式中负号表示折射率的变化与波长的变化相反。

当波长的频率落在出现共振的自然频率范围内时,折射率将随波长变短而减小,这称为反常色散。肯特(Kundt)用正交棱镜法对反常色散进行了系统研究,并确定了一个重要规律,即反常色散总是与光吸收有密切联系。任何物质在光谱某一区域内如有反常色散现象,则在这个区域被强烈地吸收,在靠近吸收区,折射率变化得特别快。

故大多数透明材料的色散在可见光范围内是正常色散,即随着波长 $\lambda$ 减小,折射率 $n$ 是增大的。

### 6.2.2 光的反射与表面光泽

如果材料表面光滑而且入射光子能量不高时,入射光子的一部分将从材料表面反射出去。

如图 6.9 所示,反射光线与入射光线以及界面的法线均在同一平面上,入射角 $\phi_1$ 与反射角 $\phi_2$ 相等,波长和速度都不变。这种反射又称镜面反射。反射光强度与入射光强度之比,称为反射率。其值与入射光的彼长,介质的种类有关,入射角越大,表面故光洁及光的吸收越小,垂直入射时

$$R = \frac{(n-1)^2 + x^2}{(n+1)^2 + x^2} \tag{6.11}$$

式中 $R$——反射率;

$n$——折射率;

$x$——吸收率。

当吸收率 $x$ 和折射率 $n$ 相比很小时,式 (6.11) 简化为

$$R = \frac{(n-1)^2}{(n+1)^2} \tag{6.12}$$

将式(6.12)两边对 $n$ 求导,得

$$\frac{dR}{dn} = 2 \times \left(1 - \frac{2}{n+1}\right) \times \frac{2}{(n+1)^2} = 4 \times \frac{n-1}{(n+1)^3} \tag{6.13}$$

光从自由空间进入介质,折射率总是大于 1,即 $n > 1$,所以

$$\frac{dR}{dn} > 0 \tag{6.14}$$

式(6.12)说明,固体的折射率大,反射率就大,反之亦然。这意味着在光学系统中,当折射率增大时,反射损失增加。在有些光学工程应用中,希望强折射和低反射相结合。实现这一目的通常采用表面涂层技术。

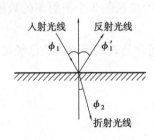

图 6.9　光的反射与折射

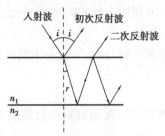

图 6.10　表面镀膜消去反射

如图 6.10 所示,使涂层的折射率 $n_1$ 小于基体折射率 $n_2$,控制膜的厚度,使初次反射波和二次反射波满足干涉相消的条件,即大小相等、位相相反的两个波相互抵消,膜的厚度一般为 1/4 光波波长。

相反,若要求反射增大,可通过增大折射率来实现。例如,对于雕花玻璃"晶体",要求有高反射性能,由于这种玻璃含铅量离,折射率高,因而其反射率约为普通钠-钙-硅酸盐玻璃的 2 倍,使其具有耀眼的光泽。同样,宝石的高折射率使得它具有所需的强折射作用和高反射性能。

大多数材料的表面并不是完全光滑的,因此,在表面上产生大量各个方向的漫反射,随着表面粗糙度增大,镜面反射量逐渐减少,漫反射量增大,如图 6.11 所示。镜面反射的反射光线具有较强的方向性,因而有较亮的光泽。

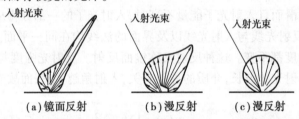

图 6.11　粗糙度增加的各个表面上的光反射极坐标图

很难对表面光泽下一个精确的定义,但表面光泽与镜面反射影像的清晰度和完整性有最密切的关系,即与镜面反射光带的窄(狭)度和强度有关,而这些因素主要由折射率和表面光滑决定,故为了获得很好的表面光泽,既要表面材料的折射率高,又要形成尽可能光滑的表面。如表面要获得高光泽,往往使用基质含铅的釉或搪瓷,烧成到足够高的温度,使釉铺展以形成一个完整而光滑的表面。而减小表面光泽可采用低折射率材料或增加表面粗糙度。后者如研磨、喷砂,对原来光滑的表面进行化学腐蚀,或由悬浮液、溶液或气相在表面沉积一层细颗粒材料。

### 6.2.3　光的吸收和颜色

光在介质中传播时,强度将逐渐减弱。减弱的原因之一是介质吸收了部分光子的能量。

（1）光的吸收

如图 6.12 所示,假设有一束平行光波在介质中沿 $x$ 方向传播。光强随传播距离增加而减小,故光强 $I$ 是坐标 $x$ 的函数。从介质中分割出厚度为 d$x$ 的薄层,光波进入这一薄层时的强度为 $I$,出来时光强变成 $I + $d$I$ 由于介质吸收,d$I$ 表示光强的减少量,即 d$I$ 应小于 0,d$I$ 与入射光强 $I$ 及薄层厚度 d$x$ 是成正比关系,即

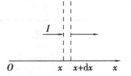

$$dI = -\alpha I dx \tag{6.15}$$

图 6.12　光的吸收示意图

式中,负号表示随着 $x$ 增加,光强将减弱。$\alpha$ 是一个比例系数,称为吸收系数。

设在 $x = 0$ 处光强为 $I_0$,在 $x = t$ 处,光强变为 $I$,将式(6.15)改写后积分

$$\int_{I_0}^{I} \frac{dI}{I} = -\int_{0}^{t} \alpha dx$$

$$I = I_0 e^{-\alpha t} \tag{6.16}$$

式(6.16)称为朗伯定律。

当光在介质中传播距离 $t = \dfrac{1}{\alpha}$ 时,光强减弱到原来的 $\dfrac{1}{e}$。若用米作为距离的单位,则 $\alpha$ 的单位为 $m^{-1}$。

也可用光通过介质后光的衰减来考示介质的透光性能考虑到界面的反射损失,则透射率为

$$T = \frac{I}{I_0} = (1 - R)^2 e^{-\alpha t} \tag{6.17}$$

式中　$T$——材料的透射率(透光率);

　　　$R$——反射率。

很明显,进入介质的光必然是反射、透射和吸收 3 部分之总和。

吸收系数 $\alpha$ 不仅与介质的性质有关,也与光的波长有关。与吸收率 $x$ 的关系为

$$\alpha = \frac{4\pi x}{\lambda}$$

白光通过无色的玻璃后,透射光还是白光,这说明玻璃对白光中各种波长的光有相同的吸收。白光通过颜色玻璃后变成有色说明有色玻璃对不同的波长有选择性地吸收。不同的材料吸收的光波波段不同,这与材料的分子构造有关,这也是形成颜色的根源。

白光通过吸收光的物质后,再经过光谱仪分光,则得到吸收光谱。吸收光谱除了可见光区域外,还可扩展到紫外光和红外光区域。通过对吸收光谱的研究,可了解物质的分子结构。

(2)材料的颜色

材料对波长在 0.4 ~ 0.7 μm 可见光波的选择性吸收、透射和反射,使得材料呈现出各种颜色。当白光照射在材料上,如果光线可完全通过而不被吸收,这种材料就是透明的;如果光线完全被材料所吸收,则材料呈黑色;如果对所有波长的吸收程度都差不多,则材料呈灰色;如果选择性地吸收某些波长的光,而让其他波长的光透过或反射,则材料呈现出相应的颜色。例如,铜吸收位于可见光谱的蓝光或紫光一端波长较短的光波,而反射红光一端波长较长的光波,由于人们见到的只是反射光,所以铜呈橘红色。

表 6.1 是材料吸收光的波长与所呈现的颜色(或称补色)的关系。从表中可知,凡是能吸收可见光的材料,都能显出颜色。吸收光的波长越短,显出的颜色越浅;吸收光的波长越长,显出的颜色越深。

表 6.1　吸收光波长、颜色及其补色

| 吸收光 | | | 观察到颜色 | 吸收光 | | | 观察到颜色 |
|---|---|---|---|---|---|---|---|
| 波长/nm | 频率/cm⁻¹ | 颜色 | | 波长/nm | 频率/cm⁻¹ | 颜色 | |
| 400 | 25 000 | 紫 | 绿黄 | 530 | 18 900 | 黄绿 | 紫 |
| 4 250 | 23 500 | 深蓝 | 黄 | 550 | 18 500 | 橙黄 | 深蓝 |
| 450 | 22 200 | 蓝 | 橙 | 590 | 16 900 | 橙 | 蓝 |
| 490 | 20 400 | 蓝绿 | 红 | 640 | 15 000 | 红 | 蓝绿 |
| 510 | 19 600 | 绿 | 玫瑰 | 730 | 13 800 | 玫瑰 | 绿 |

固体材料对光的吸收机理是:当光通过固体时,外层电子获得能量,从低能态向高能态跃迁,即电子吸收了光子的能量,从基态跃迁到激发态。电子跃迁的形式有以下 4 种:

①禁带跃迁(直接跃迁)。

②由于晶体缺陷引起的电子跃迁。

③过渡金属、稀土或其他未填满电子壳层离子的内部电子跃迁。

④电子从一个离子转移到另一个离子的电荷转移过程。

下面主要讨论前面两种形式的电子跃迁与颜色的关系。

1)禁带跃迁

当晶体受光照射,电子吸收光子,直接从价带跃迁到导带,这种吸收称为本征吸收,由此而呈现颜色称为本征着色。产生禁带跃迁的条件是:光子的能量 $h_\nu \geq E_g$,$E_g$ 为禁带宽度(能隙宽度)。图 6.13 为电子产生禁带跃迁示意图。

图 6.13　禁带跃迁示意图

当材料一定时,即 $E_g$ 一定时,材料对光波有选择地吸收,满足上述条件则产生禁带跃迁,从而呈现出一定的颜色。例如,CdS 的禁带宽度 $E_g = 2.45$ eV,吸收了波长较短的蓝色光和紫色光,促使电子发生禁带跃迁而呈黄色。对于禁带宽度较大的材料,长波的光子能量不足以将电子激发到导带,故材料对光的吸收有一个界限频率或波长。

2)晶体缺陷引起的电子跃迁

部分氧化物晶体或玻璃用中子、电子轰击后,在光谱中可见光和紫外光范围内形成吸收带而着色。例如,金刚石经电子轰击后变成蓝色,石英经中子轰击后变成棕色。产生颜色的原因为晶格辐射受损而形成各种点缺陷,使晶体的周期性性质受到破坏。在点缺陷附近的局部区域,电子的能态同其他部分的能态有所不同,从而在禁带中出现定域能级。这些能级间距相当于可见光谱的光子能量,因此光照后,就吸收光而呈现颜色。但是加热晶体往往使晶格损伤得到了修正,于是晶体的颜色又消失了。

晶体内部的点缺陷也可能是由于掺杂原子引起的。

这种能吸收某一波段可见光而使晶体着色的晶体缺陷称为色心(颜色中心):20 世纪 20 年代由玻尔(pohl)首先提出命名。

色心根据其形成机理大致可分为俘获电子心——$F_心$、俘获空位心——$V_心$、化学缺陷心——$\mu_心$ 3 大类。

① $F_{心}$

如图 6.14(c)所示,$A$ 处的负离子缺位造成的光吸收中心,称为 $F_{心}$。

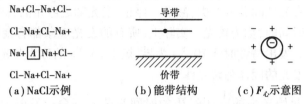

图 6.14　负离子缺位引起的定域能级

由于负离子缺位,因此整个缺陷带正电。以 NaCl 为例,如图 6.14(a)所示由于 $Cl^-$ 缺位,其周围离子的能量降低了,即在缺位近邻的钠离子上的电子受束缚比其他钠离子上的电子更紧。由于其他钠离子 3s 态构成了 NaCl 的导带,而 $Cl^-$ 缺位最近邻的钠离子的 3s 电子能态比导带低一些,在禁带中产生了附加能级,如图 6.14(b)所示。带正电的 $Cl^-$ 缺位将束缚一个电子为最近邻 6 个 $Na^+$ 所共有,晶体受光照时,这个束缚电子就可能吸收一个光子而跃迁到导带,可见光区出现一个新的吸收带,称为 $F$ 带。这就是 $F_{心}$ 吸收光的原理。

② $V_{心}$

如图 6.15 所示,正离子缺位造成的带负电的缺陷,称为 $V_{心}$。$V_{心}$ 能俘获空穴,在禁带中形成附加能级,吸收光子后空穴跃迁到价带,在紫色光和紫外光区出现吸收带,称为 $V$ 带。

除 $F_{心}$ 和 $V_{心}$ 之外,还有一些其他色心,如 $F'_{心}$,它是电子填充在晶格间隙而产生的。

③ $\mu_{心}$

它是由一个氢原子的负离子代替一个卤素负离子而产生的。

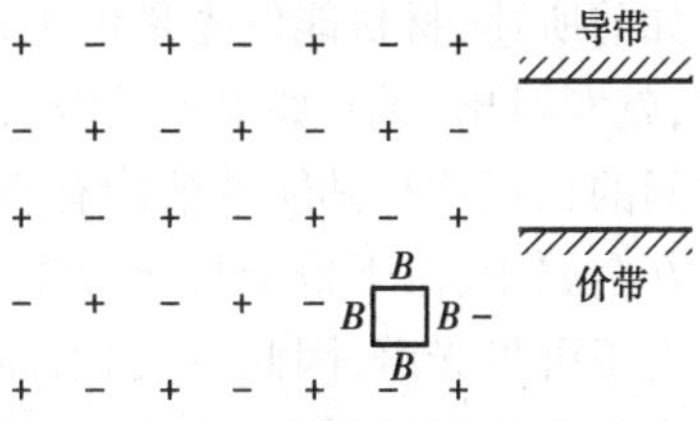

在这些色心的局部区域,电子能态与晶体其他部分的能态不同,从而在禁带中出现了新的定域能级。

图 6.15　正离子缺位引起的定域能级

(3)光的散射

材料光学性质在小范围内的不均匀性(如悬浮着的微粒之类),而使通过材料的光偏离原来的传播方向,向四面八方散开。这种现象称为光的散射。

由于光的散射,通过介质的光强度将逐渐减弱。这点与光的吸收有些相似。考虑到光的散射,公式中 $I = I_0 e^{-\alpha t}$

还要加上一个附加系数 $\alpha'$,即

$$I = I_0 e^{-(\alpha+\alpha')t}$$

式中,$\alpha'$ 称为散射系数。$\alpha + \alpha'$ 称为消光系数。它表征了光通过材料时因材料的吸收和散射共同作用而使光强减弱的程度。

光的散射与材料的半透明性和乳白性密切相关。

### 6.2.4　发光

(1)材料的发光现象

一般无机固体从外界吸收能量使电子处于激发态后(从价带跃迁到导带),又会自发地衰减到基态(回到价带),所吸收的能量或以热的形式传递给晶格,或以电磁辐射的形式发射出

来。若发射出来的是可见光或近似可见光,则称这种现象为发光。为了区别物质在高温下所发出的光,有时也称这种光为冷光。

发光现象可根据发光期间分成两类:激发一停止,发光随之停止的,称为荧光;激发作用停止后发光延续相当长时间的,称为磷光。实际上,所有的发光现象都有余辉,只是衰减的时间有长短之差。一般以光发出持续时间 $10^{-8}$ s 为界,短于 $10^{-8}$ s 的称为荧光,长于 $10^{-8}$ s 的称为磷光。通常称这些能发光的固体为磷光体。

测量荧光衰减到起始光强的 $\dfrac{1}{e}$ 所经历的时间为荧光寿命。发射的荧光射频形成荧光光谱。

根据外界激发的能源不同,又可分为光致发光、场致发光(电磁发光)和阴极射线发光等。荧光灯是光致发光的典型例子。日常所用的荧光灯是在灯管内壁涂有一层磷光体(特殊的硅酸盐、钨酸盐或磷酸盐),当磷光体受到水蒸气辉光放电产生的紫外线的激发后,将所吸收的能量以与日光相似的白光发射出来,其效率比白炽灯高 5 倍。靠阴极射线发光的雷达、示波器就是用电子束打击磷光体($Zn_2SiO_4:Mn^{2+}$)而发出绿黄色的光。黑白电视采用蓝色材料($ZnS:Ag$)和黄色材料[($Zn,Cd)S:Cu,Al$]的混合磷光体而获得白色,而彩色电视中,需用蓝、绿、红3 种颜色的混合磷光体。

(2)固体材料的发光原理

如前所述,材料能发光是由于来自界的能量将电子从价带激发到导带,当电子重新返回价带时,就发射出光子,如果光的波长处于可见光波段中,就发生冷光。因此,材料能否发光,发光时间的长短均与其能带结构有直接关系。

在金属中,由于价带与导带相互重叠,故当受激电子回到低能态时发射的光子能量很低,波长大于可见光谱,因此不发光,而将这种发射归于金属的反射,如图 6.16(a)所示。

在某些陶瓷材料中,价带与导带之间的能隙(禁带)正好使得通过这一能隙跃迁的电子发射一个可见光的光子,如图 6.16(b)所示。路线 1 是激发过程,路线 2 是发射过程,它发生在电子到达能级 $B$ 以后的 $10^{-9}$ s 内。这种发光相应于荧光,又称自发发光。

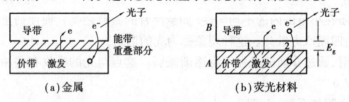

图 6.16　电子激发与光子发射示意图

大多数发光材料中都含有激活剂杂质,如前面所提到的磷光体中的 $Sb^{3+}$、$Mn^{2+}$ 代替晶体中正离子 $Ca^{2+}$ 或 $Zn^{2+}$。这些杂质在禁带中产生相应的定域能级(局部能级),形成所谓激活中心。受激发的电子可能落到这些局部能级并被俘获。电子在回到价带之前必须依靠热起伏脱离这一陷阱。这样,在光子发射以前就有一个大于 $10^{-8}$ s 的延迟时间。在激发光源消失后,电子逐渐从陷阱逸出,并在一段额外的时间内发光。这种发光相应于磷光,称为亚稳态发光。如图 6.17(a)、(b)所示为这种发光的两个途径。

图 6.17(a)中,M 是亚稳态,即由于杂质存在而严生的局部能级。路线 1 是激发;路线 2 表示电子落入亚稳定能级;路线 3 表示电子因热碰撞作用从亚稳定能级中释出;路线 4 表示发

射。温度越高,电子从 M 能级中解放出来的概率越大,电子停留在亚稳定能级的时间通常为 $10^{-3}$ s ~ 1 s 接着在 $10^{-9}$ s 之内发生了电子由导带到价带,伴随着光子发射的跃迁(如果电子不重新落入 M 能级的话)。

图 6.17(b)中,路线 1 表示激发,路线 2 表示电子落入亚稳定能级。假如周围温度很低,以至于使电子从 M 能级升到导带是不可能的,则可能发生由 M 能级直接到价带的电子跃迁并发射光子。从 M 能级到导带的可能性被消除得越完全,即温度越低,则这种发光发展得越完全。M 的位置比导带离价带更近,因此,从 M 能级跃迁

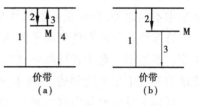

图 6.17　亚稳态发光过程示意图

到价带所发射的光子能量就比导带跃迁到价带的光子能量小,发射光谱移向长波方向。这种发光只有在温度很低时才会发生。

## 6.3　金属与非金属材料的光学性质

### 6.3.1　金属的光学性质

金属具有不透明性和高反射率,即吸收系数 $\alpha$ 和反射率 $R$ 都很大。这是由于金属的价带与导带重叠(无能隙),使得电子已填充的能级上方有许多空能级,所以频率分布范围很宽的各种入射辐射都可将电子激发到能量较高的空能级中。换句话说,几乎任何光子都具有将电子激发到导带中较高能级的能量。因此,金属的吸收系数 $\alpha$ 很大,光线进入金属表面很薄的一层就被完全吸收,呈不透明性。只有非常薄的金属膜($\leqslant 0.1$ μm)才显得有些透明。电子被激发后又会衰减到较低的能级,因而在金属表面发生光线的再发射。金属的反射是由吸收和再发射综合造成的。金属的高反射性决定了金属具有特殊的光泽,一般称为金属光泽。

金属在白色光线下所呈现的颜色将取决于这种发射波的频率。例如,银在整个可见光范围内都有很高的反射率,呈白色,并具有明亮的光泽。这表明再发射光子在频率分布范围上与入射光子大致相同,并且在数目上可与入射光子相比。当然,因被激发的电子在金属中受到碰撞而产生声子等原因,光线强度会受到一些损失。铜和金被超过一定频率(这频率位于可见光范围的短波部分)的入射光子激发后,可将已填满的 d 能带中的电子激发到 s 能带的空能级中去,即强烈吸收这部分波长。对于已从 d 能带激发到 s 能带的电子,直接跳回 d 能带的概率很小而采取其他衰减途径,强烈再发射的主要是波长较长的光线。因而铜和金分别呈现橘红色和黄色。镍、铁、钨等许多金属在整个可见光区域都有较强的吸收,而反射率较低,故颜色显得发灰。

### 6.3.2　非金属材料的光学性质

(1)非金属材料的透明性

非金属是否透明取决于其能带结构。绝缘体基本上对可见辐射透明,因为绝缘体具有相当宽的禁带,以致可见光不足以引起电子激发。例如,金刚石、氯化钠、冰、无机玻璃、聚甲基丙烯酸甲酯等材料都容易透过光线,呈现出透明性的这类材料的反射率 $R$ 和吸收系数 $\alpha$ 都很低。

在多相材料中,由于折射率在相界发生不连续的变化,光线会被相界反射或散射。这种内反射和散射造成光线的漫透射。有些原来透明的材料往往由于光线漫散地透射而变为半透明(即呈乳白色)。例如,无机玻璃中加入 $TiO_2$ 微粒后由透明变得乳浊化。除了玻璃与 $TiO_2$ 的折射率不同之外,$TiO_2$ 微粒的尺寸与光线的波长相近,也会引起强烈如散射作用。

许多纯的共价固体和离子固体,本质上是透明的,但往往由于加工过程中在其内部形成孔而变得不透明。对于各种陶瓷材料,只要有大约1%的孔隙率就足以造成不透明。例如,常规烧结的氧化铝是不透明的,而无孔洞的多晶氧化铝是半透明的,不太厚时甚至是透明的。

许多半导体材料吸收可见光,因而是不透明的。如半导体 Si,其禁带宽度为 1~2 eV,可见光的频率已足以使电子从价带激发到导带,故能吸收射来的可见光,使材料呈深灰色,并有暗淡的金属光泽。

(2)非金属材料的颜色

当材料的禁带宽度相应于可见光区域的某一光子频率时,往往呈现特殊的颜色。如 CaS 的禁带宽度 $E_g$ 为 2.42 eV,能吸收白色光线蓝色和紫色部分而呈橙黄色。

无机玻璃、食盐、氧化铝和金刚石等无色透明材料,都可通过掺入杂质离子而呈现颜色。这是因为引人的杂质离子在价带与导带之间形成附加的局部能级,使得材料对入射光的某些波长有选择地强烈吸收,因而使材料呈现颜色。吸收之后往往不再发射同样频率的辐射,当电子到低能态时,可能发生非辐射的电子跃迁过程(能量为声子所吸收),也可能发射另一频率的光子。

对于无机非金属材料常通过掺杂着色来获得所需的颜色。常用的着色组分是未填满 d 壳过渡元素离子,如 $V^{3+}$、$Cr^{3+}$、$Mr^{3+}$、$Fe^{2+}$、$Co^{2+}$、$Nl^{2+}$、$Cu^{2+}$ 等。也少量地用未填满 f 壳层的过渡元素离子,如 $Nd^{3+}$、$Er^{3+}$、$Ho^{3+}$、$Dy^{3+}$、$Sm^{3+}$。而凡是惰性气体壳层结构的离子组成的材料都是透明的,即无颜色的材料。

无机玻璃在熔融状态时,通过加入过渡元素离子或稀土元素离子可获得颜色。而在 $Al_2O_3$ 中用 $Ti^{3+}$ 代替少量 $Al^{3+}$,是蓝宝石呈浅蓝色的原因。如用 $Cr^{3+}$ 代替少量 $Al^{3+}$,则吸收蓝紫光而呈现作为红宝石特征的红色,并随 $Cr^{3+}$ 浓度的增加由浅变深。

用于玻璃、陶瓷、搪瓷等材料着色的颜料,要求在高温时保持颜色稳定性。随着温度的提高,能稳定的颜色数目减少,使可利用的颜色的调制受到一定的限制。

陶瓷颜料不仅要求在高温时稳定,而且要求在硅酸盐系统中是惰性的。除 CdS—CdSe 红色颜料外,大多数陶瓷颜料是氧化物,如 $CoAl_2O_4$(蓝色),$3CaO$、$Cr_2O_3$、$3SiO_2$(绿色)、$Pb_2Sb_2O_7$(黄色)。这些颜料的晶体甚至在没有掺杂的情况下,也是有颜色的。另一种情况下,没有掺杂时的基质晶体是无色的,但掺杂以后就能获得所需的颜色。如利用 $ZrO_2$ 和 $ZrSiO_4$(锆英石)作基质晶体,分别掺入钒、镨、铁,形成蓝色、黄色和粉红色的锆族颜料,广泛应用于 1 000~1 250 ℃的高温烧成陶瓷坯体着色。

一般来说,以分散颗粒的有色固体系统作为颜料时,可实现最多的颜色种类且颜色可以控制。故采用类似于有色颗粒分散于油漆之中的方式,使不溶解的第二相颜料颗粒分散在基质材料中(如透明釉),也是一种常用的陶瓷颜料。常用于墙面砖等低温轴上彩和搪瓷。对于较高的温度,如玻璃和陶瓷釉所需温度,适于用作颜料的稳定而不溶解晶体的种类是有限的,因此,通常溶解于玻璃相(引入吸收光线的物质)来形成所谓的溶解颜色。

思考与练习题

1. 金刚石的能隙为 5.47 eV。哪一类电磁辐射可以使金刚石表现出光导电性？请给出其波长和频率。

2. 某些光学透明材料可以用 $\gamma$ 线照射而使其带色。为什么会这样？如果任其放置一定时期即自行褪色，为什么？

3. 有一种光纤的纤芯折射率为 1.50，包层的折射率为 1.40，计算光从空气进入芯部形成全反射的临界角。

4. 为什么金属对可见光是不透明的？

# 第 **7** 章
# 材料的电学性质和磁学性质

　　材料的电学性能是指材料在外加电压或电场作用下的行为及其所表现出来的各种物理现象,包括在交变电场中的介电性质,在弱电场中的导电性质,在强电场中的击穿现象,以及发生在材料表面的静电现象。各种材料都具有不同的电学性能,导电材料、电阻材料、电热材料、半导体材料、超导材料以及绝缘材料等都是以它们的电学性能为特点划分的。在各种材料的制造及使用中,都必须了解其电学性能。因此,研究材料的电学性质具有非常重要的理论和实际意义。

　　磁性材料具有能量转换、存储或改变能量状态的功能,被广泛应用于计算机、通信、自动化等领域,是重要的功能材料。研究材料的磁学性能,发现新型磁性材料,是材料科学的一个重要方向。

## 7.1　导电性能

### 7.1.1　电导率和电阻率

(1)电导率和电阻率

　　导电是指真实电荷在电场作用下在介质中的迁移。材料导电性的量度为电阻率或电导率。

　　电阻 $R$ 与导体的长度 $L$ 成正比,与导体的截面积 $S$ 成反比,即

$$R = \rho\left(\frac{L}{S}\right) = \frac{1}{\sigma}\left(\frac{L}{S}\right) \tag{7.1}$$

式中　$\rho$——电阻率,$\Omega \cdot m$。

　　电阻由体积电阻 $R_V$ 及表面电阻 $R_S$ 两部分组成,即

$$\frac{1}{R} = \frac{1}{R_V} + \frac{1}{R_S} \tag{7.2}$$

式(7.2)表示了总绝缘电阻、体积电阻、表面电阻之间的关系。由于表面电阻与样品表面环境有关,因而只有体积电阻反映材料的导电能力。通常主要研究材料的体积电阻。

　　电阻率的倒数为电导率 $\sigma$。电导率定义为在单位电位下流过每米材料的电流,即

$$\sigma = \frac{IL}{VS} \qquad (7.3)$$

式中 $\sigma$——电导率,$S \cdot m^{-1}$;

　　$I$——电流,$A$;

　　$L$——样品厚度,$m$;

　　$V$——电位,$V$;

　　$S$——样品面积,$m^2$。

电导率是变化幅度最宽的几个物理量之一。通常根据电阻率或电导率数值大小,将材料分成超导体、良导体、半导体及绝缘体等。超导体的 $\rho$ 在一定温度下接近于零;导体的 $\rho$ 为 $10^{-8} \sim 10^{-5}$ $\Omega \cdot m$;半导体的 $\rho$ 为 $10^{-5} \sim 10^{7}$ $\Omega \cdot m$;绝缘体的 $\rho$ 为 $10^{7} \sim 10^{20}$ $\Omega \cdot m$。

一般普通无机非金属材料与大部分高分子材料是绝缘体,部分陶瓷材料和少数高分子材料是半导体,金属材料是导体。但一些陶瓷具有超导性。半导体、绝缘体、离子导电材料的电导率随温度的升高而增加。金属的电导率随温度的升高而降低。表7.1 为一些材料在室温下的电导率。

表7.1　各种材料在室温下的电导率 $\sigma/(s \cdot m^{-1})$

| 金属和合金 | $\sigma$ | 非金属 | $\sigma$ |
|---|---|---|---|
| 银 | $6.3 \times 10^7$ | 石墨 | $10^5$ 平均 |
| 铜(工业纯) | $5.85 \times 10^7$ | SiC | 10 |
| 金 | $4.25 \times 10^7$ | 锗(纯) | 2.2 |
| 铝(工业纯) | $3.45 \times 10^7$ | 硅(纯) | $4.3 \times 10^{-4}$ |
| Al-1.2% Mn 合金 | $2.95 \times 10^7$ | 酚醛树脂(电木) | $10^{-11} \sim 10^{-7}$ |
| 钠 | $2.1 \times 10^7$ | 窗玻璃 | $< 10^{-10}$ |
| 钨(工业纯) | $1.77 \times 10^7$ | $Al_2O_3$ | $10^{-12} \sim 10^{-10}$ |
| 黄铜(70% Cu-30Zn) | $1.6 \times 10^7$ | 云母 | $10^{-15} \sim 10^{-11}$ |
| 镍(工业纯) | $1.46 \times 10^7$ | 有机玻璃 | $< 10^{-12}$ |
| 纯铁(工业纯) | $1.03 \times 10^7$ | BeO | $< 10^{-15} \sim 10^{-12}$ |
| 钛(工业纯) | $0.24 \times 10^7$ | 聚乙烯 | $< 10^{-14}$ |
| TiC | $0.17 \times 10^7$ | 聚苯乙烯 | $< 10^{-14}$ |
| 不锈钢,301 钢 | $0.14 \times 10^7$ | 合金钢 | $< 10^{-15}$ |
| 镍铬合金(80% Ni-20Cr) | $0.093 \times 10^7$ | 石英玻璃 | $< 10^{-16}$ |
|  |  | 聚四氟乙烯 | $< 10^{-16}$ |

(2)电导率的基本参数

电导率与两个基本参数相关,即载流子密度 $n(mm^{-3})$ 和载流子迁移率 $\mu(mm^{-2} \cdot V^{-1} \cdot s^{-1})$。研究材料的电导性,就是弄清载流子品种、来源及浓度,以及它们在材料本体中的迁移方式及迁移率大小。

任何一种物质,只要存在带电荷的自由粒子——载流子,就可在电场作用下产生导电电流。载流子可以是电子、空穴,也可以是正、负离子。金属导体中的载流子是自由电子,高分子材料和无机非金属材料中的载流子可以是两类载流子同时存在。载流子为离子或空格点的电导,称为离子电导;载流子为电子或空穴的电导,称为电子电导。电子电导和空穴电导同时存在,称为本征电导。

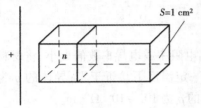

图 7.1 导电现象

材料的导电现象其微观本质是载流子在电场作用下的定向迁移。如图 7.1 所示,设单位截面积为 $S(1\ m^2)$,在单位体积($1\ m^3$)内载流子数为 $n$,每一载流子的荷电量为 $q$,则单位体积内参加导电的自由电荷为 $nq$。如果介质处在外电场中,则作用于每一个载流子的力等于 $qE$。在这个力的作用下,每一个载流子在 $E$ 方向发生漂移,其平均速度为 $v(m\cdot s^{-1})$。容易看出,单位时间(1 s)通过单位截面的电荷量为

$$J = nqv \tag{7.4}$$

$J$ 即为电流密度,显然,$J = I/S$。速度为 $v$,截面为 $S$ 的载流子总电荷量为 $nqv$。根据欧姆定律及 $R = \rho h/S$,可得

$$J = \frac{E}{\rho} = E\sigma \tag{7.5}$$

式(7.4)为欧姆定律最一般的形式。因为只决定于材料的性质,所以电流密度 $J$ 与几何因子无关,这就给讨论电导的物理本质带来了方便。

由式(7.4)可得到电导率为

$$\sigma = \frac{J}{E} = \frac{nqv}{E} \tag{7.6}$$

令 $\mu = \dfrac{v}{E}$,并定义其为载流子的迁移率,其物理意义为载流子在单位电场中的迁移速度,于是

$$\sigma = nq\mu \tag{7.7}$$

一般的表达式为

$$\sigma = \sum_i q_i n_i \mu_i \tag{7.8}$$

$q_i$ 是第 $i$ 种载流子的荷电量。负电子、正空穴、正负离子都可以是诱导电流的载流子。式(7.8)反映电导率的微观本质,即宏观电导率 $\sigma$ 与微观载流子的浓度 $n$,每一种载流子的电荷量 $q$ 以及每种载流子的迁移率的关系。

电阻率的大小直接取决于单位体积中的载流子数目、每个载流子的电荷量和每个载流子的迁移率。产生电流的载流子有 4 种类型:电子、空穴、正离子及负离子。载流子的迁移率取决于原子结合的类型、晶体缺陷、掺杂剂类型和用量及离子在离子化合物中的扩散速率。

(3)影响电导率的因素

影响材料电导率的因素较多,而且在不同的电导类型中,一些因素对电导率的影响也不尽相同。

1)影响离子电导率的因素

①温度

随着温度的升高,离子电导按指数规律增加。图 7.2 表示含有杂质的电解质的电导率随温度而变化的曲线。在低温下(曲线 1)杂质电导占主要地位,这是因为杂质活化能比基本点阵离子的活化能小许多。在高温下(曲线 2),本征电导起主要作用。因为热运动能量的增高,使本征电导的载流子数显著增多,这两种不同的导电机制,使曲线出现了转折点 A。但是,温度曲线中的转折点并不一定都是由两种不同的离子导电机制引起的。刚玉瓷在低温下发生杂质离子电导,高温下则发生电子电导。

②晶体结构

离子电导率随活化能按指数规律变化,而活化能反映离子的固定程度,它与晶体结构有关。那些熔点高的晶体,晶体结合力大,相应活化能也高,电导率就低。

离子电荷的高低对活化能也有影响。一价正离子尺寸小,电荷少,活化能小,迁移率较高;高价正离子价键强,从而活化能大,故迁移率较低。图 7.3(a)、(b)分别表示离子电荷、半径与电导(扩散)的关系。

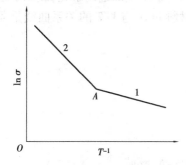

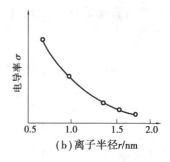

图 7.2　杂质离子电导与温度的关系　　　图 7.3　离子晶体中阳离子电荷和半径对电导的影响

除了离子的状态以外,晶体的结构状态对离子活化能也有影响。显然,结构紧密的离子晶体,由于可供移动的间隙小,则间隙离子迁移困难,即其活化能高,因而可获得较低的电导率。

③晶格缺陷

具有离子电导的固体物质称为固体电解质。实际上,只有离子晶体才能成为固体电解质。共价键晶体和分子晶体都不能成为固体电解质。但是并非所有的离子晶体都能成为固体电解质。离子晶体要具有离子电导的特性,必须具备以下两个条件:电子载流子的浓度小;离子晶格缺陷浓度大并参与电导。离子性晶格缺陷的生成及其浓度大小是决定离子电导的关键。

2)影响电子电导率的因素

①温度

在温度变化不大时。电子电导率与温度关系符合指数式。仿照载流子的迁移率的求法,晶格场中的电子迁移率 $\mu_e$ 为

$$\mu_e = \frac{e \cdot \tau}{m^*} \tag{7.9}$$

式中　$e$——电子电荷;

　　　$m^*$——电子的有效质量;

　　　$\tau$——载流子和声子碰撞的特征弛豫时间,它除了与杂质有关外,主要决定于温度。

总的迁移率受散射的控制,设其包括以下两大部分:

声子对迁移率的影响,可写为

$$\mu_L = aT^{-\frac{3}{2}} \tag{7.10}$$

杂质离子对迁移率的影响,可写为

$$\mu_I = bT^{\frac{3}{2}} \tag{7.11}$$

$$\frac{1}{\mu} = \frac{1}{\mu_L} + \frac{1}{\mu_I} \tag{7.12}$$

两式中,$a$、$b$ 为常数,决定于不同材料。由于 $\rho = 1/\sigma = 1/ne\mu$,而总的电阻由声子、杂质两类散射机制叠加而成,因而可求出总迁移率。

一般低温下,杂质离子散射项起主要作用;高温下,声子散射项起主要作用。$\mu$ 受 $T$ 的影响比起载流子浓度 $n$ 受 $T$ 的影响要小得多。因此,电导率对温度的依赖关系主要取决于浓度项。

载流子浓度与温度关系很大,符合指数式,图 7.4 表示 $\ln n$ 与 $1/T$ 的关系。其中,低温阶段为杂质电导;高温阶段为本征电导;中间出现了饱和区。此时,杂质全部电离解完,载流子浓度变为与温度无关。综合迁移率和浓度两个方面,对于实际材料 $\ln \sigma$ 与 $1/T$ 的关系曲线是非线性的。

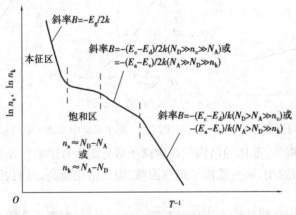

图 7.4　$\ln n$ 与 $1/T$ 的关系

②杂质及缺陷的影响

杂质对半导体性能的影响是由于杂质离子(原子)引起的新局部能级。研究得比较多的价控半导体就是通过杂质的引入,导致主要成分中离子电价的变化,从而出现新的局部能级。

对于价控半导体,可通过改变杂质的组成,获得不同的电性能,但必须注意杂质离子应具有与被取代离子几乎相同的尺寸,而且杂质离子本身有固定的价数,具有高的离子化势能。

非化学计量配比的化合物中,由于晶体化学组成的偏离,形成离子空位或间隙离子等晶格缺陷称为组分缺陷。这些晶格缺陷的种类、浓度将给材料的电导带来很大的影响。

### 7.1.2　材料的结构与导电性

利用晶体理论可很好地解释导体、绝缘体和半导体的区别。如图 7.5 所示为 3 种固体的能带示意图。

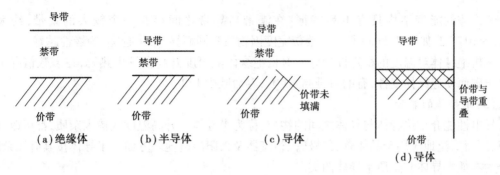

图 7.5　3 种固体的能带示意图

(1)导体的能带

固体理论指出,在无外场作用时,无论绝缘体、半导体或导体都无电流;在外场作用下,不满带导电而满带不导电。由此可以得出一个区别导体和绝缘体的原则,即固体中虽然有很多电子,但是如果一个固体中的电子恰好充填某一能带及其下面的一系列能带,并且在此之上相隔一个较宽禁带的其他能带都是空的,那么,它就是绝缘体[见图 7.5(a)]。相反,如果电子未能填满能量最高的价带[见图 7.5(c)],或者能带之间有重叠,结果就会形成导体。

1)碱金属

它是属于不满带的情况,故为导体。其中,每个原子都有一个 s 价电子。众多原子聚合成固体后,s 能级将分裂成很宽的 s 能带,而且是半充满的。

2)碱土金属

由碱土元素形成的晶体,如镁($1s^2 2s^2 2p^6 3s^2$),每个原子有两个 3s 能带是满的,但它不是绝缘体而是导体,因为它们的 3s 能带与较高的能带有交叠的现象。铍、镁、钙等碱土金属都有带重叠,故能导电。但是重叠程度有差异,如钙的上下两个能带重叠的部分很小,因而是不良导体。

3)贵金属

习惯上常把铜、银、金称为贵金属。它们都有一个 s 态价电子,但有以下几点与碱金属不同:d 壳层是填满的,而碱金属的 d 壳层完全空着;具有面心立方结构;因 d 壳层填满,原子恰如钢球,不易压缩,贵金属等的价电子数是奇数,本身的能带也没有填满,故为良导体。

4)过渡金属

过渡金属具有未满的 d 壳层。这是与贵金属原子的主要区别。其 d 壳层的半径比外面 s 价电子小得多,当金属原子结合形成晶体时,d 壳层的电子云相互重叠较少,而外面价电子壳层的电子云重叠得甚多,故 d 带的特点是又低又窄,可以容纳的电子数多,即可容纳 $10N$ 个($N$ 为原子数)。s 带的特点是很宽,上限很高,可以容纳的电子数为 $2N$。因此,过渡金属的 d 层能夺取较高的 s 带中的电子而使能量降低,导致它们的结合能较大,而强度较高,导电性下降。如 Fe、Ni、Co 等的 3d 与 4s 带有交叠现象,有导电性。

(2)绝缘体的能带

惰性气体的原子中各能级原来都是满的,结合成晶体时能带也为电子所填满,故为绝缘体,由正负离子组成的离子晶体,也因正负离子的各外层轨道都被电子充满,使晶体中相应的能带填满,并且这两个能带本来系由两个能量相差较大的能级分裂而来,禁带宽度较大,因而是典型的绝缘体。

绝缘体的能带结构具有下列特征：在满带与导带之间存在一个较大的禁带，约大于 $6.408 \times 10^{-19}$ J，如图 7.5（a）所示。禁带宽度因物质不同而异，禁带越宽，绝缘性越好。

无机绝缘体对温度的稳定性较好。有机绝缘体随温度升高会发生热解，在多数情况下因游离出碳而使绝缘体变性，有的每升高 10 ℃，寿命减少 1/2。

（3）半导体的能带

导电性能介于绝缘体与导体之间的物质，称为半导体。升高温度或掺入杂质，都可改变其电阻，因而广泛地应用于晶体管、二极管，整流器及太阳能电池等方面。半导体按其有无杂质，可分为本征半导体和杂质半导体两类。

1）本征半导体

半导体的禁带宽度较小，约在 $1.602 \times 10^{-19}$ J 附近。例如，室温下硅为 $1.794 \times 10^{-19}$ J。故在室温由晶体中原子的振动就可使少量电子受到热激发，从满带跃迁到导带，即在导带底部附近存在少量电子，从而在外电场下显示出一定导电性。半导体在一般条件下就具有一定的导电能力，这是与绝缘体的主要区别。

实际上，半导体在外电场下显示出的传导性能，不仅与激发到导带中的电子有关，还与满带的空穴有关。所谓"空穴"，就是满带的少量电子激发到导带遗留下来的空位，相当于带正电的粒子。由此可见，半导体的一个电子从价带激发到导带上，便产生两个载流子，即形成空穴-电子对，这是与金属导电的最大区别。

2）杂质半导体

半导体的电阻对晶体中的杂质很敏感，大多数半导体的性质与杂质的种类和含量有关。含有杂质的半导体称为杂质半导体，有 n 型半导体和 p 型半导体两种。

n 型半导体：在 Si、Ge 等 4 价元素中掺入少量 5 价元素 P、Sb、Bi、As 等，因价电子多出一个，在导带附近会形成由杂质造成的能级［见图 7.6（b）］。这种杂质能级与导带之间的禁带宽度很窄（如 P，约为 $1.602 \times 10^{-21}$ J），故多余的一个电子在室温下就可跃迁到导带上去。这类电子型导电的半导体，称为 n 型半导体。

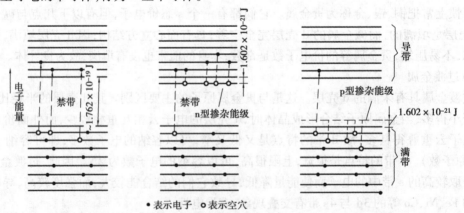

•表示电子 ○表示空穴

（a）纯硅（本征半导体）　（b）掺磷的硅（n型半导体）　（c）掺铝的硅（p型半导体）

图 7.6　用 Si 说明半导体能级的示意图

p 型半导体：它是在 4 价带附近形成掺杂的能级（如 Al 约为 $1.602 \times 10^{-21}$ J），因缺少一个电子，以少许的能量（常温下的能量）就可使电子从价带跃迁到掺杂能级上，相应地在价带中则形成一定数量的空穴,这些空穴可看成参与导电的带有正电的载流子。这种空穴型导电的半导体,称为 p 型半导体。

### 7.1.3　材料的半导电性

在绝对零度下,半导体的能带结构与绝缘体相似,电子在能带中的分布特点示意图如图7.7 所示。其中,左半部分表示能量状态密度随能量的变化曲线,即 $N(E)$-$E$ 曲线;右半部分表示两个能带之间有个禁带,其能量间隔为 $\Delta E_0$,下面画了斜线的能带表示已填满电子,而成为满带。而上面不画斜线的能带表示没有电子,是空带。但是,半导体的禁带 $\Delta E_0$ 比绝缘体的禁带窄,多数半导体的 $\Delta E_0$ 为 $6.408 \times 10^{-20} \sim 8.961 \times 10^{-20}$ J,故不要太多的热、电、磁或其他形式的能量就能把部分电子激发到空带,这部分电子在势场作用下可在晶体中自由运动,成为传导电子。当一个电子($-e$)从满带激发到空带后,则在满带留下一个空穴,那么,满带就不再是满带了,这种空穴也可对导电作出贡献。当能带中具有空穴而且接近满带时,可把空穴看成带正电荷的($+e$)的载流子。半导体的导电性能取决于传导电子数和空穴数。在外电场作用下,有空穴导电和电子导电两种类型。

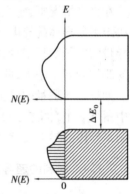

半导体分为本征半导体和杂质半导体两类。在实用上,大多数为杂质半导体。杂质半导体借助于杂质的作用来控制其电学性能。本征半导体是在外界能量作用下其电子从满带激发到导带从而具有半导体性质。

图 7.7　绝缘体和半导体中电子在能带中

对于本征半导体,空穴迁移率 $V_n$ 总是比电子迁移率 $V_e$ 低,例如 Si 与 Ge,比值 $V_e/V_n$ 分别为 3 和 2。与载流子密度随温度的变化相比,迁移率的变化不大。本征半导体的电导率 $\sigma$ 与温度 $T(\mathrm{K})$ 之间的关系可用数学公式表示为

$$\ln \sigma = C - \frac{E_g}{2kT} \tag{7.13}$$

式中　$C$——与温度无关的常数;
　　　$E_g$——禁带能量宽度;
　　　$k$——波尔兹曼常数。

因此,温度越高,半导体从满带激发至导带的电子数则越多,导带或满带中的载流子数越大,导电性越好。这就是半导体的电导率随温度升高而增大的原因。这与金属的电导率随温度升高下降的情况正相反。另外,半导体电导率随温度变化十分灵敏,半导体温度改变几摄氏度所引起电导率的变化可抵得上金属导体温度改变几百摄氏度的效果。实用中,常利用半导体这种热敏性质制造热敏电阻,作为精确测定温度的热敏元件。

纯净完整的半导体晶体只可能是电子和空穴的混合导电——本征导电。当晶体中存在其他元素(杂质)时,会对半导体的导电性质起决定性的影响。适当种类的少量杂质可控制半导体的导电类型,使之成为单纯的电子导电或空穴导电。适当杂质之所以对导电类型起决定的作用,是由于在半导体的能带结构中附加了一些性质不同的杂质能级,这些能级常常位于禁带中间。电子在这些能级上时并非共有化了的,而是在杂质离子的电场作用下运动,因此,这种能级又称局域能级。处于局域能级上的电子由于被束缚在杂质原子中而不能参与导电,只有

把它们激发到导带中去后才成为能参与导电过程的自由电子。如前所述,半导体中掺入杂质后,其导电类型决定于杂质元素的种类。硅晶体中掺磷后,磷原子很易贡献出一个电子进入导带,使硅晶体成为电子型导电。每个杂质磷原子能提供一个参与导电的电子,故称施主。施主失去电子后成为正离子,其正电荷显然是被束缚的,不能自由移动。

在硅晶体中若加入三价元素硼(B),则硼原子与相邻的 4 个硅原子以共价键结合时,尚缺少一个电子。此时硅的满带中的电子由于热激发很容易到达硼原子处,填补所缺的电子。由于硼原子很易吸收满带中的电子,故把硼原子称为受主。受主原子获得额外的电子后成为负离子,其负电荷也是束缚电荷。满带中的一个电子被硼原子吸收后就产生了一个空穴,这个空穴是可自由移动的,是能导电的自由载流子。因此,掺硼的硅半导体是空穴型导电。

在许多情况下,施主能级靠近导带的下缘,而受主能级靠近满带的上缘。这样的杂质就直接决定了半导体的导电类型。例如,室温下许多半导体(如 Si、Ge、$Cu_2O$ 等)从满带直接激发到导带的电子数目很少,如果加入适量的施主杂质,由于施主能量很靠近导带,杂质中的电子很易激发到导带中去,此时却没有相应的空穴在满带中产生,于是形成了电子导电的 n 型半导体。如果加入适量的受主杂质,受主能级挨近满带、满带中的电子很易激发到受主能级而在满带中留下一个自由空穴,这就形成了空穴导电的 p 型半导体。总之,掺入杂质的种类和数量可控制半导体的导电类型和电导率。

### 7.1.4　材料的超导电性

这种在一定的低温条件下材料突然失去电阻的现象称为超导电性。超导态的电阻小于目前所能检测的最小电阻率 $10^{-25}\ \Omega \cdot m$,可认为超导态没有电阻。发生这种现象的温度称为临界温度,并以 $T_c$ 表示。

既然没有电阻,那么超导体中的电流将继续流动。有报道说,用铌-锆合金($Nb_{0.75}$、$Zr_{0.35}$)超导线制成的螺管磁体,其超导电流估计衰减时间不小于 10 万年。超导体中有电流而没有电阻,说明超导体是等电位的,超导体内没有电场。

超导体有两种特性:一个特性是它的完全导电性。例如,在室温下把超导体做成圆环放在磁场中,并冷却到低温使其转入超导态。这时把原来的磁场去掉,则通过磁感作用,沿着圆环将感生出电流。由于圆环的电阻为零,故此电流将永不衰减,称为永久电流。环内感应电流使环内的磁通保持不变,称为冻结磁通。另一特性是它的完全抗磁性。即处于超导状态的材料,不管其经历如何,磁感应强度 B 始终为零,这就是所谓的迈斯纳(Melssner)效应。这说明超导体是一个完全抗磁体。超导体具有屏蔽磁场和排除磁通的性能。

超导体有 3 个性能指标:

其一是超导转变温度 $T_c$。超导体低于某一温度 $T_c$ 时,便出现完全导电和迈斯纳效应等基本特性。超导材料转变温度越高越好,越有利于应用。已知有很多金属在极低温度下表现出超导电性,如 $Nb_3Al_{0.75}Ge_{0.25}$ 是 21 K,其他超导合金材料的 $T_c$ 大都在此温度区间。出现超导现象的 $T_c$ 与金属的平均原子量 M 有关系为

$$T_c \propto \frac{1}{\sqrt{M}} \tag{7.14}$$

超导电的本质是被声子所诱发的电子间引力相互作用,即以声子为媒介而产生的引力克服库仑排斥力而形成电子对。但高于某温度时,热运动使电子对被打乱而不能成对,所以又变

成普通导电状态,此温度即为 $T_c$。在充分低温下形成的电子对在能量上比单个电子运动要稳定;出现超导电状态,意味着在长距离内显示有序性,熵降低。因此,超导电状态的转变是二次相转变。从理论上看,超导电是声子;与电子相互作用,所得最高 $T_c$ 不会高过 40 K。为得到高温超导电体,而提出以激发子代替声子的作用。用电子质量替代原子质量的新机制,这样 $T_c$ 可提高 300 倍。由激发子为媒介去提高导电性的途径,提出了 little 模型、Ginzbunz 模型、Perstein 模型、导电络合物、主物化学合成等。以上这些理论对发现高温超导电的可能性走出了第一步。

临界磁场 $H_c$ 是超导体第二个指标,当 $T < T_c$ 时,将超导体放入磁场中,当磁场高于 $H_c$ 时,磁力线穿入超导体,超导体被破坏,而成为正常态。$H_c$ 和温度的关系是随温度降低,$H_c$ 将增加。不少超导体的这个关系是抛物线关系,即

$$H_c = H_{c,o}[1 - (T/T_c)2] \tag{7.15}$$

式中　$H_{c,o}$——0 K 时超导体的临界磁场。

临界磁场 $H_c$ 就是能破坏超导态的最小磁场。$H_c$ 与超导材料的性质有关,如 $Mo_{0.7}Zr_{0.3}$、超导体的 $H_c = 0.27$ Wb·m$^{-2}$,而 $Nb_3Al_{0.75}Ge_{0.25}$ 超导体的 $H_c = 42$ Wb·m$^{-2}$,可见不同材料的 $H_c$ 变化范围很大。

临界电流密度 $J_c$ 是第三个指标。除上述两个因素影响导体超导态以外,输入电流也起着重要作用,它们都是相互依存和相互关联的。如把温度从 $T_c$ 往下降,则临界磁场 $H_c$ 将随之增加。若输入电流所产生的磁场与外磁场之和超过临界磁场 $H_c$ 时,超导态遭破坏,此时输入电流为临界电流,或称临界电流密度 $J_c$。随着外磁场的增加,$J_c$ 必须相应地减小,以使它们的总和不超过 $H_c$ 值,从而保持超导态。因此,临界电流就是保持超导状态的最大输入电流。

目前,发现具有超导电性的金属元素有钛、钒、锆、铌、钼、钽、钨、铼等。非过渡族元素有铋、铝、锡、镉等。超导合金很多,如二元合金 NbTi,$T_c = 8 \sim 10$ K;NbZr,$T_c = 10 \sim 11$ K。三元系合金有铌-钛-锆,$T_c = 10$ K;铌-钛-钽,$T_c = 9 \sim 10$ K。超导化合物中有 $Nb_3Sn$,$T_c = 18 \sim 18.5$ K;$Nb_3Ge$,$T_c = 23.2$ K;$Nb_3(AlCe)$,$T_c = 20.7$ K,等等。

作为非常规超导体之一的新型氧化物超导材料,在探索高临界温度超导体的研究工作中,一直受到人们的极大关注。1986 年瑞士学者发现了钡镧铜氧化物超导材料,在 30 K 时呈现超导电性,使人们多年梦想的液氮温度超导体现成为现实。接着,美中科学家又相继制成 $T_c$ 在 100 K 左右的陶瓷性金属氧化物 Ba-Y-Cu-O 系超导材料。此后,超导临界温度的纪录还在不断地被刷新。另外,在使氧化物超导电材料线材化的加工方法方面也取得了较大的进展。例如,用有机纤维纺丝技术来制造氧化物系列的超导电纤维,不但成本低,而且线材化程度高,并且容易制得 $T_c$、$J_c$ 的超导电纤维。

在超导聚合物方面,也有人提出了一些新的结构模型,并已发现聚氮化硫等聚合物具有超导性,尽管目前有机超导体 $T_c$ 还低于金属超导体,但有机超导体的变化十分广泛,创造出 $T_c$ 较高的有机超导体或超导系物也许是可能的,更进一步的目标是常温超导材料。

## 7.2　介电性能

电子材料除有导体、半导体、绝缘体外,介电材料也是十分重要的一族。材料的介电性能主要包括介电常数、介质损耗和介电强度等。介电材料的价带和导带之间存在大的能隙,故它

们具有高的电阻率。产生介电作用的原因是电荷的偏移,或称极化。介电材料中最重要的是离子极化,即在电场作用下离子偏移它的平衡位置。有极化离子存在时,电子层也会相对于核的位置发生偏移而形成电子极化。

### 7.2.1 电容及介电常数

在电气工程中常用到介电材料,这类材料称为电介质。电介质的一个重要性质指标是介电常数。在交变电场的作用下,电阻不能单独表征电学性能,必须引入电容的概念。如图7.8(a)所示,如果在一真空平行板电容器上加以直流电压 $V$,在两个极板上将产生一定量的电荷 $Q_0$,这个真空电容器的电容为

$$C_0 = \frac{Q_0}{V} \tag{7.16}$$

电容 $C_0$ 与所加电压的大小无关,而决定于电容器的几何尺寸。如果每个极板的面积为 $A(m^2)$,而两极板同的距离为 $L(m)$,则

$$C_0 = \frac{\varepsilon_0 A}{L} \tag{7.17}$$

比例常数 $\varepsilon_0$ 称为真空电容率(或真空介电常数),在国际单位制中

$$\varepsilon_0 = 8.85 \times 10^{-12} F \cdot m^{-1}$$

如图7.8(b)所示,如果上述电容器的两极板间充满电介质,这时极板上的电荷将增加到 $Q(Q = Q_0 + Q_1)$,电容器的电容 $C$ 比真空电容增加了 $\varepsilon_r$ 倍,即

$$C = \frac{Q}{V} = \varepsilon_r C_0 = \frac{\varepsilon A}{L} \tag{7.18}$$

$$\varepsilon_r = \frac{C}{C_0} = \frac{\varepsilon}{\varepsilon_0} \tag{7.19}$$

$\varepsilon_r$ 是一个无因次的纯数,称为电介质的相对介电常数。它表征电介质储存电能能力的大小,是介电材料的一个十分重要的性能指标。$\varepsilon$ 则称为介质的电容率(或介电常数),表示单位面积和单位厚度电介质的电容值,单位与 $\varepsilon_0$ 相同。

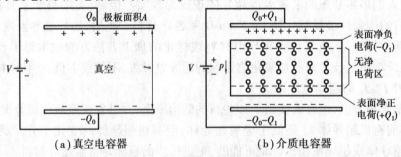

(a)真空电容器　　　　　　　　(b)介质电容器

图7.8　表面电荷密度的变化

把电介质引入真空电容器,引起极板上电荷量增加($Q_1$),电容增大,这是由于在电场作用下,电介质中的电荷发生了再分布,靠近极板的介质表面上将产生表面束缚电荷,结果使介质出现宏观的偶极,这一现象称为电介质的极化。电介质极化而引起的电容器表面电荷密度的增加用极化强度 $p$ 表示

$$p = \frac{Q_1}{A} = \varepsilon_0(\varepsilon_r - 1)E \tag{7.20}$$

因此,电介质的相对介电常数可看成介质中电介质极化强度的宏观量度。从微观上讲,与原子、离子或分子相联系的总极化强度或偶极矩有 3 个方面的来源:电子极化[见图 7.9(a)]、离子极化[见图 7.9(b)]和取向极化。电子极化是由于外电场作用下,围绕核的电子云的中心发生位移;离子极化发生于离子材料,这是由于在外电场作用下,阳离子沿电场方向移动,阴离子沿电场的反方向移动,结果使每个化学式单元具有净余偶极矩[见图 7.9(b)];具有永久电偶极矩的分子所构成的物质,可以发生取向极化[见图 7.9(c)],这些分子倾向于沿外电场排列,而熵的效应是反对这样排列的。取向极化在物理上和热力学上相似于磁场与永久磁矩的相互作用。

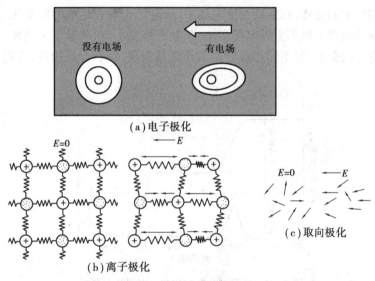

图 7.9　极化的类型

还有一类极化必须说明,就是空间电荷极化或界面极化。这种来源于电荷在双相或多相材料相界面上的累积。这种是在一种相的电阻率比另一种相高得多时发生,这可在各种陶瓷材料和聚合物多组分多相体系在高温时观察到。

在均匀材质的内部,总极化率 $\alpha_T$ 可表示为

$$\alpha_T = \alpha_e + \alpha_a + \alpha_0 \tag{7.21}$$

在静态电场下,上述 3 种极化都可达到其平衡值,此时,有拜(Debye)关系为

$$\frac{\varepsilon_0 - 1}{\varepsilon_0 + 2} = \frac{4\pi}{3} \cdot \frac{dN_A}{M}(\alpha_e + \alpha_a + \alpha_0) \tag{7.22}$$

式中　$\varepsilon_0$——该材料在静电场中的介电常数;

　　　$d$——密度;

　　　$M$——相对分子质量;

　　　$N_A$——Avogadro 常数。

由于极化是依赖时间的过程,因此,介电常数有明显的电场频率依赖性。原子极化的响应频率相当于原子振动的自然频率($10^{-13}$ s$^{-1}$),电子极化的响应频率则更高($10^{-15}$ s$^{-1}$),而在高频电场中,取向极化响应已跟不上电场频率,记这时的介电常数为 $\varepsilon_\infty$,则有克劳修斯·莫索第

（Clausius-Mosotti）关系式为

$$\frac{\varepsilon_\infty - 1}{\varepsilon_\infty + 2} = \frac{4\pi}{3} \cdot \frac{dN_A}{M}(\alpha_e + \alpha_a) \tag{7.23}$$

德拜关系只适用于非极性或极性分子的稀释体系，对于极性分子体系。材料内部任一点的电场强度是外电场和材料自身极化后引起的内部电场的矢量和，而该处的极化强度又依赖于该处的电场强度，故情况要复杂得多。但一般来说，分子的极性越大，其介电常数也越大。

电子极化和离子极化统称位移极化或形变极化，它不依赖于温度，故非极性高分子化合物在温度升高时，介电常数因密度减小而略有下降。取向极化有明显的温度依赖性，极性聚合物在温度升高时，分子热运动加剧，既有利于极化，却又对偶极取向产生干扰。因此，介电常数先随温度而增大。

介电常数随频率而变化，在低频交变电场下，所有极化均有足够时间发生，这时介电常数最大。在高频交变电荷下跟不上外电场变化，介电常数变小，频率处于上述两种情况之间时，取向虽能跟上电场的交变，但不同相落后 $\delta$，发生滞后现象，伴有介质损耗，介电常数处于中间值（见图 7.10）。

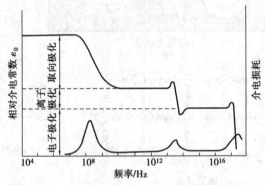

图 7.10 频率对介电常数和介电损耗的影响

表 7.2 列出了某些电介质材料的介电常数。

表 7.2 某些材料的介电性能

| 材　料 | $\rho_V$ 体积电阻率 /$(\Omega \cdot m)$ | 介电常数 /60 Hz | 介电损耗 tan $\delta$/60 Hz | 击穿强度 /$(MV \cdot m^{-1})$ |
|---|---|---|---|---|
| 聚乙烯 | $10^{14}$ | 2.2~2.4($10^{16}$ Hz) | <0.05 | 26~28 |
| 聚丙烯 | >$10^{14}$ | 2.0~2.6($10^{16}$ Hz) | 0.001 | 30 |
| 聚苯乙烯 | $10^{14}$ | 2.5($10^{16}$ Hz) | <0.005 | 24 |
| 聚氯乙烯 | $10^{12}$~$10^{15}$ | 3.2~3.6($10^{16}$ Hz) | 0.04~0.08($10^{16}$ Hz) | 15~25 |
| 尼龙 6 | $10^{12}$~$10^{15}$ | 4.1 | 0.01 | 22 |
| 尼龙 66 | $10^{12}$ | 4.0 | 0.014 | 15~19 |
| 涤纶 | $10^{12}$~$10^{16}$ | 3.4 | 0.021 | — |
| 聚甲醛 | $10^{12}$ | 3.7 | 0.005 | 18~6 |
| 聚碳酸酯 | $10^{14}$ | 3.0 | 0.006 | 17~22 |

| 材　料 | $\rho_{\rm V}$ 体积电阻率 /$(\Omega \cdot {\rm m})$ | 介电常数 /60 Hz | 介电损耗 $\tan \delta$/60 Hz | 击穿强度 /$({\rm MV} \cdot {\rm m}^{-1})$ |
|---|---|---|---|---|
| 聚四氟乙烯 | $10^{16}$ | 2.0~2.2 | 0.000 2 | 25~40 |
| 丁苯橡胶 | $10^{13}$ | 2.2 | 0.004 | 20 |
| 绝缘瓷 | $10^{11} \sim 10^{13}$ | 66 | 0.01 | 20~80 |
| 块滑石绝缘材料 | $<10^{12}$ | 66 | 0.005 | 80~150 |
| 锆英石绝缘材料 | 约 $10^{13}$ | 9 | 0.035 | 100~150 |
| 氧化铝绝缘材料 | $<10^{12}$ | 9($10^5$ Hz) | <0.000 5($10^5$ Hz) | 10 |
| 钠钙玻璃 | $10^{12}$ | 7 | 0.1 | 10 |
| 电气玻璃 | $<10^{15}$ | 4($10^5$ Hz) | 0.000 6($10^5$ Hz) | — |
| 熔融石英 | 约 $10^{12}$ | 4 | 0.001 | 10 |

## 7.2.2　介电损耗

材料作为电介质使用时,在交变电场作用下,除了由于纯电容作用引起的位相与电压正好差 90°的电流 $I_{\rm C}$ 外,总有一部分与交变电压同位相的漏电电流 $I_{\rm R}$,前者不消耗任何电功率,而后者则产生电功率损耗。总电流 $I = I_{\rm C} + I_{\rm R}$,定义损耗因子(或介电损耗角正切,简称介电损耗)为

$$\tan \delta = \frac{I_{\rm R}}{I_{\rm C}} \tag{7.24}$$

式中　$\delta$——损耗角,它是流过介质的总电流 $I$ 与 $I_{\rm C}$ 之间的位相角。

类似交变电压和电流以及电场的复数表示,可定义所谓复数介电常数为

$$\varepsilon^* = \varepsilon' - i\varepsilon'' \tag{7.25}$$

式中　$i = \sqrt{-1}$;

$\varepsilon'$——复数介电常数的实部,即通常由电容增加法所测得的介电常数;

$\varepsilon''$——其虚部,它表征极化响应的滞后。

由此有

$$\tan \delta = \frac{\varepsilon''}{\varepsilon'} \tag{7.26}$$

电介质在交变电场作用下,由发热而消耗的能量,称为介电损耗。产生介电损耗的原因有两个:一是电介质中微量杂质而引起的漏导电流;二是电介质在电场中发生极化取向时,由于极化取向与外加电场有相位差而产生的极化电流损耗,这是主要原因。

材料的介电损耗即介电松弛与力学松弛原则上是一样的,它是在交变电场刺激下的极化响应,取决于松弛时间与电场作用时间的相对值。当电场频率 $\omega$ 与某种分子极化运动单元松弛时间 $\tau$ 的倒数接近或相等时,相位差较大,产生共振吸收峰即介电损耗峰。如图 7.10 所示,从介电损耗峰位置和形状可推断所对应的偶极运动单元的归属。材料在不同温度下的介电损

耗,称为介电谱。

在一般的频率范围内,只有取向极化及界面极化才可能对电场变化有明显的响应。在通常情况下,只有极性材料才有明显的介电损耗。对非极性材料,极性杂质常常是介电损耗的主要原因。例如,非极性聚合物的 $\tan \delta$ 一般小于 $10^{-4}$,极性聚合物的 $\tan$ 为 $10^{-3} \sim 10^{-1}$。在可见光频率范围内,非极性或弱极性聚合物的介电常数 $\varepsilon'$ 与折光指数 $n$ 之间存在简单的关系

$$\varepsilon' = n^2$$

损耗因子有明显的频率依赖性,在电场和介质相互作用强烈的频率范围内,会出现损耗因子峰(又称特征"色散"峰或吸收峰),在紫外光和可见光范围的吸收峰,一般是由于电子共振引起的;在红外区域的吸收峰,一般由基团共振引起的;在交变电场各种频率范围内,损耗因子可出现多重峰或成为吸收谱带。

### 7.2.3 击穿强度

在强电场中,当电场强度超过某一临界值时,电介质就丧失其绝缘性能,这种现象称为介电击穿。发生介电击穿的电压称为击穿电压。击穿电压 $V$ 与击穿介质厚度 $d$ 之比,即平均电位梯度称为击穿强度($MV \cdot m^{-1}$),即

$$E_{穿} = \frac{V_{穿}}{d} \tag{7.27}$$

影响介电击穿的因素很多,其实际测定也较困难。介电击穿破坏现象往往经历结构破坏的发生、发展和终结几个阶段,而整个破坏过程是一极为快速的过程,即使在相同条件下的破坏试验中,几乎不能完全重复或控制介电击穿过程出现和发生的历程,试样介电击穿破坏的形态非常复杂而各异,材料中存在的微量杂质或微小的缺陷对介电击穿试验的影响很大。击穿场强测定的偏差或统计分散性相当大。

电介质的介电击穿大约可分为以下 4 类:特征击穿、热击穿、电机械击穿及放电击穿。

特征击穿是表征材料介电击穿的一种本性。它是材料在纯净无缺陷情况下所能承受不至于发生介电击穿的最高电场强度。经良好纯净处理的样品低温下承受短时间的直流电压作用下,可近似测得材料特征击穿的近似值。特征击穿时的临界电场强度有明显的温度依赖性,样品的厚度对其也有很大的影响。

在电场作用下,电介质由于电功率消耗而发热。材料的物理性能和电性能因升温而明显变化,这种在电场和热共同作用下导致的击穿现象,称为热击穿。显然,热击穿既与特征击穿的温度依赖性有关,又与电介质的热稳定性有关。影响热击穿的因素包括样品的几何尺寸、导热性、比热容、介电性能、环境的温度和湿度、电压(或场强)增大的速率等。在电机械击穿过程中,样品表面上外电极间的电吸引力会表现为介质材料的压缩力(麦克斯韦应力),尤其是在材料软化温度区时,介质的弹性模量很小,压缩变形就可能很大,使介质厚度明显变薄,从而介质内部的实际电场强度增加;同时,挤压作用也会变得更强,介质最后同时失去机械强度和耐压强度而击穿。

放电击穿是指介质表面、内部微孔或缝隙处,或者杂质附近由局部放电而引起的介电击穿破坏。不难证明,在这类局部区域中电场强度将高于平均电场强度,同时,这类局部区域(如

杂质及微晾中的气体)的本身介电击穿强度低于介质本征击穿强度,因而,总是首先在这些区域发生局部放电,而介质材料的结构和性质又会因局部放电而变化从而由局部放电不断发展(树枝化)而贯通整体介质,直至破坏。

介电击穿过程通常伴随着物理和化学效应,局部放电的脉冲电流可使材料变脆、机械强度变差、表面变粗糙、出现凹坑并形成电树枝。大分子可能发生断键,在含氧气氛下放电会产生臭氧,臭氧又会进一步攻击链分子,离子和电子在强电场下被加速并轰击介质分子,引起介质的发热和电老化,在材料受机械应力时,电击穿的发生和发展将更为容易。

表 7.2 列出了一些材料的击穿强度。

## 7.3　热电效应及光导电

### 7.3.1　热电效应

热电效应(有时也称温差电效应)首先是在如图 7.11 所示的装置中被发现的。其中,$BC$ 为导电体 Ⅰ;$AB$ 和 $CD$ 为另一种导电体 Ⅱ。两种导电体在 $B$ 和 $C$ 处连接,如此构成一热电偶。如果 $B$ 和 $C$ 这两个接点处的温度不同,则 $A$ 和 $D$ 之间会出现电位差,即温差电动势,该效应称为塞贝克效应(Seebeck effect)。$A$、$D$ 间的电位差 $\Delta V$ 取决于 $B$、$C$ 间的温度差 $\Delta T = T - T_0$,与 $A$、$D$ 处的温度无关,并有温差电动势

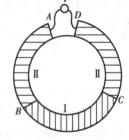

$$\Delta V = \alpha(T - T_0) + b(T - T_0)^2 \qquad (7.28)$$

$$\omega = \frac{\Delta V}{\Delta T} = \alpha + b(T - T_0) \qquad (7.29)$$

图 7.11　观察塞贝克效应和
珀尔帖效应的装置

式中　$\omega$——温差电动势率(或微分温差电动势)。

对于由某些材料构成的热电偶,$b$ 值基本上为零。将热电偶的一端 $B$(或 $C$)放在某固定的参考温度(如 0 ℃的冰水)中,热电偶的另一端 $C$(或 $B$)放在被测温度处,通过测量温差电动势 $\Delta V$ 可准确、迅速地测得温度,测量灵敏度高,且价格低廉。铜-康铜(55%铜和45%镍的合金)是常用的热电偶,可在 -180 ~ 400 ℃使用。

珀尔帖效应(Peltier effect)是另一种热电效应,它正与塞贝克效应相反。当电流流过如图 7.11 所示由两种导电体组成的 Ⅱ/Ⅰ/Ⅱ 的结构时,在 Ⅰ 和 Ⅱ 的两个接点 $B$、$C$ 处,一处温度降低(放热),另一处温度升高(吸热)。对此现象可作以下分析,如果导电体 Ⅰ 的功函数中 $\varphi_Ⅰ$ 大于导电体 Ⅱ 的功函数垂 $\varphi_Ⅱ$,由于功函数是费米能级与真空能级之间的能量差,则导电体 Ⅰ 的费米能级 $E_{FⅠ}$ 低于导电体 Ⅱ 的费米能级 $E_{FⅡ}$。假设电流由 $A$ 流向 $D$,则电子由 $D$ 流向 $A$。当电子由导电体 Ⅱ 经过连接点 $C$ 流向导电体 Ⅰ 时,电子由高费米能级流向低费米能级,电子能量降低,向周围放出能量(放热);接着,当电子由导电体 Ⅰ 经过连接点 $B$ 流向导电体 Ⅱ 时,电子由低费米能级流向高费米能级,电子能量升高,从周围吸收能量(吸热)。如果电流方向相反,则变成 $C$ 处吸热,$B$ 处放热。利用珀尔帖效应可实现致冷和致热。

图 7.12　热探针法测定导电类型

图 7.11 中的导电体Ⅰ和导电体Ⅱ可以是金属,也可以是半导体,即在金属和半导体中都能观察到热电效应,包括塞贝克效应和珀尔帖效应。利用半导体的热电效应可方便地测定半导体材料的导电类型。其测量装置如图 7.12 所示。当半导体材料为 n 型时,多数载流子为电子,热探针(上电极)附近的电子热运动较强,向下扩散,使热探针附近缺少电子,而下电极附近积累电子,从而形成极性如图 7.12 所示的电动势。当半导体材料为 p 型时,多数载流子为空穴,热探针附近的空穴热运动较强,向下扩散,使热探针附近缺少空穴,而下电极附近积累空穴,从而形成极性相反的电动势。如此便可通过所产生电动势的极性来判断半导体材料的型号。从上述分析可知,由电子和空穴产生的温差电动势率的符号是相反的。

### 7.3.2　光导电

半导体中除热激发能产生电子空穴外,光激发也能产生电子空穴。当光子能量大于禁带宽度的光照射在半导体材料上时,价带电子吸收光子能量跃迁到导带,从而产生电子—空穴对。如此光生载流子是由光注入产生的非平衡载流子。光生载流子的产生使材料的电导率 $\sigma$ 升高,则

$$\sigma = \sigma_0 + \Delta\sigma = q(n\mu_n + p\mu_p) \tag{7.30}$$

$$n = n_0 + \Delta n, \quad p = p_0 + \Delta p \tag{7.31}$$

式中　$\sigma_0$、$n_0$、$p_0$——无光照时半导体的电导率以及电子和空穴浓度,$\sigma_0 = q(n_0\mu_n + p_0\mu_p)$;

　　　$\Delta n$、$\Delta p$——光照产生的非平衡电子和空穴浓度。

光照引起的附加电导率

$$\Delta\sigma = q(\Delta n\mu_n + \Delta p\mu_p) \tag{7.32}$$

利用半导体的光电导效应制成的光敏电阻可作传感器用于自动控制等。

在稳定的光照下,光生电子和空穴以一定的平均速率不断产生,与此同时光生电子和空穴也以一定的平均速率不断地复合而消失,光生电子和空穴的产生率与复合率相等,光生电子和空穴浓度 $\Delta n$ 和 $\Delta p$ 保持恒定。按照统计规律,非平衡载流子(包括光注入和电注入非平衡载流子)具有一定的平均存在时间,即寿命。非平衡载流子寿命 $\tau$ 是半导体材料的一个重要参数。例如,对于用作光敏电阻的材料,寿命 $\tau$ 决定了当光照停止后半导体的电导恢复到平衡时电导所需要的时间,这直接影响到该光敏电阻作为传感器的响应速度。

当光子能量大于禁带宽度的光照射到 p-n 结上时,同样也会产生光生电子空穴。由于 p-n 结空间电荷层有自建电场存在,在该电场的作用下,光生电子被扫向 n 型区一边,光生空穴被扫向 p 型区一边,如此便产生光生电动势,这被称为光生伏特效应,简称光伏效应,如图 7.13(b)所示。此光生电压的极性,p 型区为正,n 型区为负,相当于对 p-n 结加了一个正向偏压,使 p-n 结势垒降低,由 $qV_D$ 降为 $q(V_D - V)$。在其他条件一定的情况下,光生电动势的大小直接反映了入射光的强度,由此可制成光度计,例如照相机的测光表。利用光生伏特效应可制作光电池,根据此原理制成的太阳能电池已被广泛采用,这是一种取之不尽、用之不竭的无污染能源。因为只有靠近势垒区在空穴扩散长度 $L_p$ 范围内 n 型区中的光生空穴和在电子扩散长

度 $L_n$ 范围内 p 型区中的光生电子能扩散到势垒区,故光生电流密度为

$$J_L = qS_{平均}(L_p + L_n) \qquad (7.33)$$

式中　$S_{平均}$——扩散长度范围内光生载流子的平均产生率。

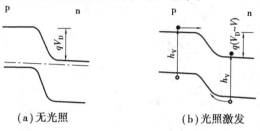

（a）无光照　　　　（b）光照激发

图 7.13　p-n 结光伏效应

如图 7.14 所示为实际太阳能电池的结构示意图和能带图。为了提高光电转换效率,将 p 型区设计得很薄,只有 1 μm。由单晶硅制成的太阳能电池的转换效率一般为 14%,高的可达 20% ~24%,但价格较高。而用多晶硅制成的太阳能电池的转换效率虽然只有 6% ~8%,但因成本低、价格廉而更受欢迎。

# 7.4　铁电性与压电性

## 7.4.1　铁电性

研究介电常数大的物质,如 $BaTiO_3$ 时发现,当电场增加时,极化程度开始时按比例增大,接着突然升高,在电场强度很大时增加速度又减慢而趋向于极限值(见图 7.15)。除去电场后剩余一部分极化状态,必须加上相反的电场才能完全消除极化状态,也就是出现滞后现象,与铁磁体类似,人们称这种现象为铁电性。此种效应首先是在酒石酸钾钠上发现的。这种保持极化的能力可使铁电材料保存信息,因而成为可供计算机线路使用的材料。

铁电性依赖于温度。在一个特征温度以上,材料将不再具备铁电性,此温度就称为铁电居里温度( $T_C$ ),如图 7.16 所示。铁电性与晶体结构紧密联系,特别是在具有钙钛矿晶格的 $ABO_3$ 型化合物中

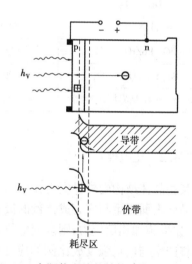

图 7.14　太阳能电池的结构示意图和能带图

经常出现。在某些材料中,如 $BaTiO_3$,其居里温度相应于晶体结构的转变温度,故超过这一温度时,结构中的永久偶极子(是指电荷或磁矩不平衡的原子或原子组合)都不复存在,无铁电性。

铁电材料必然是介电体、压电体,而且介电常数高,故特别适用于电容器和压电换能器。表 7.3 列出了一些高介电常数材料的特性。

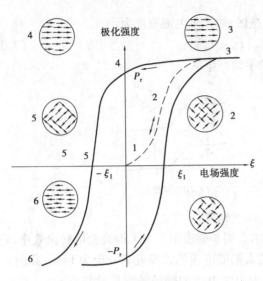

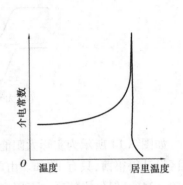

图 7.15 铁电滞后现象 　　　　　　　　　 图 7.16 温度对介电常数的影响

表 7.3 一些高介电常数(高容量)材料的特性

| 材　料 | 介电常数 $\varepsilon_r$(1 kHz) | $\tan\delta$(1 kHz) | 居里温度 $T_C$/℃ |
|---|---|---|---|
| $BaTiO_3$ | 约 1 200 | 约 $1\times10^{-2}$ | 120 |
| $SrTiO_3$ | 332 | $5\times10^{-4}$ | $-200$ |
| $Na_{1/2}Bi_{1/2}TiO_3$ | 700 | $4\times10^{-2}$ | |
| $Bi_4Ti_3O_{12}$ | 112 | $2.9\times10^{-3}$ | 675 |
| $Cd_2Nb_2O_7$ | $500\sim580$ | $1.4\times10^{-2}$ | $-88$ |
| $PbTiO_3$-$PbZrO_3$(PZT) | $425\sim3\ 400$ | $4\times10^{-3}\sim2\times10^{-2}$ | $180\sim350$ |
| $(Ba,Sr)(Ti,Sn)O_3$ | $3\ 000\sim10\ 000$ | $1\times10^{-2}\sim5\times10^{-2}$ | |
| $(Ba,Sr)TiO_3$ 晶界层电容器 | $40\ 000\sim100\ 000$ | $2\times10^{-2}\sim1\times10^{-1}$ | |

### 7.4.2　压电性

某些晶体结构受外界应力作用而变形时,好像电场施加在铁电体一样,有偶极矩形成,在相应晶体表面产生与应力成比例的极化电荷,它像电容器一样,可用电位计在相反表面上测出电压;如果施加相反应力,则改变电位符号。这些材料还有相反的效应,若将它放在电场中,则晶体将产生与电场强度成比例的应变(弹性变形)。这种具有使机械能和电能相互转换的现象,称为压电效应。由于形变而产生的电效应,称为正压电效应;对材料施加一电压而产生形变时,称为逆压电效应。

材料的压电性取决于晶体结构是否对称,晶体必须有极轴(不对称或无对称中心),才有压电性。同时,材料必须是绝缘体。所有铁电材料都有压电性,然而具有压电性的材料不一定是铁电体,如 $BaTiO_3$、$Pb(Zr、Ti)O_3$ 等是铁电材料,也是压电材料,而 β-石英、纤维锌矿($ZnS$)是压电材料,但没有铁电性。压电效应的大小用压电常数来表示。

压电体用于点火装置、压电变压器、微音扩大器、振动计、超声波器件及各种频率滤波器等,用途十分广泛。许多陶瓷材料均是重要的压电材料。聚偏二氟乙烯(PVDF)是近年来研究最多的聚合物压电材料。

## 7.5　物质的磁性

物质的磁性来源于电子的运动以及原子、电子内部的永久磁矩。因此,了解电子磁矩和原子磁矩的产生及其特性是研究物质磁性的基础。

### 7.5.1　磁学基本量

(1)磁矩

磁矩是表示磁体本质的一个物理量。任何一个封闭的电流都具有磁矩 $m$。其方向与环形电流法线的方向一致,其大小为电流与封闭环形的面积的乘积。在均匀磁场中,磁矩受到磁场作用的力矩 $J$

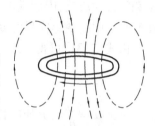

图 7.17　磁矩

$$J = m \times B \tag{7.34}$$

式中　$J$——矢量积;

$B$——磁感应强度,T(特[斯拉])或 $Wb \cdot m^{-2}$

其中,Wb(韦[伯])是磁通量的单位。

磁通量 $\phi$ 为磁感应强度 $B$ 与磁场方向垂直面面积 $S$ 的乘积,即

$$\phi = BS \tag{7.35}$$

因此,磁矩是表征磁性物体磁性大小的物理量。磁矩越大,磁性越强,即物体在磁场中所受的力也大。磁矩只与物体本身有关,与外磁场无关。

磁矩的概念可用于说明原子、分子等微观世界产生磁性的原因。电子绕原子核运动,产生电子轨道磁矩;电子本身自旋,产生电子自旋磁矩。以上两种微观磁矩是物质具有磁性的根源。

(2)磁化强度

电场中的电介质由于电极化而影响电场,同样,磁场中的磁介质由于磁化也能影响磁场。设真空中

$$B_0 = \mu_0 H$$

式中　$B_0$、$H$——磁感应强度($Wb \cdot m^{-2}$)和磁场强度($A \cdot m^{-1}$);

$B_0$——真空磁导率;

$\mu_0 = 4\pi \times 10^{-7}(H \cdot m^{-1})$。

在一外磁场 $H$ 中放入一磁介质,磁介质受外磁场作用,处于磁化状态,则磁介质内部的磁感应强度 $B$ 将发生变化

$$B = \mu H \tag{7.36}$$

式中　$\mu$——介质的磁导率,只与介质有关,则

$$B = \mu_0(H + M) = \mu H \tag{7.37}$$

式中　$M$——磁化强度,它表征物质被磁化的程度。

对于一般磁介质,无外加磁场时,其内部各磁矩的取向不一,宏观无磁性。但在外磁场作用下,各磁矩有规则地取向,使磁介质宏观显示磁性,则称为磁化。磁化强度的物理意义是单位体积的磁矩。设体积元 $\Delta V$ 内磁矩的矢量和为 $\sum m$,则磁化强度 $M$ 为

$$M = \frac{\sum m}{\Delta V} \tag{7.38}$$

$m$ 的单位为 $A \cdot m^2$,$V$ 的单位为 $m^3$,因而磁化强度 $M$ 的单位为 $A \cdot m^{-1}$,即与 $H$ 的单位一致。

磁介质在外磁场中的磁化状态,主要由磁化强度 $M$ 决定。$M$ 可正、可负,由磁体内磁矩矢量和的方向决定,因而磁化了的磁介质内部的磁感强度 $B$ 可能大于,也可能小于磁介质不存在时真空中的磁感应强度 $B$。

由式(7.31)可得

$$\left( \frac{\mu}{\mu_0} - 1 \right) H = M \tag{7.39}$$

定义 $\mu_r = \dfrac{\mu}{\mu_0}$ 为介质的相对磁导率,则

$$M = (\mu_r - 1) H \tag{7.40}$$

如果定义 $X = \mu_r - 1$ 为介质的磁化率,则可得磁化强度与磁场强度关系

$$M = XH \tag{7.41}$$

式中,比例系数 $X$ 仅与磁介质性质有关,它反映材料磁化的能力。由上式可知,$X$ 没有单位。$X$ 可正、可负,决定于材料的不同磁性类别。

$M$ 可由实验测定。

### 7.5.2  磁性的本质

磁现象和电现象有着本质的联系。物质的磁性和原子、电子结构有着密切的关系。

(1)电子的磁矩

电子磁矩由电子的轨道磁矩和自旋磁矩组成。实验证明,电子的自旋磁矩比轨道磁矩要大得多。在晶体中,电子的轨道磁矩受晶格场的作用,其方向是变化的,不能形成一个联合磁矩,对外没有磁性作用;因此,物质的磁性不是由电子的轨道磁矩引起。而是主要由自旋磁矩引起。每个电子自旋磁矩的近似值等于一个波尔磁子 $\mu_B$。$\mu_B$ 是原子磁矩的单位,是一个极小的量,$\mu_B = 9.27 \times 10^{-24} A \cdot m^2$。

因为原子核质量是电子质量的几千倍,运动速度仅为电子速度的几千分之一,所以原子核的自旋磁矩仅为电子自旋磁矩的几千分之一,因而可忽略不计。

孤立原子可以具有磁矩,也可以没有。这决定于原子的结构。原子中如果有未被填满的电子壳层,其电子的自旋磁矩未被抵消(方向相反的电子自旋磁矩可以互相抵消),原子就具有"永久磁矩"。例如,铁原子的原子序数为 26,共有 26 个电子,电子层分布为:$ls^2 2s^2 2p^6 3s^2 3p^6 3d^6 4s^2$。可以看出,除 3d 子层外各层均被电子填满,自旋磁矩被抵消。根据洪特法则,电子在 3d 子层中应尽可能填充到不同的轨道,并且它们的自旋尽量在同一个方向上(平行 z 自旋)。因此,5 个轨道中除了有一条轨道必须填入 2 个电子(自旋反平行)外,其余 4 个轨道均只有一个电子,且这些电子的自旋方向平行,由此总的电子自旋磁矩为 $4\mu_B$。

某些元素,如锌,具有各层都充满电子的原子结构,其电子磁矩相互抵消,因而不显磁性。

（2）"交换"作用

像铁这类元素,具有很强的磁性。这种磁性称为铁磁性。铁磁性除与电子结构有关外,还决定于晶体结构。实践证明,处于不同原子间的、未被填满壳层上的电子发生特殊的相互作用。这种相互作用称为"交换"作用。这是因为在晶体内,参与这种相互作用的电子已不再局限于原来的原子,而是"公有化"了。原子间好像在交换电子,故称"交换"作用。而由这种"交换"作用所产生的"交换

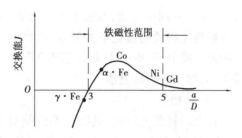

图 7.18　交换能与铁磁性的关系

能"$J$ 与晶格的原子间距有密切关系。当距离很大时,$J$ 接近于零。随着距离的减小,相互作用有所增加,$J$ 为正值,就呈现出铁磁性,如图 7.18 所示。当原子间距 $a$ 与未被填满的电子壳层直径 $D$ 之比大于 3 时,交换能为正值;当 $a/D < 3$ 时,交换能为负值,为反铁磁性。

### 7.5.3　磁性的分类

所有材料不论处于什么状态都显示或强或弱的磁性。根据材料磁化率可把材料的磁性大致分成 5 类。根据各类磁体其磁化强度与磁场强度 $H$ 的关系,可作出其磁化曲线。如图 7.19 所示为它们的磁化曲线示意图。

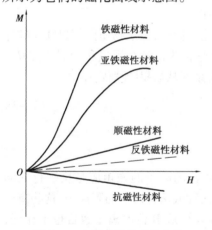

图 7.19　5 类磁体的磁化曲线

（1）抗磁性

当磁化强度 $M$ 为负时,固体表现为抗磁性。Bi、Cu、Ag、Au 等金属具有选种性质。在外磁场中,这类磁化了的介质内部,$B$ 小于真空中的 $B_0$。抗磁性物质的原子(离子)的磁矩应为零,即不存在永久磁矩。当抗磁性物质放入外磁场中,外磁场使电子轨道改变,感生一个磁矩。按照楞次定律,其方向应与外磁场方向相反,表现为抗磁性。因此,抗磁性来源于原子中电子轨道状态的变化。抗磁性物质的抗磁性一般很微弱,磁化率 $X$ 一般约为 $-10^{-5}$,$X$ 为负值。周期表中前 18 个元素主要表现为抗磁性。这些元素构成了陶瓷材料中几乎所有的阴离子,如 $O^{2-}$、$F^-$、$CL^-$、$S^{2-}$、$SO_4^{2-}$、$CO_3^{2-}$、$N^{3-}$、$OH^-$ 等。在这些阴离子中,电子填满壳层,自旋磁矩平衡。

（2）顺磁性

顺磁性物质的主要特征是:不论外加磁场是否存在,原子内部存在永久磁矩。但在无外加磁场时,由于顺磁物质的原子作无规则的热振动,宏观看来没有磁性;在外加磁场作用下,每个原子磁矩比较规则地取向,物质显示极弱的磁性。磁化强度 $M$ 与外磁场方向一致,$M$ 为正,而且 $M$ 严格地与外磁场 $H$ 成正比。

顺磁性物质的磁性除了与 $H$ 有关外,还依赖于温度。其磁化率 $X$ 与绝对温度 $T$ 成反比,即

$$X = \frac{C}{T} \tag{7.42}$$

式中　$C$——居里常数,取决于顺磁物质的磁化强度和磁矩大小。

顺磁性物质的磁化率大于零,但数值一般很小,室温下 $X$ 约为 $10^{-5}$。一般含有奇数个电子的原子或分子,电子未填满壳层的原子或离子,如过渡元素、稀土元素、镧系元素,还有铝铂等金属,都属于顺磁物质。

(3)铁磁性

以上两种磁性物质,其磁化率的绝对值都很小,因而都属弱磁性物质。另有一类物质如 Fe、Co、Ni,室温下磁化率可达 $10^3$ 数量级,属于强磁性物质。这类物质的磁性称为铁磁性。

铁磁性物质和顺磁性物质的主要差异在于:即使在较弱的磁场内,前者也可得到极高的磁化强度,而且当外磁场移去后,仍可保留极强的磁性。

铁磁体的磁化率为正值,而且很大,但当外场增大时,由于磁化强度迅速达到饱和,其 $X$ 值变小。

铁磁性物质很强的磁性来源于其很强的内部交换场。铁磁物质的交换能为正值,而且较大,使得相邻原子的磁矩平行取向(相应于稳定状态),在物质内部形成许多小区域——磁畴。每个磁畴大约有 $10^{15}$ 个原子。这些原子的磁矩沿同一方向排列,外斯假设晶体内部存在很强的称为"分子场"的内场,"分子场"足以使每个磁畴自动磁化达饱和状态。这种自生的磁化强度称为自发磁化强度。由于它的存在,铁磁物质能在弱磁场下强烈地磁化。因此,自发磁化是铁磁物质的基本特征,也是铁磁物质和顺磁物质的区别所在。

铁磁体的铁磁性只在某一温度以下才表现出来,超过这一温度,由于物质内部热骚动破坏电子自旋磁矩的平行取向,因而自发磁化强度变为 0,铁磁性消失。这一温度称为居里点 $T_c$。在居里点以上,材料表现为强顺磁性,其磁化率与温度的关系服从居里-外斯定律

$$X = \frac{C}{T - T_c} \tag{7.43}$$

式中　$C$——居里常数。

(4)亚铁磁性

为了解释铁氧体的磁性,尼尔认为铁氧体中 A 位与 B 位的离子的磁矩应是反平行取向的,这样彼此的磁矩就会抵消。但由于铁氧体内总是含有两种或两种以上的阳离子,这些离子各具有大小不等的磁矩(有些离子完全没有磁性),加以占 A 位或 B 位的离子数目也不相同,因此,晶体内由于磁矩的反平行取向而导致的抵消作用通常并不一定会使磁性完全消失而变成反铁磁体,往往保留了剩余磁矩,表现出一定的铁磁性。这称为亚铁磁性或铁氧体磁性。图 7.20 形象地表示在居里点或尼尔点以下时铁磁性、反铁磁性及亚铁磁体的自旋排列。

铁磁性　　　　反铁磁性　　　　亚铁磁性

图 7.20　铁磁性、反铁磁性、亚铁磁性的自旋排列

这类磁体有点像铁磁体,但 $X$ 值没有铁磁体那样大。通常所说的磁铁矿($Fe_3O_4$)就是一种亚铁磁体。

**(5)反铁磁性**

反铁磁性是指由于"交换"作用为负值(见图7.20),电子自旋反向平行排列。在同一子晶格中有自发磁化强度,电子磁矩是同向排列的;在不同子晶格中,电子磁矩反向排列。两个子晶格中自发磁化强度大小相同,方向相反,整个晶体 $M=0$。反铁磁性物质大都是非金属化合物,如 MnO。

不论在什么温度下,都不能观察到反铁磁性物质的任何自发磁化现象,因此,其宏观特性是顺磁性的,$M$ 与 $H$ 处于同一方向,磁化率 $X$ 为正值。温度很高时,$X$ 极小;温度降低,$X$ 逐渐增大。在一定温度 $T_n$ 时,$X$ 达最大值 $X_n$,称 $T_n$(或 $\theta_n$)为反铁磁性物质的居里点或尼尔点。对尼尔点存在 $X_n$ 的解释是:在极低温度下,由于相邻原子的自旋完全反向,其磁矩几乎完全抵消,故磁化率 $X$ 几乎接近于 0。当温度上升时,使自旋反向的作用减弱,$X$ 增加。当温度升至尼尔点以上时,热骚动的影响较大,此时反铁磁体与顺磁体有相同的磁化行为。

# 7.6　磁畴与磁滞回线

## 7.6.1　磁畴

前面已经分析,铁磁体在很弱的外加磁场作用下能显示出强磁性,这是由于物质内部存在着自发磁化的小区域——磁畴的缘故。但是,对未经外磁场磁化的(或处于退磁状态的)铁磁体,它们在宏观上并不显示磁性,这说明物质内部各部分的自发磁化强度的取向是杂乱的。因而物质的磁畴绝不会是单畴,而是由许多小磁畴组成的。大量实验证明,磁畴结构的形成是由于这种磁体为了保持自发磁化的稳定性,必须使强磁体的能量达最低值,因而就分裂成无数微小的磁畴。每个磁畴大约为 $10^{-9}\ \mathrm{cm}^3$。

磁畴结构总是要保证体系的能量最小。由图7.21可知,各个磁畴之间彼此取向不同,首尾相接,形成闭合的磁路,使磁体在空气中的自由静磁能下降为0,对外不显现磁性。磁畴之间被畴壁隔开。畴壁实质是相邻磁畴间的过渡层。为了降低交换能,在这个过渡层中,磁矩不是突然改变方向,而是逐渐地改变,因此过渡层有一定厚度。这个过渡层称为磁畴壁。

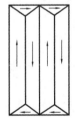

畴壁的厚度取决于交换能和磁结晶各向异性能平衡的结果,一般为 $10^{-5}\ \mathrm{cm}$。

图7.21　闭合磁畴示意图

铁磁体在外磁场中的磁化过程主要为畴壁的移动和磁畴内磁矩的转向。这一磁化过程使得铁磁体只需在很弱的外磁中就能得到较大的磁化强度。

## 7.6.2　磁滞回线

将一未经磁化的或退磁状态的铁磁体,放入外磁场 $H$ 中,其磁体内部的 $B$ 随外磁场 $H$ 的变化是非线性的,如图7.22所示的磁化曲线。

图7.22表示磁畴壁的移动和磁畴的磁化矢量的转向及其在磁化曲线上起作用的范围。从图中可以看出,当无外施磁场,即样品在退磁状态时,具有不同磁化方向的磁畴的磁矩大体

可以互相抵消,样品对外不显磁性。在外施磁场强度不太大的情况下,畴壁发生移动,使与外磁场方向一致的磁畴范围扩大,其他方向的相应缩小。这种效应不能进行到底,当外施磁场强度继续增至比较大时,与外磁场方向不一致的磁畴的磁化矢量会按外场方向转动。这样在每一个磁畴中,磁矩都向外磁场 $H$ 方向排列,处于饱和状态,如图 7.22 中 c 点,此时饱和磁感强度用 $B_s$ 表示,饱和磁化强度用 $M_s$ 表示,对应的外磁场为 $H_s$。此后,$H$ 再增加,$B$ 增加极其缓慢,与顺磁物质磁化过程相似。其后,磁化强度的微小提高主要是由于外磁场克服了部分热骚动能量,使磁畴内部各电子自旋方向逐渐都和外磁场方向一致造成的。

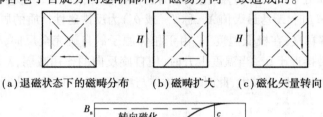

(a)退磁状态下的磁畴分布　　(b)磁畴扩大　　(c)磁化矢量转向

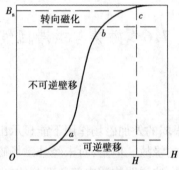

图 7.22　磁化过程

如果外磁场 $H$ 为交变磁场,则可得磁滞回线,如图 7.23 所示。图中,$B_r$ 称为剩余磁感应强度(剩磁)。为了消除剩磁,需加反向磁场 $H_c$。$H_c$ 称为矫质磁场强度,也称"矫顽力"。加 $H_c$ 后,磁体内 $B=0$。

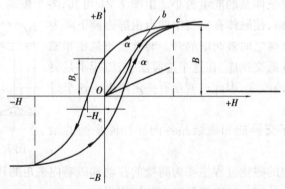

图 7.23　磁滞回线

磁滞回线表示铁磁材料的一个基本特征。它的形状、大小均有一定的实用意义。例如,材料的磁滞损耗就与回线面积成正比。具有大磁滞回线和剩磁的铁磁性材料,称为硬磁。在交变场中具有小磁滞回线和小能量损耗的铁磁性材料,称为软磁。

### 7.6.3　磁导率

磁导率是磁性材料最重要的物理量之一,用 $\mu$ 表示。磁导率是表示磁性材料传导和通过磁力线的能力。一般磁介质 $B = \mu H$,$\mu$ 不变,$B\text{-}H$ 为线性关系;铁磁体,$B\text{-}H$ 为非线性,$\mu$ 随外磁场变化。如图 7.23 所示磁化曲线上各点斜率即为磁导率。图中,$od$ 切线的斜率表示起始磁导率 $\mu_{\max}$。当 $H \ll H_c$ 时,在 $\Delta H$ 很小的范围内,$\mu$ 与 $\mu_0$ 接近。图中,$oa$ 切线的斜率表示最大磁导率 $\mu_{\max}$,这一段磁化主要由畴壁移动造成。

生产上为了获得高磁导率的磁性材料,一方面要提高材料的 $M_s$ 值,这由材料的成分和原子结构决定;另一方面要减小磁化过程中的阻力,这主要取决于磁畴结构和材料的晶体结构。因此,必须严格控制材料成分和生产工艺。表 7.4 和表 7.5 列出了各种磁介质的磁导率。

表 7.4　磁介质的磁导率

| 顺磁性 | | 抗磁性 | |
|---|---|---|---|
| 物　质 | $(\mu_r - 1)/10^{-6}$ | 物　质 | $(\mu_r - 1)/10^{-6}$ |
| 氧(101325Pa) | 1.9 | 铜 | 8.8 |
| 铝 | 23 | 岩盐 | 12.6 |
| 铂 | 360 | 铋 | 176 |
| 氢 | 0.063 | | |

表 7.5　常用铁磁物质、铁氧体的磁性能

| 物　质 | $\mu_0$(起始) | 居里温度/K | 物　质 | $\mu_0$(起始) | 居里温度/K |
|---|---|---|---|---|---|
| Fe | 150 | 1 043 | $NiFe_2O_4$ | 10 | 858 |
| Ni | 110 | 627 | $Mn_{0.65}Zn_{0.35}Fe_2O_4$ | 1 500 | 400 |
| $Fe_3O_4$ | 70 | 858 | | | |

铁磁性和铁电性有相似的规律,但应该强调的是它们的本质差别:铁电性是由离子位移引起的,而铁磁性则是由原子取向引起的;铁电性在非对称的晶体中发,而铁磁性发生在次价电子的非平衡自旋中;铁电体的居里点是由于熵的增加(晶体相变),而铁磁体的居里点是原子的无规则振动破坏了原子间的"交换"作用,从而使自发磁化消失引起的。

# 7.7　无机非金属材料的电磁性质

### 7.7.1　玻璃的电磁性质

(1)玻璃的电学性质

1)导电性

在常温下,一般玻璃是绝缘材料,属于电介质。但是随着温度上升,玻璃的导电性迅速提高,特别是在转变温度 $T_g$ 以上,电导率有飞跃的增加。到熔融状态时,玻璃已成为良导体。一

般,钠钙玻璃电阻率在常温下为 $10^{11} \sim 10^{12} \ \Omega \cdot m$ ,在熔融状态下,急剧降低到 $10^{-2} \sim 10^{-3}$ $\Omega \cdot m$。

除了某些过渡元素氧化物玻璃及硫属半导体玻璃(不含氧的硫化物、硒化物和碲化物)是电子导电之外,一般玻璃都是离子导电。离子导电是以离子为载体,在外加电场驱动下,载电体离子长程迁移显示导电作用。玻璃载电体离子一般是一价碱金属阳离子($Na^+$、$K^+$ 等),仅当不存在一价金属离子的玻璃中,碱土金属离子才显出导电能力,一般情况下,与 $Na^+$ 离子相比,$G^+$ 离子的导电作用几乎可忽略不计,$Si$ 和 $O$ 则作为不动的基体。在常温下,玻璃中的硅氧或硼氧骨架在外电场中没有移动能力,但当温度提高到玻璃的软化点以上后,玻璃中的阴离子也开始参加导电。随着温度的升高,参加传递电流的阳离子和阴离子的数目也逐渐增多。

玻璃的介电常数与玻璃的组成、电场的频率、温度等因素有关。

玻璃组成主要通过网络骨架强度、离子半径及键强等因素影响介电常数 $\varepsilon$。网络形成氧化物的电子极化率很小,故 $\varepsilon$ 也较小。石英玻璃的介电常数又比硼氧及磷氧玻璃的介电常数大,可能因为 $Si$—$O$ 距离($1.62 \times 10^{-1}$ nm)大于 $B$—$O$ 间距($1.39 \times 10^{-1}$ nm)及 $P$—$O$ 间距($1.55 \times 10^{-1}$ nm),而 $Si$—$O$ 键能($444 \ kJ \cdot mol^{-1}$)则小于 $B$—$O$ 键能($498 \ kJ \cdot mol^{-1}$)及 $P$—$O$ 键能($464 \ kJ \cdot mol^{-1}$),故石英玻璃的桥氧离子极化率最大。另外,网络外体($R_2O$ 及 $RO$ 氧化物)的阳离子的极化率远比网络形成体的极化率大,因此,当这些组分增加时,玻璃的 $\varepsilon$ 变大。对于 $PbO$ 类的易极化阳离子引入则因极化率显著增大而显著提高 $\varepsilon$。

玻璃的介电常数随频率增高而减小。对于玻璃,高频率引起 $\varepsilon$ 减小是由于电子云在较高频率下变形困难所致,但频率对石英玻璃的 $e$ 影响较小。

一般,温度增高 $\varepsilon$ 也增加,当温度在 100 ℃ 以下时,玻璃的介电常数变动不大;当 20 ~ 100 ℃ 时,$\varepsilon$ 平均增加 3% ~ 10%。当温度超过约 250 ℃ 时,$\varepsilon$ 迅速增大。$\varepsilon$ 增大现象与温度和玻璃中 $R_2O$ 含量有关,$R_2O$ 含量越大,则 $\varepsilon$ 突然增大时的温度越低。

通常,结晶态玻璃的 $\varepsilon$ 比相应玻璃的 $\varepsilon$ 小。若微晶玻璃中含有铁电体化合物的晶相,如 $BaTiO_3$、$CdNbO_3$ 等,介电常数可高达 2 000 左右。

2)介电性

玻璃中介电损耗包括以下 4 种:

①电导损耗

由于网络外离子沿电场方向移动而产生。电导损耗与电场频率 $f$ 的关系为

$$\tan \delta = \frac{2\sigma}{f\varepsilon} \tag{7.44}$$

可见,电导率 $\sigma$ 增大,电导损耗也对应增加,因此,引起电导率改变的所有因素也影响电导损耗。显然,当温度升高,电导率增大,电损失增加。电场频率越高,电子沿电场方向来不及移动,则电导损失下降。

②松弛损耗

因网络外离子在一定势垒间移动所产生,与电导损耗相比,松弛损耗出现在较高的频率($50 \sim 10^5$ Hz)处。松弛损耗在温度或频率变化曲线上出现极大值。在频率较高时,温度变化曲线上的极大值移向高温方向。某些玻璃松弛损耗在温度或频率变化曲线上不存在极大值,这是由于玻璃中网络外离子较多、它们所处能量位置不一、松弛时间分散所致。

③结构损耗

由于玻璃网络松弛变形而造成。在低温或较高频率下,结构损耗与温度的关系曲线出现极大值。

④共振损耗

由玻璃中网络外离子或网络骨架本征振动吸收能量所造成。网络外离子本征振动频率在高频范围( $>10^7$ Hz);而网络骨架的本征振动频率在红外光谱区。

上述各种损耗与温度和频率的关系如图 7.24 所示。

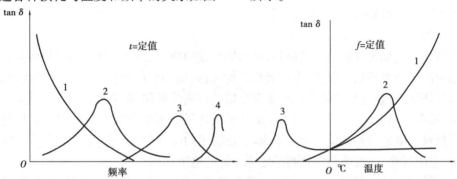

图 7.24　在不同频率 $f$(左)及不同温度 $t$(右)下电介质的各种介电损耗

1—电导损耗;2—松弛损耗;3—结构损耗;4—共振损耗

室温以上,频率较低( $f < 10^6$ Hz)时,玻璃的介电损耗以电导损耗和松弛损耗为主,主要取决于网络外离子的浓度及活动程度等因素。因此,玻璃组成中凡增大电导率的氧化物都会增大介电损耗,如碱金属氧化物含量较大的玻璃就有较大的介电损耗。介电损耗同样存在"混合碱效应"和"压制效应"。而高 PbO 含量的玻璃,则因为介电常数较大而介电损耗值小。

随着温度升高,结构网络疏松,碱离子的活动能力增大,$\tan \delta$ 值增大,如从 20 ℃ 到 80 ℃,玻璃的 $\tan \delta$ 值可增大 4 ~ 6 倍。

当频率高于 $10^6$ Hz,则结构损耗和共振损耗影响增大。因此,玻璃的介电损耗随频率增加而增大。例如,在常温 $10^6$ Hz 时。硅酸盐玻璃的 $\tan \delta$ 为 0.000 9,而在 $3 \times 10^9$ Hz 时,则为 0.003 6。

热处理同样能对玻璃的介电损耗产生影响,相同组成的玻璃,退火后的 $\tan \delta$ 比淬火的小,显然是因为后者的结构疏松、电导率较大的原因。

微晶玻璃与同组成的普通玻璃相比,因电导损耗、松弛损耗及结构损耗均要小些。因此,介电损耗也会小些。

(2)玻璃的磁学性质

一般玻璃磁化率很小,为弱磁性物质,经过玻璃的磁通与真空相比有所衰减。因此,玻璃略受磁场排斥。

周期表中稀土离子和过渡金属离子,因具有未充满的 f 和 d 电子层,都是顺磁性离子。因此,仅含有大量过渡金属氧化物和稀土元素氧化物的玻璃,才会具有顺磁性。

铁磁性微晶玻璃,以及含有大量金属离子的玻璃,由于热处理的条件不同,往往能析出铁磁性晶体。这类玻璃具有铁磁性,它们的磁感应强度 $B$ 与磁场强度不呈线性关系,如 $B_2O_3$-$BaO$-$Fe_2O_3$ 玻璃在合适的热处理制度下析出 $BaFe_{12}O_{19}$ 或 $Fe_2O_3 \cdot Fe_3O_4$,含铁磁性物质的玻璃通过热处理微晶化的方法控制析出的晶相和大小,以改变玻璃的磁性。按微晶颗粒从大(大于几微米)到小(小于 200~100 nm)可分成多磁畴晶体、单磁畴微晶及超顺磁性微晶(很小的单畴)。它们的磁滞回线则从狭窄到具有一般铁磁体的典型磁滞现象,前者的矫顽力很低。因此,为使玻璃晶化以制得永久磁性体的目的,最好控制颗粒生长在单一磁畴尺寸范围内。

### 7.7.2 陶瓷的电磁性质

(1)陶瓷的电学性质

1)导电性

陶瓷材料一般都包含晶相及玻璃相,对相同组成的物质,一般结构完整的较大晶体比玻璃相和微晶相的电导率要低,这是因为玻璃相结构疏松,微晶相的缺陷较多,它们的活化能都比较低。陶瓷坯体中,数量最多的主晶相通常是熔点较高的矿物,而全部低熔点物质几乎都进入玻璃相中,玻璃相填补了坯体晶粒间的空隙并形成连续的网络,因此,玻璃相是电导的主要矛盾。陶瓷材料的电导问题基本上就是坯体中玻璃相的电导问题。如几乎不含玻璃相的刚玉瓷,其绝缘电阻很高,而玻璃相含量高的绝缘子瓷的电阻却比较低。

陶瓷材料的电导表明它绝非仅可作为绝缘材料。随着材料科学的发展,某些陶瓷材料的半导性及导电性已被人们发现,随之制成各种半导体陶瓷及导电陶瓷,它们具有普通半导体材料及导电材料所不可比拟的优良特性,如化学稳定性好、耐高温并具有热敏、压敏、光敏、气敏、声敏、磁敏等性能。

在一般陶瓷材料中,当提高原料的粉磨细度(石英、长石等),降低坯料中长石的含量。增加石英的含量时,电阻率降低。在一定的烧成温度范围内,陶瓷材料的电性能随着烧成温度的提高而提高。增湿或加热可以提高陶瓷材料的导电性能。

一些陶瓷材料的电阻率见表 7.6。

表 7.6 一些陶瓷材料的电阻率

| 材料名称 | 电阻率/$(\Omega \cdot m)$ $f = 50$ Hz $t = 100$ ℃ | 材料名称 | 电阻率/$(\Omega \cdot m)$ $f = 50$ Hz $t = 100$ ℃ |
|---|---|---|---|
| 氧化铝瓷 | $10^{12} \sim 10^{13}$ | 钛酸钡瓷 | $10^{8} \sim 10^{9}$ |
| 刚玉-莫来石瓷 | $10^{11} \sim 10^{12}$ | 钛酸锶瓷 | $10^{11}$ |
| 钡长石瓷 | $10^{10} \sim 10^{11}$ | 硬质瓷 | $10^{11} \sim 10^{14}$ |
| 滑石瓷 | $10^{11}$ | 普通电瓷 | $10^{11} \sim 10^{13}$ |
| 镁橄榄石瓷 | $10^{12} \sim 10^{13}$ | 高强度电瓷 | $10^{12} \sim 10^{15}$ |
| 尖晶石瓷 | $10^{11} \sim 10^{12}$ | 玻璃陶瓷 | $10^{9} \sim 10^{16}$ |
| 钛酸钙瓷 | $10^{10} \sim 10^{11}$ | 石英 | $>10^{12}$ |
| 金红石瓷 | $10^{9} \sim 10^{10}$ | 刚玉瓷 | $10^{10} \sim 10^{14}$ |
| 钛锆瓷 | $10^{10} \sim 10^{11}$ | 董青石瓷 | $10^{11} \sim 10^{12}$ |

2）介电性

绝缘材料在实际使用中,除导电性外,介电性也是很重要的。在电容器陶瓷中加入电介质,可提高它的容量。电荷的迁移或极化是形成陶瓷介电性的原因。其极化形式有离子极化、弹性位移极化、松弛极化、高介晶体极化、谐振极化、夹层式极化、高压式极化及自发极化等,而最重要的是离子极化。在电场中离子易于离开它的平衡位置,易于极化的离子的电子层与核相对发生变形,出现电子极化。

在交流电场中频率增高时,离子的移动跟不上电场的变化,因此,介电常数随着频率的增高而降低。提高温度时,离子的活动性增大,因而特别在低频率时 $\varepsilon$ 增大(见图7.10)。

从图7.10可知,当频率升高到 $10^{12}$ Hz 左右时,介质发生离子谐振极化。极化率随频率的升高而迅速增大,并出现一极大值。频率继续升高时,由于产生强烈的反离子谐振极化,极化率急剧地下降并出现一极小值,然后,又随频率迅速回升到某一值。当频率继续升高至 $10^{16}$ Hz 左右时,介质中发生电子谐振极化,极化率又随频率迅速增大并再度出现一极大值,然后,又因出现强烈的反电子谐振极化使极化率再度急剧下降。介质的介电常数随频率的变化和介质的极化率随频率的变化规律完全一样。

任何电介质在电场作用下,或多或少地把部分电能转变成热能使介质发热,而消耗能量。介质损耗是所有应用于交流电场中电介质的重要指标之一。介质损耗不但消耗了电能,而且由于温度上升可能影响元器件的正常工作,介质损耗严重时,甚至会引起介质的过热而破坏绝缘性质。

陶瓷材料的介质损耗主要来源于电导损耗,松弛质点的极化损耗及结构损耗。此外。陶瓷材料表面气孔吸附水分及油污、灰尘等造成表面电导,也会引起较大的损耗。

对于以结构紧密的离子晶体为主晶相的陶瓷材料来说,损耗主要来源于玻璃相。有时为了改善某些陶瓷的工艺性能,往往在配方中引入一些易熔物质而形成玻璃相,使介质损耗增大。如滑石瓷、尖晶石瓷随着黏土含量的增加,其损耗也增大。而有些陶瓷介质损耗较大,主要是由于主晶相结构不紧密或者生成了缺陷固溶体,造成松弛极化损耗,如堇青石瓷,在还原气氛中烧成的含钛陶瓷等。表7.7列举了一些陶瓷材料的介电常数和介质损耗。

表7.7 一些陶瓷材料的介电常数和介质损耗

| 材料名称 | 介电常数 $\varepsilon$ $f = 50$ Hz | 材料名称 | 介质损耗 $\tan \delta$ $f = 10^6$ Hz |
|---|---|---|---|
| 钛酸钡瓷 | 1 000 | 莫来石瓷 | $(30 \sim 40) \times 10^{-4}$ |
| 钛酸钙瓷 | 130 | 钡长石瓷 | $(2 \sim 4) \times 10^{-4}$ |
| 硬质瓷 | 5.2 ~ 7.0 | 刚玉瓷 | $(3 \sim 5) \times 10^{-4}$ |
| 普通电瓷 | 5.5 ~ 6.0 | 滑石瓷 | $(3 \sim 6) \times 10^{-4}$ |
| 高强度电瓷 | 6.3 ~ 7.0 | 金红石瓷 | $(4 \sim 5) \times 10^{-4}$ |
| 细瓷 | 5.2 ~ 6.3 | 钛酸钙瓷 | $(3 \sim 4) \times 10^{-4}$ |
| 刚玉瓷 | 7.3 ~ 11.0 | 钛酸锆瓷 | $(3 \sim 4) \times 10^{-4}$ |
| 玻璃陶瓷 | 5.0 ~ 6.6 | 镁橄榄石瓷 | $(3 \sim 4) \times 10^{-4}$ |

（2）陶瓷的磁学性质

随着近代科学技术的发展,金属和合金磁性材料,由于它的电阻率低、损耗大,已不能满足应用的需要,尤其在高频范围。

磁性无机材料除了有高电阻、低损耗的优点以外,还具有各种不同的磁学性能,因此它们在无线电电子学、自动控制、电子计算机、信息存储、激光调制等方面都有广泛的应用。磁性无机材料一般是含铁及其他元素的复合氧化物,通常称为铁氧体。它的电阻率为 $10 \sim 10^6 \ \Omega \cdot m$。属于半导体范畴。

铁氧体是含铁酸盐的陶瓷磁性材料。铁氧体磁性与铁磁性相同之处在于有自发磁化强度和磁畴,因此有时也被统称为铁磁性物质。它与铁磁物质不同点在于:铁氧体一般都是多种金属的氧化物复合而成的。因此,铁氧体磁性来自两种不同的磁矩:一种磁矩在一个方向相互排列整齐;另一种磁矩在相反的方向排列。这两种磁矩方向相反、大小不等,两个磁矩之差,就产生了自发磁化现象。因此,铁氧体磁性又称亚铁磁性。

按材料结构分类,目前铁氧体已有尖晶石型、石榴石型、磁铅石型、钙钛矿型、钛铁矿型及钨青铜型6种。重要的是前3种。

1）尖晶石型铁氧体

铁氧体亚铁磁性氧化物的通式为 $M^{2+}O \cdot Fe_2^{3+}O_3$。其中,$M^{2+}$ 是 2 价金属离子,如 $Fe^{2+}$,$Ni^{2+}$,$Mg^{2+}$ 等。复合铁氧体中 2 价阳离子可以是几种离子的混合物（如 $Mg_{1-x}Mn_xFe_2O_4$）,因此组成和磁性能范围宽广。它们的结构属于尖晶石型,其中氧离子近乎密堆立方排列（见图7.25）。通常把氧四面体空隙位置称为 A 位,八面体空隙位置称为 B 位。如果两价离子都处于四面体 A 位,如 $Zn^{2+}(Fe^{3+})_2O_4$,称为正尖晶石;如果二价离子占有 B 位,3 价离子占有 A 位及其余的 B 位,则称为反尖晶石,如 $Fe^{3+}(Fe^{3+}M^{2+})O_4$。

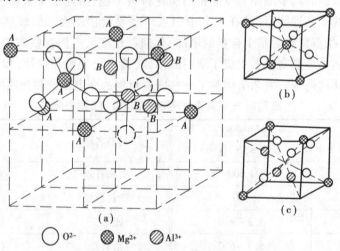

$\bigcirc$ $O^{2-}$    $\bigotimes$ $Mg^{2+}$    $\oslash$ $Al^{3+}$

图 7.25　尖晶石的元晶胞(a)及子晶胞(b)、(c)

所有的亚铁磁性尖晶石几乎都是反型的;这可设想由于较大的两价离子趋于占据较大的八面体位置。A 位离子与反平行态的 B 位离子之间,借助于电子自旋耦合而形成二价离子的净磁矩,即

$$Fe^{+3} \uparrow Fe_b^{+3} \downarrow M_b^{+2} \downarrow$$

阳离子出现于反型的程度,取决于热处理条件,一般来说,提高正尖晶石的温度会使离子

激发至反型位置。因此,在制备类似于 $CuFe_2O_4$ 的铁氧体时,必须将反型结构高温淬火才能得到存在于低温的反型结构。

锰铁氧体约为 80% 正型尖晶石,这种离子分布随热处理变化不大。

### 2)石榴石型铁氧体

稀土石榴石也具有重要的磁性能,其通式为 $M_3^c Fe_2^a Fe_3^d O_{12}$。式中,M 为稀土离子或钇离子,都是 3 价。上标 c、a、d 表示该离子所占晶格位置的类型。晶体是立方结构,每个晶胞包括 8 个化学式单元,共有 160 个原子。a 离子位于体心立方晶格上,c 离子和 d 离子位于立方体的各个面(见 7.26)。每个晶胞有 8 个子单元。每个 a 离子占据一个八面体位置,每个 c 离子占据十二面体位置,每个 d 离子处于一个四面体位置。

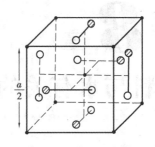

● a 位置;　○ c 位置;　⊘ d 位置

图 7.26　石榴石结构的简化模型(只表示了元晶胞的 1/8,$O^{2-}$ 未标出)

与尖晶石类似,石榴石的净磁矩起因于反平行自旋的不规则贡献:a 离子和 d 离子的磁矩是反平行排列的,c 离子和 d 离子的磁矩也是反平行排列的。如果假设每个 $Fe^{3+}$ 离子磁矩为 $5\mu_B$,则对 $M_3^c Fe_2^a Fe_3^d O_{12}$

$$\mu_{净} = 3\mu_c - (3\mu_d - 2\mu_a) = 3\mu_c - 5\mu_B$$

### 3)磁铅石型铁氧体

磁铅石型铁氧体的结构与天然的磁铅石 $Pb(Fe_{7.5}Mn_{3.5}AL_{0.5}Ti_{0.5})O_{19}$ 相同,属六方晶系,结构比较复杂。其中,氧离子呈密堆积,系由六方密堆积与等轴面心堆积交替重叠。例如,称为钡恒磁的永磁铁氧体,其元晶胞包括 10 层氧离子密堆积层,每层有 4 个氧离子,两层一组的六方与 4 层一组的等轴面心交替出现,即按密堆积的 ABABCA…层依次排列。在两层一组的六方密堆积中有一个氧离子被 $Ba^{2+}$ 所取代,并有 3 个 $Fe^{3+}$ 填充在空隙中。4 层一组的等轴面心堆积中共有 9 个 $Fe^{3+}$ 分别占据 7 个 B 位和 2 个 A 位,类似尖晶石的结构,故这 4 层一组的又称尖晶石块。因此,一个元晶胞中共含 $O^{2-}$ 为 $4 \times 10 - 2 = 38$ 个,$Ba^{2+}$ 为 2 个,$Fe^{2+}$ 为 $2(3+9) = 24$ 个,即每一元晶胞中包含了两个 $BaFe_{12}O_{19}$ "分子"。

磁化起因于铁离子的磁矩,尖晶石块和六方密堆块中的自旋取向是:尖晶石块,2↑四面体、2↑4↓3↓八面体;六方密堆块,1↓位于 5 个氧离子围成的双锥体中。由于六角晶系铁氧体具有高的磁晶各向异性,故适宜作永久磁铁,它们具有高矫顽力。

## 思考与练习题

1. 电导率的定义是什么?影响材料电导率的因素有哪些?

2. 热电效应和光导电有什么区别?

3. 磁学基本量磁矩及磁化强度有什么物理意义?根据磁化率可把材料分为哪 5 类?

4. 玻璃和陶瓷的电磁性质各有什么特点?

# 第 **8** 章
## 材料与水有关的性质

## 8.1 材料与水的一般性质

### 8.1.1 亲水性与憎水性

水与不同固体材料表面之间相互作用的情况是不同的。在材料、水和空气的交点处,沿水滴表面的切线与水和固体接触面所成的夹角(润湿边角)$\theta$ 越小,浸润性越好。如果润湿边角 $\theta$ 为零,则表示该材料完全被水所浸润;居于中间的数值表示不同程度的浸润。一般认为,当润湿角 $\theta \leqslant 90°$ 时,水分子之间的内聚力小于水分子与材料分子间的相互吸引力,此种材料称为亲水性材料。当 $\theta > 90°$ 时,水分子之间的内聚力大于水分子与材料分子间的吸引力,则材料表面不会被水浸润,此种材料称为憎水性材料(见图 8.1)。

亲水材料易被水润湿,且能通过毛细管作用而被吸入材料内部。憎水材料能阻止水分渗入毛细管中,从而降低材料的吸水性。憎水性材料常被用作防水材料,或用作亲水材料的复面层,以提高其防水、防潮性能。建筑材料大多为亲水材料,如水泥、混凝土、砂、石、砖及木材等,只有少数如沥青、石蜡及某些塑料为憎水材料。

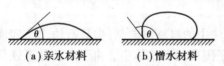

(a)亲水材料　　(b)憎水材料

图 8.1　材料润湿示意图

### 8.1.2 材料的含水状态

亲水性材料的含水状态可分为以下 4 种基本状态(见图 8.2):
①干燥状态。材料的孔隙中不含水或含水极微。
②气干状态。材料的孔隙中所含水与大气湿度相平衡。
③饱和面干状态。材料表面干燥,而孔隙中充满水达到饱和。
④湿润状态。材料孔隙中含水饱和,且表面上被水润湿附有一层水膜。
除上述 4 种基本含水状态外,材料还可处于两种基本状态之间的过渡状态中。

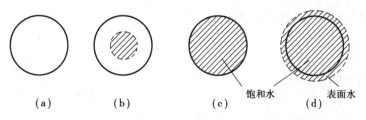

图 8.2　材料的含水状态

### 8.1.3　吸水性与吸湿性

（1）吸水性

材料在水中能吸收水分的性质称为吸水性,大小用吸水率来表示。它有以下两个定义:

1）质量吸水率

质量吸水率是指材料吸水饱和时吸收的水分质量占材料干燥时质量的百分率。其计算公式为

$$W_\mathrm{m} = \frac{m_\mathrm{b} - m_\mathrm{g}}{m_\mathrm{g}} \times 100\%$$

式中　$W_\mathrm{m}$——材料的质量吸水率,%;

$m_\mathrm{b}$——材料吸水饱和时的质量,g;

$m_\mathrm{g}$——材料在干燥状态下的质量,g。

2）体积吸水率

体积吸水率是指材料吸水饱和时,所吸水分体积占材料干燥状态时体积的百分率。其计算公式为

$$W_\mathrm{V} = \frac{m_\mathrm{b} - m_\mathrm{g}}{V_0} \cdot \frac{1}{\rho_\mathrm{W}} \times 100\%$$

式中　$W_\mathrm{V}$——材料的体积吸水率,%;

$\rho_\mathrm{W}$——水在常温下的密度,1.0 g/cm$^3$;

$V_0$——干燥材料在自然状态下的体积,cm$^3$。

质量吸水率和体积吸水率两者存在关系为

$$W_\mathrm{V} = W_\mathrm{m} \cdot \rho_0$$

式中　$\rho_0$——材料在干燥状态下的表观密度。

材料的开口孔越多,吸水量越大。虽然水分很容易进入开口的大孔,但无法留存,只能润湿孔壁,所以吸水率不大。而开口细微连通孔越多,吸水率越大。

各种材料的吸水率不同,差异很大,如花岗岩的吸水率只有 0.5% ~ 0.7%,混凝土的吸水率为 2% ~ 3%,黏土砖的吸水率达 8% ~ 20%,而木材的吸水率可超过 100%。材料吸水后,不但可使质量增加,而且会使强度降低,保温性能下降,抗冻性变差,有时还会发生体积膨胀,可见材料中含水对材料的性能往往是不利的。

（2）吸湿性

材料在潮湿的空气中吸收空气中的水分,称为吸湿性。潮湿材料在干燥的空气中也会放出水分,称为还湿性。材料吸湿性的大小用含水率表示。含水率是指材料中所含水的质量占

干燥材料质量的百分数。其计算公式为

$$W_h = \frac{m_s - m_g}{m_g} \times 100\%$$

式中　　$W_h$——材料的含水率,%;

　　　　$m_s$——材料含水时的质量,g;

　　　　$m_g$——材料干燥时的质量,g。

材料吸湿性的大小不仅与材料本身有关,同时还随所处环境的温、湿度的变化而变化。当空气中湿度较大且温度较低时,材料的含水率就大;反之,则小。

材料在空气中能吸收空气的水分变湿,湿的材料在空气中能失去(散发)水分而逐渐变干,最终将使材料中的水分与周围空气湿度达到平衡,这时材料的含水率称为平衡含水率或干含水率。具有微小开口孔隙的材料,吸湿性特别强,如木材及某些绝热材料,在潮湿空气中能吸收很多水分,这是由于这类材料的内表面积大,吸水能力强所致。

材料的吸水性和吸湿性均对材料性能产生不利影响。材料吸水后导致其自重增大、绝热性降低,强度和耐久性将产生不同程度的下降。材料吸湿还会引起其体积变形,影响使用。不过,特殊情况下利用材料的吸湿性可起到除湿作用,用于保持环境干燥。

### 8.1.4　耐水性

材料长期受饱和水作用,能维持原有强度的能力,称为耐水性。耐水性常用软化系数 $K_r$ 表示,即

$$K_r = \frac{f_b}{f_g}$$

式中　　$K_r$——软化系数;

　　　　$f_g$——材料在饱水状态下的强度,MPa;

　　　　$f_b$——材料在干燥状态下的强度,MPa。

$K_r$ 值的大小表明材料在水饱和后强度降低的程度。一般来说,材料在被水浸湿后,强度均会有所降低。这是因为水分被组成材料的微粒表面吸附形成水膜,削减了微粒间的结合力所致。$K_r$ 值越小吸水饱和后强度下降越大,即耐水性越差。$K_r$ 值处于 1 ~ 0。不同材料的 $K_r$ 值相差颇大,如黏土 $K_r = 0$,而金属 $K_r = 1$。受水浸泡或处于潮湿环境中的重要建筑物所选用的材料,其软化系数不得低于 0.85。因此,软化系数大于 0.85 的材料常被认为是耐水的。对于受潮较轻或次要结构物的材料,其 $K_r$ 不应小于 0.75。干燥环境中使用的材料不考虑耐水性。

### 8.1.5　抗渗性

材料抵抗压力水或油等液体渗透的性质,称为抗渗性(或不透水性)。材料的抗渗性通常用渗透系数表示。渗透系数的物理意义是:一定厚度的材料,在单位压力水头作用下,在单位时间内透过单位面积的水量。其公式表示为

$$K_s = \frac{Qd}{AHt}$$

式中　　$K_s$——材料的渗透系数,cm/h;

$Q$——渗透水量，$cm^3$；

$d$——材料的厚度，cm；

$A$——渗水面积，$cm^2$；

$t$——渗水时间，h；

$H$——静水压力水头，cm。

$K_s$ 值越大，表示材料渗透的水量越多，即抗渗性越差。

材料的抗渗性也可用抗渗等级表示。抗渗等级用材料抵抗压力水渗透的最大水压力值来确定，用"P$n$"表示。其中，$n$ 为该材料所能承受的最大水压力 MPa 数的 10 倍值，如 P4、P6、P8 等分别表示材料最大能承受 0.4、0.6、0.8 的水压而不渗水。

材料的抗渗性主要取决于材料的孔隙率及孔隙特征。细微连通的孔隙水易渗入，故这种孔隙越多，材料的抗渗性能越差。闭口孔水不能渗入，因此，闭口孔隙率大的材料，其抗渗性能依然较好。开口大孔水最易渗入，故抗渗性最差。

抗渗性是决定材料耐久性的重要因素。对于地下建筑及水工构筑物等经常受压力水作用的工程所用的材料及防水才都应具有良好的抗渗性。抗渗性也是检验防水材料产品品质的重要标准。

### 8.1.6 抗冻性

材料在含水状态下，能经受多次冻融循环而不被破坏，强度也不显著降低的性质称为抗冻性。

材料的抗冻性用抗冻等级表示。抗冻等级是用标准方法进行冻融循环试验，测得材料强度降低不超过规定值且无明显损坏和剥落时所能承受的冻融循环次数来确定，常用"F$n$"表示。其中，$n$ 表示材料能承受的最大冻融循环次数，则如，F100 表示材料在一定试验条件下能承受 100 次冻融循环。

材料的抗冻性与材料的孔隙率、孔隙特征、充水程度和冷冻速度等因素有关。材料的强度越高，其抵抗冰冻破坏的能力越强，抗冻性越好；材料的孔隙率及孔隙特征对抗冻性影响较大，其影响与抗渗性相似。

## 8.2 材料与水的化学作用

以一些建筑材料为例，如石膏、石灰、硅酸盐水泥等，与水接触以后常常伴有化学反应产生，形成水合分子，这种反应称为水化。

①建筑石膏加水后，首先半水石膏溶解，然后发生水化反应，生成二水石膏。由于二水石膏在水中的溶解度（20 ℃为 2.05 g/L）比半水石膏在水中的溶解度（20 ℃为 8.16 g/L）小得多。故二水石膏不断从过饱和溶液中沉淀而析出胶体微粒。二水石膏析出，使半水石膏浓度下降，成为不饱和溶液。此时，半水石膏进一步溶解以达到饱和浓度，而二水石膏继续生成和析出。如此不断循环，直到半水石膏完全转化为二水石膏为止。石膏的水化反应式为

$$CaSO_4 \cdot 0.5H_2O + 1.5H_2O \longrightarrow CaSO_4 \cdot 2H_2O$$

②生石灰（CaO）水化生成 $Ca(OH)_2$，称为熟石灰。CaO 水化理论需水量只为 32.1%。而

实际水化过程中通常加入过量的水。一方面是考虑水化时释放热量引起水分蒸发损失,另一方面是确保 CaO 充分水化。建筑工地上常在化灰池中进行石灰膏的生产,即将块状生石灰用水冲淋,通过筛网,滤去过火石灰和杂质,流入化灰池中沉淀而得。石灰膏面层必须蓄水保养,其目的是隔断空气,避免与空气直接接触。防止干硬固化和碳化固结,以免影响正常使用和效果。生石灰的水化反应式为

$$CaO + H_2O \rightarrow Ca(OH)_2 + 64.9 \ KJ/mol$$

③硅酸盐水泥主要是由熟料矿物和石膏组成。其熟料的水化过程分为以下 3 个阶段:

a. 早期水化——钙矾石形成阶段:加水后铝酸三钙率先水化,在石膏存在的条件下,迅速形成钙矾石,伴随大量放热。也是由于钙矾石的形成使铝酸三钙的水化速率减慢,导致诱导期初期。

b. 中期水化——硅酸三钙水化阶段:硅酸三钙开始迅速水化,形成水化硅酸钙(C-S-H)和氢氧化钙(CH)并大量放热。同时。硅酸二钙和铁相固溶体也不同程度参与这两个阶段的反应,形成相应的水化产物。

c. 后期水化——结构形成和发展阶段:此阶段放热速率很低并趋于稳定。随着各种水化产物的增多,填入了原先由水占据的空间,再逐渐连接并相互交织,发展成硬化的浆体。

## 8.3　水对材料的腐蚀

### 8.3.1　水对金属材料的腐蚀

金属和周围介质接触发生化学作用或电化学作用而引起的破坏,称为金属腐蚀。金属的腐蚀是危害最大的氧化还原现象之一。每年由于金属的腐蚀引起的损失不计其数,腐蚀使设备、管道、建筑、文物遭到破坏,当金属进入水体中,腐蚀现象会随着空气和水的污染而更趋严重。水(自来水、工业用水等)对金属的腐蚀,一般认为是由于电化学反应而发生的,在水中金属表面的各个部位电位不同,形成了无数被短路的局部电池,结果,相当于阳极的那部分金属就被腐蚀了。

金属和水(含电解质)接触时,由电化学作用而引起的腐蚀,称为电化学腐蚀。它与化学腐蚀不同,是由于形成原电池(腐蚀电池)而引起的。以铁的生锈为例来说明腐蚀的机理。工业上生产的金属铁由很多无序排列的微晶构成。这些微晶既有晶格缺陷又含有杂质,容易在金属的潮湿表面形成很多微电池。在微晶的缝隙或晶格缺陷之处,铁原子间结合较弱,容易失去电子成为 $Fe^{2+}$ 离子进入金属铁表面的水膜,而成为负极(即阳极),即

$$Fe \rightarrow Fe^{2+} + 2e^-$$

如果在 pH <7 的酸性范围中,当空气中的氧不能与铁充分接触或氧的分压很小时,电子运动到杂质附近,将会使 $H^+$ 接受电子还原为 $H_2$ 析出,即

$$2H^+ + 2e^- \rightarrow H_2$$

这杂质的区域就是正极(即阴极)。这样就在金属表面的局部区域形成腐蚀电池。在腐蚀过程中有氢析出,故称析氢腐蚀。

阴极反应会变为

$$O_2 + 2H_2O + 4e^- \rightarrow 4OH^-$$

阳极形成的 $F^{2+}$ 也能进一步氧化为 $Fe^{3+}$，其总反应为

$$4Fe^{2+} + O_2 + H_2O \rightarrow 4Fe^{3+} + OH^-$$

若在水膜中溶有电解质(如 $SO_2$、$CO_2$ 等)，则形成的液膜起着类似原电池中盐桥的作用。当微电池阴阳极形成的 $OH^-$ 和 $Fe^{3+}$ 离子通过液膜相对扩散在中间区域相遇时，便会发生反应沉淀出难溶于水的 $Fe_2O_3$，即铁锈

$$2Fe^{3+} + 6OH^- \rightarrow Fe_2O_3 + 3H_2O$$

在腐蚀过程中氧得到电子被还原为 $OH^-$，故称吸氧腐蚀。

### 8.3.2　水对无机非金属材料的腐蚀

以硅酸盐水泥为代表的无机非金属材料一般具有较好的化学稳定性，与电解质溶液接触时并不形成腐蚀电池，可以免受电化学腐蚀，其失效破坏是由于化学和物理的原因引起的。而环境水(包括淡水)对硅酸盐水泥的侵蚀是最主要最普遍的。这种腐蚀使水泥石强度降低，引起破坏。这些侵蚀作用通常有以下 3 类：

(1)软水腐蚀

当水泥与软水(重碳酸盐含量低的水，如雨水、雪水及许多河水和湖水)长期接触时，水泥石中的氢氧化钙会溶于水中，在静水及无压的情况下，由于水泥石周围的水容易被溶出的氢氧化钙所饱和，使溶解作用终止，故溶出仅限于水泥石表层，对水泥石内部结构影响不大。但在流水及压力水的作用下，氢氧化钙会被不断溶解流失，使水泥石的碱度降低。同时，由于水泥石中的其他水化产物必须在一定的碱性环境才能稳定存在，氢氧化钙的溶出势必将导致其他水化产物的分解，最终使水泥石破坏，也称溶出性腐蚀。

(2)盐类腐蚀

在海水、湖水、地下水、某些工业污水中，常含钾、钠、氨的硫酸盐，它们与水泥石中的氢氧化钙发生化学反应生成硫酸钙，而生成的硫酸钙又会与硬化水泥石中的水化铝酸钙发生反应生成高硫型水化硫铝酸钙，即钙矾石(AFt)。高硫型水化硫铝酸钙为针状晶体，也称"水泥杆菌"，内部含有大量结晶水，比原有水泥石体积增大约 1.5 倍，对水泥石造成膨胀性破坏，破坏作用极大。若水中硫酸盐浓度较高，所生成的硫酸钙还会在空隙直接结晶生成二水石膏，产生明显的体积膨胀而导致破坏。

在海水、地下水中常含有大量镁盐，主要是氯化镁与硫酸镁，它们均可与水泥石中的氢氧化钙发生反应生成氢氧化镁，氢氧化镁松散且无胶结力，从而导致水泥石结构破坏，并且硫酸镁与氢氧化钙反应会生成石膏，又进一步对水泥石产生腐蚀。

(3)酸类腐蚀

1)碳酸腐蚀

当水泥石与含有较多 $CO_2$ 的水接触时，将发生化学反应为

$$Ca(OH)_2 + CO_2 + H_2O \rightarrow CaCO_3 + 2H_2O$$
$$CaCO_3 + CO_2 + H_2O \rightarrow Ca(HCO_3)_2$$

反应生成的碳酸钙易溶于水，$CO_2$ 浓度高时，上述反应进行，从而导致水泥石中的微溶于水的氢氧化钙转变为易溶于水的碳酸氢钙而溶失。氢氧化钙浓度的降低又将导致水泥石中其他水化产物的分解，使腐蚀作用进一步加剧。

2)一般酸的腐蚀

在工业废水、地下水中,常含有无机酸或有机酸。例如,在有盐酸水中,水泥石中的氢氧化钙会与盐酸发生反应生成易溶于水的氯化钙,使水泥石结构破坏。在有硫酸的水中,水泥石中的氢氧化钙会与硫酸发生反应生成硫酸钙,硫酸钙再与水化铝酸钙发生反应生成水化硫铝酸钙,从而导致水泥石膨胀破坏。

### 8.3.3 水对高分子材料的腐蚀

高分子材料的大分子中含有一些具有一定活性的官能团,它们与特定的介质发生化学反应,导致了高分子材料性能的改变,从而造成材料的老化或者腐蚀破坏。这种由于高分子材料和介质间的化学反应而引起的腐蚀,通常称为高分子材料的化学腐蚀。水对高分子材料的腐蚀主要是由于高分子材料在酸、碱、盐等水溶液中的水解反应所引起的。

杂链高分子因含有氧、氮、硅等杂原质子,在碳原子与杂质原子之间构成极性键,如醚键、酯键、酰胺键、硅氧键等。水与这类键发生作用而导致材料发生降解的过程,称为高分子材料的水解。由于水解过程将生成小分子的物质,破坏了高分子材料的结构,因此,使得高分子材料的性能大大降低。高分子材料水解难易程度与引起水解的活性基团的浓度和材料聚集态有关。活性基团浓度越高,越易发生水解,耐腐蚀的能力也将降低。

# 思考与练习题

1. 憎水性材料与亲水性材料相比,其抗渗性有何不同? 并思考其原因。

2. 影响材料抗渗性的因素有哪些? 如何改善材料的抗渗性?

3. 影响材料吸水率的因素有哪些? 含水率对材料的哪些性质有影响? 如何影响?

4. 某块体质量吸水率为18%,干表观密度为 1 200 kg/m³,求该块体的体积吸水率。

5. 某岩石在气干、绝干、水饱和状态下测得的抗压强度分别为172 MPa、187 MPa 和 168 MPa。该岩石是否可用于水下工程?

# 第**9**章
# 材料的纳米尺度效应

## 9.1 纳米材料的基本概念

纳米材料是一门新兴学科。纳米(Nanometer)是一个长度单位,为 $10^{-9}$ m,为 3~4 个原子的宽度。纳米材料泛指在三维空间中至少有一维处于纳米尺寸(0.1~100 nm)或由它们作为基本单元构成的材料,这相当于 10~100 个原子紧密排列在一起的尺度。

从材料的结构单元层次来说,纳米材料介于宏观物质和微观原子、分子的中间领域。在纳米材料中,界面原子占极大比例,而且原子排列互不相同,界面周围的晶格结构互不相关,从而构成与晶态、非晶态均不同的结构状态。

纳米材料有 4 种基本类型:纳米粒子原子团(零维)、纳米纤维和纳米管(一维)、纳米薄膜材料(厚度小于 100 nm)(二维)及纳米块体材料(三维)。

按传统的材料科学体系划分,纳米材料又可进一步分为纳米金属材料、纳米陶瓷材料、纳米高分子材料及纳米复合材料。

在纳米材料中,纳米晶粒及其高浓度的晶界是它的两个重要特征。纳米晶粒中的原子排列已不能成为无限长程有序,通常大晶体的连续能带分裂成接近分子轨道的能级,高浓度晶界及晶界原子的特殊结构导致材料的力学性能、磁性、介电性、超导性、光学乃至热力学性能发生了显著改变。纳米材料与普通的金属、陶瓷和其他固体材料一样都是由同样的原子组成,只不过这些原子排列成了纳米级的原子团,来作为纳米材料的结构单元。

## 9.2 纳米材料的物理特性

纳米材料又称超微颗粒材料,纳米量级物质颗粒的尺度已很接近原子的尺度,此时"量子效应"开始影响到物质的性能和结构。纳米材料的独特结构,使其具有不同于常规材料的性质,如量子尺寸效应、表面效应和宏观量子隧道效应等,从而导致了纳米材料的力学、电磁、光学及热学等性能的显著变化,并使之在电子学、光学、化工陶瓷、生物、医药及日化诸多方面有着广泛的应用。

### 9.2.1 表面效应

表面效应是指纳米粒子表面原子数与总原子数之比随粒径的变小而急剧增大后所引起的性质上的变化,如图9.1所示。

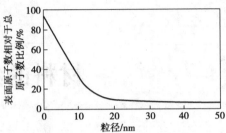

图9.1 表面原子数与粒径的关系

由图9.1可知,粒径在10 nm以下,将迅速增加表面原子的比例。当粒径降到1 nm时,表面原子数比例达到约90%以上,原子几乎全部集中到纳米粒子的表面。由于纳米粒子表面原子数增多,表面原子配位数不足,表面能高,使这些原子易与其他原子相结合而稳定下来。

纳米材料由于表面原子处于"裸露"状态,周围缺少相邻的原子,存在许多空悬键,具有较高的化学活性,易于与其他原子结合而稳定。由于球形颗粒的表面积与直径的平方成正比,其体积与直径的立方成正比,故其比表面积与直径成反比。随着颗粒直径变小,比表面积将显著增大,表面原子所占的百分数将会显著增加,尤其当颗粒直径小于$0.1~\mu m$时,表面原子的百分数急剧增长,甚至1 g超微颗粒表面积的总和可高达$100~m^2$,表面效应显著。超微颗粒的表面具有很高的活性,利用表面活性,超微颗粒可望成为新一代高效催化剂和储气材料以及低熔点材料。

### 9.2.2 量子尺寸效应

量子尺寸效应是指纳米粒子尺寸下降到一定值时,费米能级附近的电子能级由准连续变为分散能级的现象。久保(Kubo)及其合作者提出相邻电子能级间距$\delta$和颗粒直径$d$的关系,即著名的公式

$$\delta = 4\frac{E_F}{3N} \propto V^{-1} \propto d^{-3} \tag{9.1}$$

式中   $N$——一个金属纳米粒子的总导电电子数;

      $V$——纳米粒子的体积;

      $E_F$——费米能级,随着纳米粒子的直径$d$减小,能级间隔$\delta$增大,电子移动困难,电阻率增大,从而使能隙变宽,金属导体将变为绝缘体。

### 9.2.3 力学性能

纳米材料比粗晶材料具有更高的硬度和强度,一般致密纳米材料强度是常规材料的2~10倍。纯的纳米材料表现出韧性,如陶瓷材料在通常情况下是脆的,而纳米陶瓷材料却有良好的韧性。这是因为纳米材料的界面原子排列相当混乱,原子在外力变形的作用下很容易滑移,从而表现出很好的韧性与一定的延展性。

### 9.2.4 电磁学性能

纳米材料具有库仑阻塞效应、隧穿效应等。纳米材料的电阻率比粗晶材料大,可能是由其宽晶界引起的。纳米材料的介电特性是:纳米材料的介电常数或相对介电常数比常规材料的高,并随着颗粒粒径的减小而降低,但随着粒径的增大,介电常数先增加后降低。纳米材料具有超顺磁性和巨磁阻效应。

### 9.2.5 热学性能

纳米材料的比热和热膨胀系数都大于同类粗晶材料和非晶体材料的值,这是由于界面原子排列较为混乱、原子密度低、界面原子耦合作用变弱的结果。因此,在储热材料、纳米复合材料的机械耦合性能应用方面有其广泛的应用前景。

### 9.2.6 光学性能

纳米粒子的粒径远小于光波波长,与入射光有交互作用,光透性可通过控制粒径和气孔率而加以精确控制,故在光感应和光过滤中应用广泛。由于量子尺寸效应,纳米半导体微粒的吸收光谱一般存在蓝移现象,其光吸收率很大,故可应用于红外线感测器材料。

### 9.2.7 宏观量子隧道效应

微观粒子具有贯穿势垒的能力,称为隧道效应。近年来,人们发现一些宏观物理量,如微颗粒的磁化强度、量子相干器件中的磁通量等都具有隧道效应,称为宏观的量子隧道效应。量子力学的零点振动可在低温起着类似热起伏的效应,从而使零温度附近的微颗粒磁化矢量的重取向,保持有限的弛豫时间,即在绝对零度下仍然存在非零的磁化反转率。

## 9.3 纳米材料的结构及其表征

纳米科学与技术的发展经历了材料制备、性能测试和器件制作 3 个关键步骤。纳米材料制备技术正在被各种的物理和化学技术推动向前发展,已发展起来的钝化和尺寸选择技术可制造精确结构和形态的纳米晶。目前,最富有挑战性的任务是结构表征、性能测试和纳米器件制作等。

本节对纳米材料的一些常用分析和表征技术进行介绍,主要从纳米材料的化学成分分析、形貌分析、粒度分析、结构分析及表面界面分析等方面进行简要阐述。

### 9.3.1 化学成分分析

鉴定纳米材料的化学元素组成、测定纳米材料中杂质的种类和浓度,是纳米材料分析的重要内容之一。纳米材料化学成分分析按照分析对象和要求,可分为微量样品分析和痕量成分分析两种类型。微量样品分析是就取样量而言的,由于纳米材料合成困难,因此,每次测定的取样量通常在微克级左右,在特定情况下,还可能要求测定单个纳米粒子的成分与含量。痕量成分分析则是就待测成分在纳米材料中的含量而言的,由于杂质或掺杂的成分含量很低,在百万分之一甚至更低的浓度范围,故称这类分析为痕量成分分析。

纳米材料的化学成分分析方法按照分析要求的不同,又分为体相元素成分分析、表面成分分析和微区成分分析等方法。体相元素成分分析能够提供形成纳米材料的基本元素组成,表面成分分析则可确定纳米薄膜乃至纳米粒子表面的元素分布状态及其含量。

纳米材料的体相元素组成及其杂质成分的分析方法包括原子吸收、原子发射、ICP 质谱以及 X 射线荧光与衍射分析方法。其中,前 3 种分析方法需要对样品进行溶解后再进行测定,故属于破坏性样品分析方法。而 X 射线荧光与衍射分析方法可直接对固体样品进行测定,故称非破坏性元素分析方法。

目前,纳米材料的表面分析方法最常用的有 X 射线光电子能谱(XPS)分析方法、俄歇电子能谱(AES)分析方法、电子探针分析方法及二次离子质谱(SIMS)分析法等。这些方法能对纳米材料表面的化学成分、分布状态与价态、表面与界面的吸附与扩散反应的状况等情况进行测定,当把能谱或电子探针技术与扫描或透射电镜技术相结合时,还可对纳米材料的微区成分进行分析。因此,纳米材料的成分分析,特别是纳米薄膜的微区成分分析,有广泛的应用。

常用的仪器分析法主要是利用各种化学成分的特征谱线,如采用 X 射线荧光分析和电子探针微区分析法可对纳米材料的整体及微区的化学组成进行测定。同时,还可与扫描电子显微镜 SEM 配合,使之既能利用探测从样品上发出的特征 X 射线来进行元素分析,又可利用二次电子、背散射电子和吸收电子信号等观察样品的形貌图像。即可根据扫描图像边观察边分析成分,把样品的形貌和所对应微区的成分有机地联系起来,进一步揭示图像的本质。此外,还可采用俄歇电子能谱 AES、原子吸收光谱 AAS,对纳米材料的化学成分进行定性、定量分析;采用 X 射线光电子能谱法 XPS,可分析纳米材料的表面化学组成、原子价态、表面形貌、表面微细结构状态及表面能态分布等。

### 9.3.2 结构表征

纳米材料的尺寸量级为 1 ~ 100 nm。根据纳米材料结构的不同,大体上可将纳米材料分为 4 类,即纳米结构晶体或三维纳米结构(如等轴微晶)、二维纳米结构(如纳米薄膜)、一维纳米结构(如纳米碳管)及零维原子簇或簇组装(如粒径不大于 2 nm 的纳米粒子)。纳米材料包括晶体、赝晶体、无定形金属、陶瓷及化合物等。纳米材料的成分、形貌、物相结构及晶体结构对其性能有重要的影响。

材料的物相结构表征是为了精确分析以下亚微观特征:

①晶粒的尺寸、分布和形貌。

②晶界和相界面的本质。

③晶体的完整性和晶间缺陷。

④跨晶粒和跨晶界的组成和分布。

⑤微晶及晶界中杂质的剖析。

除此之外,分析的目的还在于测定纳米材料的结构特性,为解释材料结构与性能的关系提供实验依据。目前,常用的物相分析方法有 X 射线衍射分析、激光拉曼分析和微区电子衍射等。

XRD 物相分析是基于多晶样品对 X 射线的衍射效应,根据布拉格衍射方程对样品中各组分的存在形态进行定性定量分析测定的方法。测定的内容包括各组分的结晶情况、所属的晶相、晶体的结构以及各种元素在晶体中的价态、成键状态等。XRD 物相分析的不足之处是灵敏度较低,一般只能测定样品中含量在 1% 以上的物相。同时,定量测定的准确度也不高,一般在 1% 的数量级。

当 X 射线通过晶体时会产生布拉格衍射,它们的特征可用各个衍射面的晶面间距值 $d$ 和衍射线的相对强度 $I/I_0$ 来表征。这里的 $I$ 是同一晶体物质中某一晶面的衍射线强度,$I_0$ 是该晶体物质中最强衍射线的强度。任何一种结晶物质的衍射数据 $d$ 和 $I/I_0$ 是其晶体结构的必然反映。因此,可根据这些数据能够鉴别材料的物相结构,另外根据晶面间距值 $d$ 及相应的衍射线指数($h$、$k$、$l$)按照式(9.2)可计算六方晶系的晶格参数,即

$$\frac{1}{d^2} = \frac{h^2 + hk + k^2}{3a^2/4} + \frac{l^2}{c^2} \tag{9.2}$$

式中　$d$——晶面间距;

　　　$h$、$k$、$l$——衍射线指数;

　　　$a$、$c$——晶胞参数。

当一束激发光的光子与作为散射中心的分子发生相互作用时,大部分光子仅是改变方向,发生瑞利散射。还有很多微量的光子不仅改变了光的传播方向,而且也改变了光波的频率,这种散射称为拉曼散射。拉曼散射产生的原因是光子与分子之间发生了能量交换,改变了光子的能量。拉曼光谱的光散射频率位移与分子的能级跃迁有关,因此,拉曼光谱技术与分子结构有着密切的关系,是分子价键结构分析的重要手段,可利用拉曼光谱研究无机键的振动方式,确定结构。在固体材料中,拉曼激活的机制很多,响应的范围也很广,如分子振动、各种元激发(电子、声子、等离子等)、杂质及缺陷等。激光拉曼光谱以其信息丰富、制样简单、水的干扰小等优点,广泛应用于生物分子、高聚物、半导体、陶瓷、药物等分析。

由于原子在晶体中有规则的排列,晶体可看成一个光栅,电子束入射后会产生衍射现象。与 X 射线一样,电子衍射也遵循布拉格方程。如果对电子衍射所形成斑点的位置、形状、强度以及它们所依赖的参数进行分析,就可推断晶体的周期性结构,还可研究晶体表面的缺陷结构。电子衍射分析多在透射电子显微镜上进行,与 X 射线衍射分析相比,选区电子衍射可实现晶体样品的形貌特征和微区晶体结构相对应,并且能进行样品内部成相的位向关系及晶体缺陷的分析。而以能量为 100 ~ 1 000 eV 的电子束照射样品表面的低能电子衍射,能给出样品表面 15 个原子层的结构信息,成为分析晶体表面结构的重要方法,已应用于表面吸附、腐蚀、催化、外延生长及表面处理等领域。

随着分析仪器和技术的不断发展,纳米材料结构研究所能够采用的试验仪器越来越多,包括高分辨透射电镜、扫描探针显微镜、扫描隧道显微镜、原子力显微镜、场离子显微镜、X 射线衍射仪、中子衍射仪,以及原理吸收光谱仪、质谱仪、电子能谱仪、俄歇电子谱仪、表面力仪、摩擦力显微镜等。可以认为,纳米结构的研究方法几乎已涉及全部物质结构分析测试的仪器。

### 9.3.3　纳米材料的粒度分析

大部分固体材料均是由各种形状不同的颗粒构造而成的。因此,细微颗粒材料的形状和大小对材料结构和性能具有重要的影响,尤其对纳米材料,其颗粒大小和形状对材料的性能起着决定性的作用。因此,对纳米材料的颗粒大小、形状的表征具有重要意义。一般固体材料颗粒大小可用颗粒粒度概念来表述。

对于不同原理的粒度分析仪器,其所依据的测量原理不同,其所测量的颗粒特性也不同。因此,它们只能进行有效对比,不能进行横向直接对比。由于粉体材料颗粒形状不可能都是均匀的球形,有各种各样的结构。因此,在大多数情况下,粒度分析仪所测的粒径是一种等效意义上的粒径,与实际的颗粒大小分布会有一定的差异,只具有相对比较的意义。

由于粉体材料的颗粒大小分布较广,可从纳米级到毫米级,因此,在描述材料粒度大小时,可把颗粒按大小分为纳米颗粒、超细微粒、微粒、细粒、粗粒等种类。近年来,随着纳米科学和技术的迅猛发展,纳米材料的颗粒分布以及颗粒大小已成为纳米材料表征的重要指标之一,其研究的粒度分布范围主要是在 1～500 nm,尤其是 1～20 nm 的粒度,是纳米材料研究最关注的尺寸范围。

传统的颗粒测量方法有筛分法、显微镜法和沉降法等。近年来发展的方法有激光散射法、光子相干光谱法、电子显微镜图像分析法、基于布朗运动的粒度测量法和质谱法等。其中,激光散射法和光子相干光谱法由于具有速度快、测量范围广、数据可靠、重现性好、自动化程度高、便于在线测量等优点而被广泛应用。

激光散射法粒度分析仪的工作原理基于激光与颗粒之间的作用。在激光束中,一定粒径的球形颗粒以一定的角度向前散射光线,这个角度接近于与颗粒直径相等的孔隙所产生的衍射角。当单色光束穿过悬浮的颗粒流时,颗粒产生的衍射光通过凸透镜聚于探测器上,记录下不同衍射角的散射光强度。同时,不发生衍射的光线经凸透镜聚焦于探测器中心,不影响发生衍射的光线。因此,颗粒流经过激光束时产生一个稳定的衍射谱。衍射光的强度 $f(\theta)$ 与颗粒的粒径关系为

$$I(\theta) = \frac{1}{\theta}\int_0^\theta R^2 n(R) J_1^2(\theta K R)\, \mathrm{d}R \qquad (9.3)$$

式中  $\theta$——散射角度;

$R$——颗粒半径;

$I(\theta)$——以 $\theta$ 角散射的光强度;

$n(R)$——颗粒的粒径分布函数;

$K=2\pi/\lambda$,$\lambda$ 为激光的波长;

$J_1$——第一型贝叶斯函数。

根据测得的 $f(\theta)$,可由方程(9.2)反演求得粒径分布 $n(R)$。

显微镜法是一种测定颗粒粒度常用方法。光学显微镜测定范围为 0.8～150 μm,小于 0.8 μm 者必须用电子显微镜观察。扫描电镜和透射电子显微镜常用于直接观察大小在 1 nm～5 μm 的颗粒,适合纳米材料的粒度大小和形貌分析。传统的显微镜法测定颗粒粒度分布时,通常采用显微拍照法将大量颗粒试样照相,然后根据所得的显微照片,采用人工的方法进行颗粒粒度的分析统计。由于测量结果受主观因素影响较大,测量精度不高,而且操作繁重费时,容易出错。近年来,采用综合性图像分析系统可快速而准确地完成显微镜法中的测量和分析统计工作。综合性的图像分析系统可对颗粒粒度进行自动测量和自动分析统计。

图像分析技术因其测量的随机性、统计性和直观性被公认为是测量结果与实际粒度分布吻合最好的测试技术。其优点是直接观察颗粒形状,可直接观察颗粒是否团聚。其缺点是取样代表性差,实验重现性差,测量速度变慢。

电镜法进行纳米材料颗粒度分析也是纳米材料研究最常用的方法。它不仅可进行纳米颗粒大小的分析,也可对颗粒大小的分布进行分析,还可得到颗粒形貌的数据。一般采用的电镜有扫描电镜和透射电镜,其进行粒度分布的主要原理是,通过溶液分散制样的方式把纳米材料样品分散在样品台上,然后通过电镜进行放大观察和照相。通过计算机图像分析程序就可将颗粒大小及其分布以及形状数据统计出来。

光散射法的研究分为静态和动态两种:静态光散射法(即时间平均散射)测量散射光的空间分布规律;动态光散射法则研究散射光在某固定空间位置的强度随时间变化的规律。成熟的光散射理论主要有弗朗合费(Fraunhofer)衍射理论、菲涅尔(Fresnel)衍射理论、米(Mie)散射理论及瑞利(Royleigh)散射理论等。

随着纳米材料在高新技术产业、国防、医药等领域的广泛应用,颗粒测量技术将向测量下限低、测量范围广、测量准确度和精确度高、重现性好等方向发展。因此,对颗粒测量技术的要求也越来越高。综观各种颗粒测量方法和技术,为适应颗粒粒度分析的更高要求,光散射法、基于颗粒布朗运动的测量方法和质谱法等分析手段将更加完善并得到更广泛的应用。

### 9.3.4　纳米材料的形貌分析

材料的形貌尤其是纳米材料的形貌是材料分析的重要组成部分,对于纳米材料,其性能不仅与材料颗粒大小还与材料的形貌有重要关系。因此,纳米材料的形貌分析是纳米材料的重要研究内容。形貌分析包括分析材料的几何形貌、材料的颗粒度、颗粒的分布以及形貌微区的成分和物相结构等方面。

纳米材料常用的形貌分析方法主要有扫描电子显微镜(SEM)、透射电子显微镜(TEM)、扫描隧道显微镜(STM)及原子力显微镜(AFM)法。扫描电镜和透射电镜形貌分析不仅可分析纳米粉体材料,还可分析块体材料的形貌。其提供的信息主要有材料的几何形貌,粉体的分散状态,纳米颗粒的大小、分布,以及特定形貌区域的元素组成和物相结构。

扫描电镜分析用以提供从数纳米到毫米范围内的形貌图像。透射电镜具有很高的空间分辨能力,特别适合粉体材料的分析。其特点是样品使用量少,不仅可获得样品的形貌、颗粒大小、分布,还可获得特定区域的元素组成及物相结构信息。透射电镜比较适合纳米粉体样品的形貌分析,但颗粒直径应小于 300 nm,否则电子束将不能穿透。对块体样品的分析,透射电镜一般需要对样品需要进行减薄处理。扫描隧道显微镜主要针对一些特殊导电固体样品的形貌分析,可达到原子量级的分辨率,仅适合具有导电性的薄膜材料的形貌分析和表面原子结构分布分析,对纳米粉体材料不能分析。扫描原子力显微镜可对纳米薄膜进行形貌分析,分辨率可达到几十纳米,比扫描隧道显微镜差,但适合导体和非导体样品,不适合纳米粉体的形貌分析。总之,这 4 种形貌分析方法各有特点,电镜分析具有更多优势,但扫描隧道显微镜和原子力显微镜具有进行原位形貌分析的特点。

扫描电子显微镜的原理与光学成像原理相近。主要利用电子束切换可见光,利用电磁透镜代替光学透镜的一种成像方式。扫描电子显微镜之所以能放大很大的倍数,是因为基本电子束可集中扫描一个非常小的区域($< 10$ nm),在用小于 1 keV 能量的基本电子束扫描小于5 nm的表面区域时,就能产生对微观形貌较高的灵敏度。

扫描电镜的优点是:有较高的放大倍数,20 倍~20 万倍连续可调;有很大的景深,视野大,成像富有立体感,可直接观察各种试样凹凸不平表面的细微结构;试样制备简单。目前,扫描电镜都配有 X 射线能谱仪装置,这样可同时进行显微组织形貌的观察和微区成分分析。因此,它像透射电镜一样,是当今十分有用的科学研究仪器。

分辨率是扫描电镜的主要性能指标。对微区成分分析而言,它是指能分析的最小区域;对成像而言,它是指能分辨两点之间的最小距离,分辨率大小由入射电子束直径和调节信号类型共同决定。电子束直径越小,分辨率越高。但由于成像信号不同,例如一次电子和背反射电子,在样品表面的发射范围也不同,从而影响其分辨率。

### 9.3.5 纳米材料表面与界面分析

纳米材料的发展必然要从粉体材料逐步地演变为薄膜材料和体相材料,从而进入纳米器件和纳米电子时代。纳米材料的应用也会从纳米粉体的应用逐步发展到纳米器件的应用。在纳米器件和纳米电子的研究中,主要涉及多层纳米薄膜的制备和控制,这些过程中最关键的技术是对薄膜成分、化学结构、形貌以及元素的三维分布等信息进行分析和控制。因此,固体材料的表面与界面分析已发展为纳米薄膜材料研究的重要内容,特别是对于固体材料的元素化学态分析、元素三维分布分析以及微区分析。

目前,常用的表面和界面分析方法有 X 射线光电子能谱(XPS)、俄歇电子能谱(AES)、静态二次离子质谱(SIMS)及离子散射谱(ISS)。其中,XPS 占了整个表面成分分析的 50%,AES 占了 40%,SIMS 占了 8%。在这些表面与界面分析方法中,XPS 的应用范围最广,可适合各种材料的分析,尤其适合材料化学状态的分析,更适合于涉及化学信息领域的研究。AES 分析的应用主要偏重于物理方面的固体材料科学的研究,其特点是具有很高的空间分辨能力以及深度分辨能力,可提供三维方向的各种化学信息。SIMS 和 ISS 由于定量效果较差,在常规表面分析中的应用相对较少。但近年来随着飞行时间质谱(TOF-SIMS)的发展,使得质谱在表面分析上的应用也逐渐增加,尤其是对于一些高分子纳米薄膜材料的研究,具有更好的应用前景。

## 9.4 纳米材料的制备

纳米材料的主要研究对象主要包括:纳米颗粒或粉体;纳米管、纳米线、纳米棒等一维材料;纳米颗粒组成的薄膜和块体;组装和自组装纳米材料;纳米微孔或多孔材料。目前,纳米材料的研究与应用正向纵深发展,而其关键在于制备出符合要求的纳米材料,制备方法和工艺的发展必将极大地促进纳米材料及纳米科技的进步。

有关纳米材料的制备方法非常多,而其分类也是各不相同,如分为干法和湿法,物理方法和化学方法,以及气相法、液相法和固相法等。从制备纳米材料的最基本原理来看有两种类型:自上而下,即先制备纳米结构单元,进而将其组装成纳米材料;自下而上,即通过控制粒子的生长,使其维持在纳米尺度。由于方法既有物理过程又有化学过程,下面按原始物质的维度及常见的纳米材料介绍常用的纳米材料的制备方法和技术。

### 9.4.1 金属纳米颗粒的制备

金属纳米颗粒在结晶学、热学、光学及电磁学等方面表现出了异常的性能,具有广泛的应用前景。粉末的制备方法主要有机械粉碎法、雾化法、还原法、化学气相沉积法及羰基法。通常依据所制材料或制品的性能要求来进行选择。

（1）机械粉碎法

常用机械粉碎系统有闭式和开式两种。闭式是将流体机、粉碎机、分级器及收集器等设备连成回路。按粉碎设备分为 3 种方法，即球磨法、冷流冲击法和流态化气流磨法。

球磨法是将物料和碾磨球混装在粉磨机内，物料在强烈搅动的碾磨之间受到冲击力、碾磨力、剪切力及压力的反复作用，不断发生变形和破碎，同时完成改变颗粒形状、改善粉末密度、流动性、产生固态合金化，适用于脆性金属粉末。

冷流冲击法是在专用设备中，用超音速气流夹带着物料，喷射到对面固定的硬质合金靶上，使物料与靶发生强烈碰撞而破碎，这种方法可用于在室温下制取 W、Mo、Pe 等金属粉末。

流态化床气流磨法能有效地制取微细粉末。在气流磨粉机的流态床中，被压缩气体加速后高速碰撞会使粉末进一步细化，平均粒度可达 3.5 μm，可制取 W 合金等粉末。

采用此种传统的方法制得的粉末，其粒径极限不少于 0.1 μm，难以制得真正意义上的纳米金属粉末。

（2）还原法

即采用还原剂在一定条件下将金属氧化物或金属盐类等进行还原制取金属或合金粉末的方法。目前，还原法是生产金属粉末应用最广泛的方法。常用的还原剂有气体，如氢、分解氨、转化天然气等；固体碳，如木炭、焦炭、无烟煤等。

在以固体金属化合物为原料的情况下，用氢或分解氨（$H_2 + N_2$）作还原剂时，反应式为

$$Me + H_2 \rightarrow Me + H_2O \tag{9.4}$$

可用于制取 W、Mo、Fe、Cu、Co、Ni 等粉末及合金。采用固体碳作还原剂时，实际是由碳气化反应生成的 CO 在起主导作用，即

$$Me + CO \rightarrow Me + CO_2 \tag{9.5}$$

此反应主要用于制取 Fe 粉，也可制取 W 等粉体。

用转化天然气作还原剂时，主要是氢和 CO 的还原作用，可用于制取 Fe 粉。用 Ca、Mg、Na 等金属作还原剂时，可制取 Ta、Nb、Ti、Zr 等粉末，而在生产中普遍应用的是用碳还原 Fe 粉，用氢还原 W 粉。

（3）羰基法

利于金属羰基化合物如 $Fe(CO)_5$、$Ni(CO)_4$ 等进行热分解制取金属粉末的方法。首先将具有一定金属活性的金属在一定温度和压力下与氧化氮气体进行反应，生成羰基金属化合物，然后再经一定温度下热分解，在反应器内获得金属原子气，最后通过气相成核、长大得到一定粒度的金属粉末。

与此同时，金属纳米颗粒的制备方法还包括真空蒸发法、粗冷法、放电爆炸法、高能球磨法以及其他物理化学法等。

### 9.4.2　纳米陶瓷的制备

随着尖端科技的高速发展，纳米粉体的应用已涉及军事、航天、核技术及电子等多个领域。伴随着超细粉体物质尺度的减小，其晶体结构和表面电子结构都发生了巨大的变化，产生了宏观物质所不具有的表面效应和量子隧道效应，使超细粉体具有一系列特殊的声、电、磁及光等

物理化学特性。对于功能陶瓷来说,粉体制备技术是首要技术。只有采用高纯、超细、良好烧结活性的粉体才有获得功能陶瓷的可能性。目前,国内外制备陶瓷纳米粉体最常用的方法主要有固相合成法、溶胶-凝胶法和化学沉淀法等。

（1）固相法

固相反应法实质上是一个比较复杂的多相扩散反应。其基本过程如下:首先把固体原料相互混合,然后进行长时间加热,使反应在高温下通过接触截面发生离子的自扩散和互扩散,或者使原有的化学键发生断裂,这种变化向固体原料内部或深度扩散,最终导致一种新物质的生成。反应物颗粒越细,其比表面积越大,反应物颗粒之间的接触面积就越大,有利于固相反应的进行。

（2）溶胶-凝胶法

溶胶-凝胶法是制备纳米粉体的一种湿化学方法,能在较低温度下制备高纯度的陶瓷粉体。其基本原理是:以易于水解的无机盐或金属醇盐为原料,使之发生水解直接形成溶胶,经缩聚过程逐渐凝胶化,将凝胶干燥成为干凝胶,干凝胶经过热处理,使体系中的有机物完全挥发掉,即得所需氧化物纳米粉末。其基本工艺过程如图9.2所示。

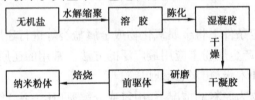

图9.2　溶胶-凝胶法基本工艺过程

在溶胶-凝胶法中,制备高质量溶胶的关键就是控制好无机盐或金属醇盐的水解缩聚条件,从而合成高质量的超细粉体。

（3）化学沉淀法

化学沉淀法是工业大规模生产中用得最多的一种,由于其成本低,工艺易于控制,一直受到广泛的欢迎。化学沉淀法有很多种,其原理相同。包含一种或多种离子的可溶性盐溶液,当加入沉淀剂(如 $OH^-$、$C_2O_4^{2-}$、$CO_3^{2-}$ 等)后,或在一定温度下使溶液发生水解,形成不溶性的氢氧化物、水合物或盐类,从溶液中析出,并将溶剂和溶液中原有的阴离子洗去,经热分解和脱水即可得到所需的氧化物粉料。

（4）水热法/有机溶剂热法

水热过程是指在高温、高压下,在水溶液或蒸汽等流体中进行有关化学反应合成化合物,再经分离和热处理得到纳米微粒。近年来,将一些新技术如微波技术、超临界技术引入水热法,合成了一系列纳米化学物,成为重要的合成技术之一。水热条件下粒子反应和水解反应可得到加速和促进,一些在常温常压下反应速度很慢的热力学反应在水热条件下可实现快速反应。几种纳米陶瓷粉体制备方法优缺点的比较见表9.1。

表9.1　各种制备方法的优缺点比较

| 制备方法 | 优　点 | 缺　点 |
|---|---|---|
| 固相反应法 | 工艺简单、成本低、效率高 | 较高的焙烧温度、易于引入杂质、配料需要长时间研磨、晶粒易粗化且分布范围宽 |

续表

| 制备方法 | 优　点 | 缺　点 |
|---|---|---|
| 溶胶—凝胶法 | 反应条件温和、成分容易控制、产品纯度高、合成过程中无须机械混合、不易引进杂质、均匀工艺、设备简单 | 原材料价格昂贵,产物干燥时收缩大 |
| 化学共沉淀法 | 操作简单易行、对设备和技术要求不高、有良好的化学计量性、成本较低 | 产物易团聚,晶粒易粗化且分布范围宽,难于控制粒径 |
| 水/有机溶剂热法 | 避免了硬团聚的产生 | 合成粉体的产量低 |

### 9.4.3　纳米管、纳米线(丝、棒)的制备技术

制备纳米管采用的方法很多,主要有电弧法、催化热解法、激光蒸发法以及其他方法。下面以碳纳米管为例进行介绍。

（1）电弧法

这是制备纳米管的经典方法,其主要原理是在一真空反应室中充以一定压力的惰性气体,采用截面积较大的石墨棒(直径为 20 mm)作阴极,截面积较小的石墨棒(直径为 10 mm)为阳极,在电弧放电过程中,两石墨电极间总是保持 1 mm 的间隙,阳极石墨棒不断被消耗,在阴极沉积出含有碳纳米管、富勒烯、石墨微粒、无定型碳及其他形式的碳和烟灰。其原理图如图9.3所示。

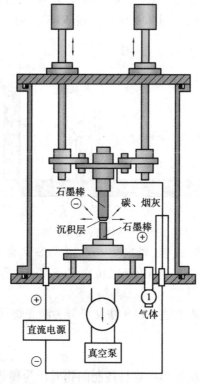

图9.3　电弧法原理示意图

这种方法的优点是碳纳米管晶化程度高,缺点是碳纳米管晶相取向不定,易烧结、杂质含量高、分离提纯难度大。

(2)激光蒸发法

用高能激光蒸发掺有 Fe、Co、Ni 或其合金的碳靶,使碳蒸发,然后冷却,从而得到单壁碳纳米管和单壁碳纳米管束的一种方法。其管径可由激光脉冲来控制。其特点是制备的单壁碳纳米管质量好,广泛用于对单壁碳纳米管的物理测量中,然而不适合制备多壁碳纳米管。

(3)催化热解法

催化热解法主要是使含有碳源的气体 $C_6H_6$、$C_2H_2$、$C_2H_4$ 等流经催化剂表面时分解生成碳纳米管。催化热解法使用的催化剂一般是过渡金属元素 Fe、Co、Ni 或者是它们的组合,有时也添加稀土等其他元素及化合物。催化热解法不仅成本低、设备简单、反应温度低(1 000 ℃左右,远低于电弧法和激光蒸发法的 3 000 ℃),而且通过控制催化剂的模式,可得到定向阵列的多壁碳纳米管,是最有希望实现大量制备高质量多壁碳纳米管的方法。

另外,纳米线合成制备的基本思想是:先通过物理、化学等方法获得物质的原子、分子态,再在一定约束、控制条件下,结晶生长出一维纳米结构。由于获得物质的原子、分子态以及约束、控制的物理、化学方法很多,因此,一维纳米线的合成制备方法也多种多样。

(4)气-液-固法(VLS)

反应系统产生的气相组分 B 先在金属催化剂 A 上形成低共熔触媒液滴,从而形成了一个对气体 B 具有较高容纳系数的 V-L-S 界面层,该界面层不断吸纳气相中的反应物 B,在 B 达到了适合纳米线生长的过饱和度后,在液滴中析出晶核,随着液滴不断吸纳气相中的反应物分子 B,晶核长大、析出晶体,形成纳米线,纳米线不断地向上生长,并将圆形的低共融液滴向上抬高,一直到冷却后形成了纳米线,如图 9.4 所示。按 VLS 机理生长纳米线的基本特征——端头存在凝固的小液滴。

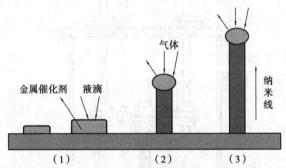

图 9.4　VLS 机理示意图

该机理可概括为形成液滴、成核、轴向生长。用 VLS 法合成出的纳米线有元素半导体(Si、Ge)、化合物半导体(GaN、GaAs、GaP、InP、InAs、ZnS、ZnSe、CdS、CdSe 等)和氧化物纳米线($ZnO$、$Ga_2O_3$、$SiO_2$ 等)。

根据纳米线生长蒸汽的获得方法,VLS 法又可分为激光烧蚀法、热蒸法、化学气相沉积法及化学气相传输法等。

(5)模板法

模板法是指将具有纳米结构且形状容易控制的物质作为模板(模子),通过物理或化学方法将相关材料沉积到模板的孔中或表面,而后移去模板,得到具有模板规范形貌和尺寸的纳米材料的一种方法。模板分硬模板和软模板。硬模板具有刚性结构,主要有阳极氧化铝、高分子模板、分子筛、胶态晶体及纳米碳管等;软模板没有固定组织结构,但在一定空间范围内具有限域能力的分子体系,如单分子层模板、液晶模板和聚合物模板等。模板法具有合成方便,性质在较大范围可控;适合批量生产;同时解决纳米材料的尺寸、形状控制和分散性问题;可制备出金属、半导体、碳、聚合物和其他材料组成的纳米线和纳米管;可以是单分子材料,也可以是复合材料。

其他还有液相法等,即利用晶体各向异性的特点,结晶时限制晶核在一些晶面的生长,从而制备出纳米线,适合制备金属等晶体纳米线。

### 9.4.4 纳米薄膜的制备技术

纳米薄膜分两类:一是由纳米粒子组成的(或堆砌而成的薄膜);另一类是在纳米粒子间有较多的孔隙或无序原子或另一种材料。由于纳米薄膜在光学、电学、催化及敏感等方面有很多特性,因此具有广阔的应用前景。纳米薄膜的制备方法除了前两节提到的溶胶-凝胶法、真空蒸发法等,还主要有 Langmuir-Blodgett 技术、分子束外延(MBE)、气相沉积法及电化学法等。

(1)LB 膜技术

典型的 LB(Langmuir-Blodget)膜成膜材料必须是具有"双亲性",即亲水基和疏水基的化合物。通常的 LB 膜成膜过程可分为以下 3 个基本阶段:

①液面上单分子膜的形成,首先将成膜材料溶解在诸如苯、氯仿等不溶于水的有机溶剂之中,然后滴加在水面上铺展开来,材料分子被吸附在空气-水的界面上。

②待溶剂蒸发后,通过一可移动的挡板,减少每一分子所占有的面积(即水面的面积/滴入的分子数)。在某一表面压下,各个分子的亲水基团与水面接触。疏水基团与空气一侧接触,即所有分子在亚相表面都基本上成对地取向排列并密集充填而形成单分子层。

③通过机械装置以一定的速度降下基片,亚相表面的单分子层便转移到基片上。如果再提升基片,则第二层单分子层又转移到基片上。

(2)分子束外延

分子束外延(MBE)是在超高真空条件下,精确控制原料的分子束强度,把分子束射入被加热的基片上而进行外延生长的。所谓"外延",就是在某些特定的单晶材料衬底上,沿着衬底的某个晶面向外延伸,生长出一种单晶薄膜。通过提高蒸发源、监控系统、分析系统的性能及真空环境的改善,能得到极高质量的薄膜单晶体。可以说,MBE 是以真空蒸镀为基础的一种全新的薄膜生长法。

(3)气相沉积法

气相沉积法包括物理气相沉积法和化学气相沉积法。

1)物理气相沉积法

物理气相沉积(Physical Vapor Deposition,PVD)法作为一类常规的薄膜制备手段被广泛应用于纳米薄膜的制备,包括蒸镀、电子束蒸镀、溅射等。

其基本的过程如图9.5所示。

图 9.5　PVD 法基本过程示意图

2）化学气相沉积法

化学气相沉积（Chemical Vapor Deposition，CVD）法主要是利用含有薄膜元素的一种或几种气相化合物或单质在衬底表面上进行化学反应生成薄膜的方法。其薄膜形成的基本过程包括气体扩散、反应气体在衬底表面的吸附、表面反应、成核和生长以及气体解吸、扩散挥发等步骤。利用该方法可制备氧化物、氟化物、碳化物等纳米复合薄膜。目前，该方法被广泛地应用于纳米薄膜材料的制备，主要用于制备半导体、氧化物、氮化物及碳化物纳米薄膜。

CVD 法可分为常压 CVD、低压 CVD、热 CVD、等离子 CVD、间隙 CVD、激光 CVD 及超声 CVD 等。

（4）电化学法

电化学法是在含有被镀物质离子的水溶液（或非水溶液、熔盐等）中通直流电，使正离子在阳极表面放电，得到相应的纳米薄膜。电沉积是电化学范畴中的一种氧化还原或电解方法镀膜的过程。应用电沉积方法可制备纳米金属化合物半导体薄膜、纳米高温超导氧化物薄膜、纳米电致变色氧化物薄膜及其他纳米单层或多层膜。

# 9.5　纳米材料的应用

## 9.5.1　纳米技术在陶瓷领域方面的应用

传统陶瓷材料质地较脆，韧性较差，其应用受到了较大的限制。随着纳米技术的广泛应用，纳米陶瓷随之产生，希望以此来克服陶瓷材料的脆性，使陶瓷具有类似金属的柔韧性和可加工性。英国材料学家 Cahn 指出，纳米陶瓷是解决陶瓷脆性的战略途径。

所谓纳米陶瓷，是指显微结构中的物相具有纳米级尺度的陶瓷材料，也就是说晶粒尺寸、晶界宽度、第二相分布、缺陷尺寸等都是在纳米量级的水平上。要制备纳米陶瓷，就需要解决：粉体尺寸形貌和粒径分布的控制，团聚体的控制和分散，块体形态、缺陷、粗糙度以及成分的控制。

如果多晶陶瓷是由大小为几个纳米的晶粒组成，则能在低温下变为延性的，能发生 100% 的范性形变。人们发现，纳米 $TiO_2$ 陶瓷材料在室温下具有优良的韧性，在 180 ℃经受弯曲而不产生裂纹。如能解决单相纳米陶瓷的烧结过程中抑制晶粒长大的技术问题，从而控制陶瓷晶粒尺寸在 50 nm 以下的纳米陶瓷，则它将具有高硬度、高韧性、低温超塑性、易加工等传统陶瓷无法相比的优点。纳米陶瓷 3Y-TZP（100 nm 左右）在经室温循环拉伸试验后，在纳米陶瓷 3Y-TZP 样品的断口区域发生了局部超塑性形变，形变量高达 380%，并从断口侧面观察到了大量通常出现在金属断口的滑移线。另外，对 $Al_2O_3$-SiC 纳米复相陶瓷进行拉伸蠕变实验，结果发现伴随晶界的滑移，$Al_2O_3$ 晶界处的纳米 SiC 粒子发生旋转并嵌入 $Al_2O_3$ 晶粒之中，从而增大了晶界滑动的阻力,也即提高了 $Al_2O_3$-SiC 纳米复相陶瓷的蠕变能力。

虽然纳米陶瓷还有许多关键技术需要解决,但其优良的室温和高温力学性能、抗弯强度、断裂韧性,使其在切削刀具、轴承、汽车发动机部件等诸多方面都有广泛的应用,并在许多超高温、强腐蚀等苛刻的环境下起着其他材料不可替代的作用,具有广阔的应用前景。

### 9.5.2　纳米技术在微电子学上的应用

纳米电子学是纳米技术的重要组成部分。其主要内容是基于纳米粒子的量子效应来设计并制备纳米量子器件,包括纳米有序(无序)阵列体系、纳米微粒与微孔固体组装体系及纳米超结构组装体系。纳米电子学的最终目标是将集成电路进一步缩小,研制出由单原子或单分子构成的在室温能使用的各种器件。

目前,已研制成功各种纳米器件。单电子晶体管,红、绿、蓝三基色可调谐的纳米发光二极管以及利用纳米丝、巨磁阻效应制成的超微磁场探测器已经问世。另外,具有奇特性能的碳纳米管的研制成功对纳米电子学的发展起到了关键的作用。

碳纳米管是由石墨碳原子层卷曲而成的,径向尺寸控制在 100 nm 以下。电子在碳纳米管的运动在径向上受到限制,表现出典型的量子限制效应,而在轴向上则不受任何限制。以碳纳米管为模板来制备一维半导体量子材料。例如,利用碳纳米管为模板,在化学气相条件下将 Si-SiO$_2$ 混合粉体置于坩埚底部,加热并通入 $N_2$ 气相反应,从而在碳纳米管上生长出 $Si_3N_4$ 半导体纳米线,其径向尺寸为 4~40 nm。另外,可在硅衬底上实现碳纳米管阵列的自组织生长,大大推进了碳纳米管在场发射平面显示方面的应用,其独特的电学性能使碳纳米管可用于大规模集成电路、超导线材等领域。

### 9.5.3　纳米技术在生物工程上的应用

众所周知,分子是保持物质化学性质不变的最小单位。生物分子是良好的信息处理材料,每一个生物大分子本身就是一个微型处理器,分子在运动过程中以可预测方式进行状态变化,其原理类似于计算机的逻辑开关,利用该特性并结合纳米技术,可以此来设计量子计算机。美国南加州大学的 Adelman 博士等应用基于 DNA 分子计算技术的生物实验方法,有效地解决了目前计算机无法解决的问题——"哈密顿路径问题",使人们对生物材料的信息处理功能和生物分子的计算技术有了进一步的认识。

到目前为止,还没有出现商品化的分子计算机组件。科学家们认为,要想提高集成度,制造微型计算机,关键在于寻找具有开关功能的微型器件。美国锡拉丘兹大学已利用细菌视紫红质蛋白质制作出了光导"与"门,利用发光门制成蛋白质存储器。此外,他们还利用细菌视紫红质蛋白质研制模拟人脑联想能力的中心网络和联想式存储装置。

纳米计算机的问世,将会使当今的信息时代发生质的飞跃。它将突破传统极限,使单位体积物质的储存和信息处理的能力提高上百万倍,从而实现电子学上的又一次革命。

### 9.5.4　纳米技术在光电领域的应用

纳米技术的发展,使微电子和光电子的结合更加紧密,在光电信息传输、存储、处理、运算及显示等方面,使光电器件的性能大大提高。将纳米技术用于现有雷达信息处理上,可使其能力提高 10 倍至几百倍,甚至可将超高分辨率纳米孔径雷达放到卫星上进行高精度的对地侦察。但要获取高分辨率图像,就必须具备先进的数字信息处理技术。科学家们发现,将光调制器和光探测器结合在一起的量子阱自电光效应器件,将为实现光学高速数学运算提供可能。

美国桑迪亚国家实验室的科学家发现:纳米激光器的微小尺寸可使光子被限制在少数几个状态上,而低音廊效应则使光子受到约束,直到所产生的光波累积起足够多的能量后透过此结构。其结果是激光器达到极高的工作效率,而能量阈则很低。纳米激光器实际上是一根弯曲成极薄面包圈的形状的光子导线,实验发现,纳米激光器的大小和形状能够有效控制它发射出的光子的量子行为,从而影响激光器的工作。研究还发现,纳米激光器工作时只需约 100 μA 的电流。最近科学家们把光子导线缩小到只有 1/5 立方微米体积内。在这一尺度上,此结构的光子状态数少于 10 个,接近了无能量运行所要求的条件,但是光子的数目还没有减少到这样的极限上。

除了能提高效率以外,无能量阈纳米激光器的运行还可得出速度极快的激光器。由于只需要极少的能量就可以发射激光,这类装置可实现瞬时开关。已经有一些激光器能以快于200 亿次/s 的速度开关,适合用于光纤通信。由于纳米技术的迅速发展,这种无能量阈纳米激光器的实现将指日可待。

### 9.5.5 纳米技术在化工领域的应用

纳米粒子作为光催化剂,有着许多优点。首先是粒径小、比表面积大、光催化效率高。另外,纳米粒子生成的电子、空穴在到达表面之前,大部分不会重新结合。因此,电子、空穴能到达表面的数量多,则化学反应活性高。其次,纳米粒子分散在介质中往往具有透明性,容易运用光学手段和方法来观察界面间的电荷转移、质子转移、半导体能级结构与表面态密度的影响。目前,工业上利用纳米二氧化钛-三氧化二铁作光催化剂,用于废水处理(含 $SO_3^{2-}$ 或 $Cr_2O_9^{2-}$ 体系),已取得了很好的效果。

利用沉淀溶出法制备出的粒径 30~60 nm 的白色球状钛酸锌粉体,比表面积大,化学活性高,用它作吸附脱硫剂,较固相烧结法制备的钛酸锌粉体效果明显提高。

纳米静电屏蔽材料是纳米技术的另一重要应用。以往的静电屏蔽材料一般都是由树脂掺加炭黑喷涂而成的,但性能并不是特别理想。为了改善静电屏蔽材料的性能,日本松下公司研制出具有良好静电屏蔽的纳米涂料。利用具有半导体特性的纳米氧化物粒子(如 $Fe_2O_3$、$TiO_2$、$ZnO$ 等)做成涂料,由于具有较高的导电特性,因而能起到静电屏蔽作用。另外,氧化物纳米微粒的颜色各种各样,因而可通过复合控制静电屏蔽涂料的颜色,这种纳米静电屏蔽涂料不但有很好的静电屏蔽特性,而且也克服了炭黑静电屏蔽涂料只有单一颜色的单调性。

另外,将纳米 $TiO_2$ 粉体按一定比例加入化妆品中,则可有效地遮蔽紫外线。一般认为,其体系中只需含纳米二氧化钛 0.5%~1%,即可充分屏蔽紫外线。目前,日本等国已有部分纳米二氧化钛的化妆品问世。紫外线不仅能使肉类食品自动氧化而变色,而且还会破坏食品中的维生素和芳香化合物,从而降低食品的营养价值。如用添加 0.1%~0.5% 的纳米二氧化钛制成的透明塑料包装材料包装食品,既可防止紫外线对食品的破坏作用,还可使食品保持新鲜。将金属纳米粒子掺杂到化纤制品或纸张中,可大大降低静电作用。利用纳米微粒构成的海绵体状的轻烧结体,可用于气体同位素、混合稀有气体及有机化合物等的分离和浓缩,用于电池电极、化学成分探测器及作为高效率的热交换隔板材料等。纳米微粒还可用作导电涂料、用作印刷油墨和制作固体润滑剂等。

人们采用化学共沉淀法得到 $ZnCO_3$ 包覆 $Ti(OH)_4$ 粒子,在一定温度下预焙解后,溶去绝大部分包覆的 ZnO 粉体,利用体系中少量的 $ZnTiO_3$($ZnTiO_3$ 与 $TiO_2(R)$ 的晶体结构类似)促进了 $TiO_2$ 从锐钛型向金红石型的转化,制得粒径 20~60 nm 的金红石型二氧化钛粉体。用紫外分光光度计进行了光学性能测试,结果发现此粉体对 240~400 nm 的紫外线有较强的吸收,吸收率高达 92% 以上,其吸收性能远远高于普通 $TiO_2$ 粉体。另外,由于纳米粉体的量子尺寸效应和体积效应,导致纳米粒子的光谱特性出现"蓝移"或"红移"现象。在制备超细铝酸盐基长余辉发光材料时,用软化学法合成出的超细发光粉体的发射光谱的主峰位置,较固相机械混合烧结法制备的发光粉体兰移了 12 nm。余辉衰减曲线表明,该法合成出的发光粉体,其余辉衰减速度相对固相法合成出的发光粉体要快得多,这些都是由于粉体粒子大幅度减小所致的。

研究人员还发现,可利用纳米碳管其独特的孔状结构,大的比表面(每克纳米碳管的表面积高达几百平方米)、较高的机械强度做成纳米反应器。该反应器能使化学反应局限于一个很小的范围内进行。在纳米反应器中,反应物在分子水平上有一定的取向和有序排列,但同时限制了反应物分子和反应中间体的运动。这种取向、排列和限制作用将影响和决定反应的方向和速度。科学家们利用纳米尺度的分子筛作反应器,在烯烃的光敏氧化作用中,将底物分子置于反应器的孔腔中、敏化剂在溶液中,这样就只生成单重态的氧化产物。用金属醇化合物和羧酸反应,可合成具有一定孔径的大环化合物。利用嵌段和接枝共聚物会形成微相分离,可形成不同的"纳米结构"作为纳米反应器。

### 9.5.6 纳米技术在医学上的应用

随着纳米技术的发展,在医学上该技术也开始崭露头角。研究人员发现,生物体内的 RNA 蛋白质复合体,其线度为 15~20 nm,并且生物体内的多种病毒,也是纳米粒子。10 nm 以下的粒子比血液中的红细胞还要小,因而可在血管中自由流动。如果将超微粒子注入血液中,输送到人体的各个部位,作为监测和诊断疾病的手段。科研人员已成功利用纳米 $SiO_2$ 微粒进行了细胞分离,用金的纳米粒子进行定位病变治疗,以减少副作用等。另外,利用纳米颗粒作为载体的病毒诱导物已取得了突破性进展,现在已用于临床动物实验,估计不久的将来即可服务于人类。

研究纳米技术在生命医学上的应用,可在纳米尺度上了解生物大分子的精细结构及其与功能的关系,获取生命信息。科学家们设想利用纳米技术制造出分子机器人,在血液中循环,对身体各部位进行检测、诊断,并实施特殊治疗,疏通脑血管中的血栓,清除心脏动脉脂肪沉积物,甚至可用其吞噬病毒,杀死癌细胞。这样,在不久的将来,被视为当今疑难病症的艾滋病、高血压、癌症等医学问题都将迎刃而解,从而将使医学研究发生一次革命。

### 9.5.7 纳米技术在分子组装方面的应用

纳米技术的发展,大致经历了以下几个发展阶段:在实验室探索用各种手段制备各种纳米微粒,合成块体。研究评估表征的方法,并探索纳米材料不同于常规材料的特殊性能。利用纳米材料已挖掘出来的奇特的物理、化学和力学性能,设计纳米复合材料。目前,主要是进行纳米组装体系、人工组装合成纳米结构材料的研究。虽然已取得了许多重要成果,但纳米级微粒的尺寸大小及均匀程度的控制仍然是一大难关。如何合成具有特定尺寸,并且粒度均匀分布无团聚的纳米材料,一直是科研工作者努力解决的问题。目前,纳米技术深入对单原子的操纵,通过利用软化学与主客体模板化学,超分子化学相结合的技术,正在成为组装与剪裁,实现分子手术的主要手段。科学家们设想能设计一种在纳米量级上尺寸一定的模型,使纳米颗粒能在该模型内生成并稳定存在,则可控制纳米粒子的尺寸大小并防止团聚的发生。

1992年,人们采用介孔氧化硅材料为基,利用液晶模板技术,在纳米尺度上实现有机/无机离子的自组装反应。其特点是孔道大小均匀,孔径可在5~10 nm内连续可调,具有很高的比表面积和较好的热稳定性,使其在分子催化、吸附与分离等过程,展示了广阔的应用前景。同时,这类材料在较大范围内可连续调节其纳米孔道结构,可作为纳米粒子的微型反应容器。

1996年,IBM公司利用分子组装技术,研制出了世界上最小的"纳米算盘",该算盘的算珠由球状的$C_{60}$分子构成。美国佐治亚理工学院的研究人员利用纳米碳管制成了一种崭新的"纳米秤",能够称出一个石墨微粒的质量,并预言该秤可用来称取病毒的质量。

### 9.5.8 纳米技术在其他方面的应用

利用先进的纳米技术,在不久的将来,可制成含有纳米电脑的可人-机对话并具有自我复制能力的纳米装置,它能在几秒钟内完成数十亿个操作动作。在军事方面,利用昆虫作平台,把分子机器人植入昆虫的神经系统中控制昆虫飞向敌方收集情报,使目标丧失功能。

利用纳米技术还可制成各种分子传感器和探测器;利用纳米羟基磷酸钙为原料,可制作人的牙齿、关节等仿生纳米材料;将药物储存在碳纳米管中,并通过一定的机制来激发药剂的释放,则可控药剂有希望变为现实;另外,还可利用碳纳米管来制作储氢材料,用作燃料汽车的燃料"储备箱";利用纳米颗粒膜的巨磁阻效应研制高灵敏度的磁传感器;利用具有强红外吸收能力的纳米复合体系来制备红外隐身材料。这些都是很具有应用前景的技术开发领域。

## 思考与练习题

1.何谓纳米材料?
2.纳米材料的物理特性是什么?
3.纳米材料的制备与生产方法有哪些分类?
4.纳米材料的应用有哪些?

# 参考文献

[1] 卡丽斯特,来斯威什. 材料科学与工程基础[M].郭福,马立民,译.北京:化学工业出版社,2016.

[2] 靳正国,郭瑞松,等.材料科学基础[M]. 天津:天津大学出版社,2015.

[3] 曾燕伟.无机材料科学基础[M]. 武汉:武汉理工大学出版社,2015.

[4] 杨杨,钱晓倩.土木工程材料[M]. 武汉:武汉大学出版社,2014.

[5] 郑毅.土木工程材料[M]. 武汉:武汉大学出版社,2014.

[6] 李梅君,陈娅如.普通化学[M]. 2版.上海:华东理工大学出版社,2013.

[7] 黄永昌,张建旗.现代材料腐蚀与防护[M]. 上海:上海交通大学出版社,2012.

[8] 侯云芬.胶凝材料[M].北京:中国电力出版社,2012.

[9] 王磊,涂善东.材料强韧学基础[M].上海:上海交通大学出版社,2012.

[10] 张耀君.纳米材料基础[M].北京:化学工业出版社,2011.

[11] 胡志强.无机材料科学基础教程[M]. 2版.北京:化学工业出版社,2011.

[12] 关振铎,张中太,焦金生.无机材料物理性能[M]. 2版.北京:清华大学出版社,2011.

[13] 李丽霞,贾茹.硅酸盐物理化学[M]. 天津:天津大学出版社,2010.

[14] 张帆,郭益平,周伟敏.材料性能学[M]. 上海:上海交通大学出版社,2009.

[15] 陈建桥.材料强度学[M]. 武汉:华中科技大学出版社,2008.

[16] 马建丽.无机材料科学基础[M]. 重庆:重庆大学出版社,2008.

[17] 徐德龙,谢峻林.材料工程基础[M]. 武汉:武汉理工大学出版社,2008.

[18] 崔忠圻,覃耀春.金属学与热处理[M]. 2版.北京:机械工业出版社,2008.

[19] 朱永法.纳米材料表征与测试技术[M].北京:化学工业出版社,2006.

[20] 胡赓祥,等.材料科学基础[M]. 2版.上海:上海交通大学出版社,2006.

[21] 林建华,荆西平,王颖霞,等.无机材料化学[M]. 北京:北京大学出版社,2006.

[22] 宋晓岚,黄学辉.无机材料科学基础[M]. 北京:化学工业出版社,2006.

[23] 宁青菊,谈国强,史永胜.无机材料物理性能[M]. 北京:化学工业出版社,2006.

[24] 王峥,项端祈,陈金京,等.建筑声学材料与结构——设计和应用[M]. 北京:机械工业出版社,2006.

[25] 王从曾.材料性能学[M]. 北京:北京工业大学出版社,2001.

［26］周波.表面活性剂［M］.北京:化学工业出版社,2006.

［27］谢希文,过梅丽.材料科学基础［M］.北京:北京航空航天大学出版社,2005.

［28］郑子樵.材料科学基础［M］.长沙:中南大学出版社,2005.

［29］王中林.纳米材料表征［M］.北京:化学工业出版社,2005.

［30］顾宜.材料科学与工程基础［M］.北京:化学工业出版社,2002.

［31］周达飞.材料概论［M］.北京:化学工业出版社,2001.

［32］肖国庆,张军战.材料物理性能［M］.北京:中国建材工业出版社,2005.

［33］王章忠.材料科学基础［M］.北京:机械工业出版社,2005.

［34］德鲁.迈尔斯.表面、界面和胶体——原理及应用［M］.吴大诚,朱谱新,等,译.北京:化学工业出版社,2005.

［35］张联盟,黄学辉,宋晓岚.材料科学基础［M］.武汉:武汉理工大学出版社,2004.

［36］樊先平,洪樟连,翁文剑.无机非金属材料科学基础［M］.杭州:浙江大学出版社,2004.

［37］黄惠忠.纳米材料分析［M］.北京:化学工业出版社,2003.

［38］施惠生.材料导论［M］.上海:同济大学出版社,2003.

［39］杜丕一,潘颐.材料科学基础［M］.北京:中国建材工业出版社,2002.

［40］石德珂.材料科学基础［M］.2版.北京:机械工业出版社,2014.

［41］许并社.材料科学概论［M］.北京:北京工业大学出版社,2002.

［42］彭小芹.土木工程材料［M］.重庆:重庆大学出版社,2002.

［43］冯端,师昌绪,刘治国.材料科学导论［M］.北京:化学工业出版社,2002.

［44］徐恒钧.材料科学基础［M］.北京:北京工业大学出版社,2001.

［45］田莳.材料物理性能［M］.北京:北京航空航天大学出版社,2001.

［46］符芳.建筑材料［M］.2版.南京:东南大学出版社,2001.

［47］刘天模,徐幸梓.工程材料［M］.北京:机械工业出版社,2001.

［48］戴金辉,葛兆明.无机非金属材料概论［M］.哈尔滨:哈尔滨工业大学出版社,1999.

［49］刘树仁,等.石油工业材料和腐蚀与防护［M］.西安:西北大学出版社,2000.

［50］张立德.纳米材料［M］.北京:化学工业出版社,2000.

［51］姜兆华,孙德智,邵光杰.应用表面化学与技术［M］.哈尔滨:哈尔滨工业大学出版社,2000.

［52］陈树川,陈凌冰.材料物理性能［M］.上海:上海交通大学出版社,1999.

［53］王培铭.无机非金属材料学［M］.上海:同济大学出版社,1999.

［54］戚正风.固态金属中的扩散与相变［M］.北京:机械工业出版社,1998.

［55］潘金生,仝健民,田民波.材料科学基础［M］.北京:清华大学出版社,1998.

［56］陆佩文.无机材料科学基础［M］.武汉:武汉理工大学出版社,2005.

［57］关振铎,张中太,焦金生.无机材料物理性能［M］.北京:清华大学出版社,1992.

［58］天津大学物理化学教研室.物理化学:上册［M］.北京:高等教育出版社,1982.

［59］F·利鲍.硅酸盐结构化学——结构、成键和分类［M］.席耀忠,译.庄柄群,校.北京:中国建筑工业出版社,1989.

［60］师昌绪.新型材料与材料科学［M］.北京:科学出版社,1988.

［61］温树林.材料结构科学:上册［M］.北京:科学出版社,1988.

［62］吕锡慈.高分子材料的强度与破坏［M］.成都:四川教育出版社,1988.

［63］唐纳德·R.阿斯克兰.材料科学与工程［M］.刘海宽,王鲁,李临西,等,译.北京:宇航出版社,1988.

［64］陆漱逸,王于林.工程材料学［M］.北京:航空工业出版社,1987.

［65］仓田正也.新型非金属材料进展［M］.姜作义,马立,等,译.北京:新时代出版社,1987.

［66］吴培英.金属材料学［M］.修订本.北京:国防工业出版社,1987.

［67］Paul C. Hiemenz.胶体与表面化学原理［M］.周祖康,马季铭,译.北京:北京大学出版社,1986.

［68］吴宝琨,等.建筑材料化学［M］.北京:中国建筑工业出版社,1984.

［69］L. H.范弗莱克.材料科学与材料工程基础［M］.夏宗宁,邹定国,译.北京:机械工业出版社,1984.

［70］A.凯利.高强材料［M］.陈志源,译.北京:中国建筑工业出版社,1983.

［71］郑明新.工程材料:上、下册［M］.北京:清华大学出版社,1983.

［72］R. M.布瑞克,A. W.彭斯,R. B.戈登.工程材料的组织与性能［M］.健安,等,译.北京:机械工业出版社,1983.

［73］K. M.罗尔斯,T. H.考特尼,J.伍尔夫.材料科学与材料工程导论［M］.范玉殿,等,译.北京:科学出版社,1982.

［74］W. D.金格瑞,等.陶瓷导论［M］.清华大学无机非金属教研组,译.庄炳群,校.北京:中国建筑工业出版社,1982.

［75］潘道皑,赵成大,郑载兴.物质结构［M］.2版.北京:高等教育出版社,1989.

［76］R. W.赫次伯格.工程材料的变形与断裂力学［M］.北京:机械工业出版社,1982.

［77］笠井芳夫.材料科学概论［M］.张绥庆,译.北京:中国建筑工业出版社,1981.

［78］重庆建筑工程学院,南京工学院.混凝土学［M］.北京:建筑工业出版社,1981.

［79］张孝文,薛万荣,杨兆雄.固体材料结构基础［M］.北京:中国建筑工业出版社,1980.

［80］浙江大学,等.硅酸盐物理化学［M］.北京:中国建筑工业出版社,1980.

［81］苟清泉.固体物理学简明教程［M］.北京:人民教育出版社,1978.